郑杨硕 著

信息互交设计的演进×研究

清华大学
出版社
北京

内 容 简 介

信息交互设计是当今设计学发展最具代表的前沿领域之一。本书既是有关信息交互设计概念、本质、规律的理论创新，也是将社会形态演进的理论框架运用于信息交互设计研究的学术成果，有助于对信息交互设计形成更加客观与全面的理解，有利于信息交互设计研究视野的扩展和知识的丰富。

图书在版编目（CIP）数据

信息交互设计的演进研究 / 郑杨硕著.—北京：清华大学出版社，2024.6
ISBN 978-7-302-65126-0

Ⅰ.①信…　Ⅱ.①郑…　Ⅲ.①人-机系统 – 系统设计 – 研究　Ⅳ.①TP11

中国国家版本馆CIP数据核字 (2024) 第018809号

责任编辑：冯　昕　王　华
封面设计：傅瑞学
责任校对：薄军霞
责任印制：刘　菲

出版发行：清华大学出版社
　　　　网　　　址：https://www.tup.com.cn，https://www.wqxuetang.com
　　　　地　　　址：北京清华大学学研大厦 A 座　　　　邮　　编：100084
　　　　社 总 机：010-83470000　　　　邮　　购：010-62786544
　　　　投稿与读者服务：010-62776969，c-service@tup.tsinghua.edu.cn
　　　　质量反馈：010-62772015，zhiliang@tup.tsinghua.edu.cn
印 装 者：三河市铭诚印务有限公司
经　　销：全国新华书店
开　　本：185mm×260mm　　　　印　张：14.25　　　　字　数：301 千字
版　　次：2024 年 6 月第 1 版　　　　印　次：2024 年 6 月第 1 次印刷
定　　价：58.00 元

产品编号：067134-01

序

在学术的追求中，我们的每一位学者都以独特的方式，不断探索着知识的深邃与广博。当他们的研究成果得以出版，便是对他们付出辛勤努力的最好回报。今天，我非常荣幸地为郑杨硕博士，一位充满激情与才华的年轻学者的新著《信息交互设计的演进研究》写序，这本书是他多年来的研究成果，也是他潜心钻研、勇于探索的结晶。

信息交互设计作为设计领域中的一个新兴分支，旨在将信息转化为易于理解和使用的交互式体验，让用户能够与数字世界进行有效的交流和互动。信息交互设计具有明显的互动性、非物质性、虚拟性、实践性等特点，是设计学科从单一对象的设计研究转向人与人、人与物以及人与环境等多种对象间的关系研究的重要标志。信息交互设计涵盖了"科学""技术""艺术""体验"四大要素；其中科学是原理基础，技术是掌控手段，艺术是情感载体，体验是设计目标。社会大众的创意与创造力是信息交互设计发展的原点，信息技术门槛的降低使得技术不再成为设计师执行设计方案的瓶颈。而互联网时代的到来给人们的日常生活及行为方式带来了巨大变化，线上网络交流与线下现实生活的分离与融合的属性特征越发明显。信息交互设计代表着如今艺术设计发展的最前沿领域正积极回应着这种变化，信息交互设计研究与实践从之前对于人机交互技术属性的强烈聚焦，逐渐通过交互的动态过程方式转为研究人与外部环境的关系问题，从以信息科学技术为主体的模式朝着以设计自身为核心的模式转向。

随着互联网技术的不断发展，人工智能的广泛运用，信息交互设计也在不断演进。本书作者通过坚持不懈的深入研究和实践，对信息交互设计的发展进行了比较全面的梳理和分析，以原始及农业社会、工业社会、信息社会、未来社会为脉络，总结信息交互设计的演进历程和未来趋势。

该书研究的核心目标在于洞察"境-人-技-品"在确定的社会语境中的整体关系，协调与平衡四个模型组成元素之间的系统转换过程，基于信息交互设计内外因素的不同视角进行理性审视与设计重构，进而为人们创造更加合理的信息交互设计以及更加愉悦的用户情感体验。

本书是一本深入探讨信息交互设计的演进和发展的好书。作者通过对该领域的详细研究和深入思考，为读者呈现了一幅信息交互设计发展的全景图。通过阅读本书，读者可以深入了解信息交互设计的演进和发展过程，掌握信息交互设计的基本原理和方法，了解信息交互设计在数字化时代的应用和实践。同时，本书也为我们指明了信息交互设计的未来发展方向，为今后的设计研究实践提供了重要的启示和指导。

方兴
武汉理工大学艺术与设计学院
信息艺术设计系教授

前　言

本书将信息交互设计作为研究对象，以不同的社会历史形态为研究背景，探寻信息交互设计在社会历史演进中的各个阶段的本质特点，以及对于社会发展所产生的巨大影响。以社会历史形态的演进为视角进行信息交互设计的理论研究，可以更加全面、综合、深刻地把握信息交互设计的发展规律与普遍原理，并为当代的信息交互设计实践活动提供理论启示。

本书重点研究三个部分：第一，在跨学科的基础上，认识与拓展了设计学视野下的信息交互设计概念及内涵，明晰了信息交互设计的具体构成体系以及本质特征；第二，构建了信息交互设计四维理论模型，主要从"境-人-技-品"四个维度展开对于社会语境、用户需求、信息技术、信息交互方式的具体设计研究；第三，以信息交互设计四维理论模型在各个社会历史形态的存在与应用形式为研究逻辑，从社会形态演进的角度对所涉设计研究对象予以较为深刻的剖析与实证，探讨信息交互设计与社会历史形态发展之间客观存在的对应转化过程及系统关系。

本书的研究创新点主要表现在以信息交互设计概念及构成体系为理论支点，构建了"境-人-技-品"四维度的信息交互设计四维理论模型。笔者认为，信息交互设计研究的核心目标在于洞察"境-人-技-品"在确定的社会语境中的整体关系，协调与平衡四个模型组成元素之间的系统转换过程，基于信息交互设计内外因素的不同视角进行理性审视与设计重构，进而为人们创造更加合理的信息交互设计以及更加愉悦的用户情感体验。本书透过社会历史形态发展演进的研究视角，尝试追溯信息交互设计的起源，有序探讨信息交互设计的内在发展规律与外在表现形式，深度剖析信息交互设计在原始及农业社会、工业社会、信息社会的具体设计方法、设计规律、设计原则、设计策略及设计过程，科学展望信息交互设计在未来社会中的发展趋势。

　　本书的研究内容既有信息交互设计在不同社会历史阶段存在的时空性描述，又有对于信息交互设计四维理论模型"境 - 人 - 技 - 品"之整体与个体联系和转换过程的关注，将人类社会历史形态的发展进程与信息交互设计的演进过程融为一体；通过审视社会历史形态的发展逻辑，本书尝试探索信息交互设计演进的原理与本质，并得出有一定学术价值的研究成果。基于信息交互设计四维理论模型出发的信息交互设计研究，不仅是对于人类社会历史形态演进过程的系统性思考，更是在立体、严谨、有序的研究思路下实现的信息交互设计理论创新。

目　　录

第 1 章

绪　论

1.1.1　文化与科技融合引领社会创新进程

国家主席习近平在 2018 年布宜诺斯艾利斯举行的二十国集团领导人第十三次峰会第一阶段会议上，发表题为《登高望远，牢牢把握世界经济正确方向》的重要讲话，指出"世界经济数字化转型是大势所趋，新的工业革命将深刻重塑人类社会"。随着第三次信息技术革命的深入，当今的中国已经进入文化与科技深度融合的全新时代，国家汇集社会各类资源探索如何将数字经济辅助于实体经济的发展，特别关注高新技术在社会产业发展中的具体应用方式及其影响。在 2019 年的政府工作报告中，首次正式提出"智能+"的概念，之后，诸如云计算、5G、人工智能、大数据、区块链等新科技、新业态、新模式纷纷涌现，正改变着信息化语境下的中国社会生产和文化生态，"数字化生存"已经成为一种重要的生活方式。

中国正在进入"文化与科技"全面融合的时代进程，科技的进步催生了信息文化的新形式、新生态。就科技层面而言，科技正从各个角度推动着全新的信息时代社会文化的新生与繁荣，信息技术的发展全面拓宽和提高了社会文化传播的渠道路径与影响力；社会创新所创造的社会价值和文化价值得到公众认可度越来越高，互联网平台生态下的文化价值正在全面显现。就文化层面而言，当代社会文化的兴起往往来源于信息科技带来的交互方式变革。最明显的例子体现在当代社会文化的创造者正在逐渐从传统的领导专家转向当今的普通大众，用户创造内容（use-generated-contents，UGC）正在逐渐成为社会文化创作与传播的主流。随着智能手机、平板电脑等新兴智能设备的不断普及，传统互联网正逐步转向移动互联网，社会大众的广泛参与促进了文化创意、系统设计、工业和数字内容产业、现代农业等相关产业的发展，重新定义了信息时代社会文化的样式，基于大众的文化内容的生产、传播、消费将引领着未来社会前进的方向。从产业视角而言，传统制造业正在向科技型、智能型、创意型的高端制造业全新模式转型升级，"工业 4.0"新理念和"中国制造 2025"计划将给中国社会的经济产业发展带来巨大的机遇。

"十三五"期间，科技部在国家重点研发计划中启动实施"现代服务业共性关键技术研发及应用示范"重点专项，把文化科技创新领域作为专项重点支持板块；文化和旅游部在《"十三五"时期文化科技创新规划》中强调，需要构建形成以协同创新、研发攻关、成果转化、区域统筹、人才培养等为主要内容的科技文化艺术创新体系①。可以说，文化与科技的融合既是社会可持续发展的客观要求，又是探索设计创新的必要条件。文化与科技的融合对于设计学发展的影响作用，本质上就是信息社会语境下的人类关于设计认知、设计思维、设计产品、设计方式的集成化创新过程。

人类社会正处于从以物质产品为生产要素的工业化社会转向以非物质信息比重迅速上升的信息化社会的过程中。"信息化是充分利用信息技术，开发利用信息资源，促进信息交流和知识共享，提高经济增长质量，推动经济社会发展转型的历史进程"②。科学技术从多角度推动着信息化社会经济的兴盛与繁荣，与此相关的新概念、新形式、新生态层出不穷。在社会文化领域，信息技术的快速普及提高了文化传播与文化消费的渠道路径与影响力，公众对社会创新所内含的社会价值、文化价值的公众认可度越来越高，数字化生态平台支撑下的信息化的文化价值与潜在影响正在显现。曼纽尔 - 卡斯特曾经指出："在数字化和国际化的大背景下，信息技术革命从单纯的技术网络发展到社会网络是必然的趋势。"③

在科技的推动下，基于"互联网 +"理念的设计创新与设计思维已经成为全社会共同关注的热点话题。在过去，由于社会文明发展与先进技术普及程度较为局限，互联网仅仅是扮演着技术工具的角色。随着社会信息化进程的深入，互联网不再仅仅是一个平台或是技术工具，而是以一个核心的地位带动全社会各产业的数字化升级，并带动了传统的艺术设计朝向数字化、互动化、感知化设计的转变。"互联网 +"既是一场深刻的科技革命，也是一场颠覆性的产业革命。互联网的发展已经融入社会各个产业的数字化、信息化、网络化进程，智能产业的迅猛发展带动了当代社会的数字产业化与产业数字化进程，不断推动着数字经济和实体经济的深度融合。

---

① 季铁，闵晓蕾，何人可. 文化科技融合的现代服务业创新与设计参与 [J]. 包装工程，2019（7）：45.
② 中共中央办公厅、国务院办公厅印发《2006—2020 年国家信息化发展战略》。
③ 卡斯特. 网络社会的崛起 [M]. 夏铸九，王志弘，等译. 北京：社会科学文献出版社，2006：9.

1.1.2　信息技术发展助力"设计"的角色重构

信息已经成为信息时代最重要的社会资源之一。信息科技水平的飞速提高也给如何定位人类与外部环境之间的关系带来了全新的挑战，是否能够正视信息技术的角色属性并且有效运用，还依赖于人类群体的智慧做出正确的决定。以人工智能为例，人工智能技术介入当代艺术设计已见趋势：2016，谷歌发布了"品红"（Magenta），微软主研的机器学习 AI 系统成功复制了伦勃朗画作；中国于 2017 年正式发布《新一代人工智能发展规划》，同年，阿里 AI"鲁班"能够实现每秒完成 8000 张海报的超高设计效能，令艺术设计界的无数专家大为惊叹。人工智能正在重构传统的设计流程各环节，并在人脸识别、语音识别等产品中得到了较为成熟的运用；从计算机辅助设计到计算与设计深度结合的变化，面向复杂智能体的设计问题和设计过程中的人机智能深度协同的问题，这些变化和问题产生了智能化设计的新需求。人工智能技术将智能设备的发展从冷硬的数理逻辑和决策模式转换到柔性的、模糊的人为思考方式的世界[1]。正如爱因斯坦所言："一切都应该尽可能地简化，但不是更简单。"一方面，人工智能可以解决重复性的逻辑计算与数据分析等与效率相关的问题；另一方面，设计师所具有的观察、想象、同理与表达等创意能力又是人工智能技术无法取代的。人工智能技术既给设计师带来了技术实现层面的强大辅助，又对设计师的创作方案的洞察能力、实现能力提出了更高的要求。设计师不仅要能在对社会、对生活的观察中发现问题，根据技术提供的可能性解决问题，还要向前一步，真正从人的需求、社会和生态的发展出发，带给人类一个温和美好的世界[2]。

据第六届世界互联网大会正式发布的《中国互联网发展报告（2019）》显示，"截至 2019 年 6 月，中国网民规模为 8.54 亿人，互联网普及率已经达 61.2%"[3]。如今，中国正走在数字产业化与产业互联网的大道上，时代发展既需要有强大的互联网、大数据、人工智能等科技工具的有效基础支撑，又需要设计扮演比以往更重要的角色，将人与人、物与物、人与物之间产生的数据按自然逻辑和社会逻辑转换成有价值、有意义的信息，引导社会的有序前行。在文化与科技融合的时代背景下，交互设计、用户体验、大众设计、设计思维等与设计创新紧密相关的领域已经成为全社会关注的热点。

设计在文化与科技融合的进程中扮演着举足轻重的角色。以互联网为代表的互联网产业已不仅仅局限于某种网络平台或单纯的技术应用形式，而是以社会运行技术支撑的角色带动全社会各产业的数字化升级，更带动了传统设计朝向数字化、交互化、感知化设计的转变。设计已成为提升产业价值的重要途径，是推动新一轮产业革命发展的重要引擎。在

[1]　诺曼.设计心理学 4：设计未来 [M].小柯，译.北京：中信出版社，2015：31.
[2]　吴琼.人工智能时代的创新设计思维 [J].装饰，2019（11）：21.
[3]　中国互联网协会.中国互联网发展报告（2019）[EB/OL].（2019-08-19）[2020-10-01].http://www.360doc.com/content/19/0817/18/37788672_855520330.shtml.

设计学研究领域，科学技术作为最重要的助推因素始终影响着设计形式的呈现，设计方法的革新，甚至是设计前行的方向。科技创新推动了当今社会的生产方式创新、传播方式创新、用户体验创新以及商业模式创新等，更是直接影响当今设计的过程、结果、效率、规模、评价与体验。

1.1.3 "人类命运共同体"的未来愿景

"共同体"一词源于现代日语，它译自英文"community"，是由拉丁文前缀"com"（意为"一起""共同"）和伊特鲁亚语"munis"（意为"承担"）组成。"共同体"是人们在共同条件下结成的一个组织（或同心力）的合体，在本质上是一个开放的系统，强调与外界的对话，形成辐射，自我完善[①]。面对全球化发展的机遇与挑战，习近平总书记着眼于世界各国的当前利益与长远利益，从国际秩序、经济治理、安全治理以及生态治理四个方面对全球治理的共同利益作出展望，正式呼吁应该构建"人类命运共同体"，其现实指向性是在全球治理中维护人类的共同利益，寻求各方利益的最大公约数。"人类命运共同体"倡导共同、综合、合作、可持续的全球安全观，奉行双赢、多赢和共赢的新理念，力求打造出由各国共同书写国际规则、共同治理全球事务、共同掌握世界命运的人类共同体，为世界各国铺筑一条共建、共享、共赢的安全之路。正如美国经济学家约瑟夫·斯蒂格利茨所说："全球化的问题并非产生于全球化本身，而是来自管理全球化的方式方法。""人类命运共同体"正成为全人类共有的重要未来愿景，并已得到世界上许多国家的积极响应与热烈拥护。

21世纪全球文明水平的进步不仅体现在全球文化、经济、技术、环境等宏观要素开始发生明显的变化与升级，更体现在信息化时代的社会大众自我意识的"觉醒"。越来越多的老百姓开始通过自媒体等媒体渠道进行个人创意的自我表达，"人人都是设计师"正是这种趋势的精准概括。在设计学科领域，维克多·帕帕奈克的设计观点虽然距今已经几十年，但在全球化进程面临转折的时间路口，这些观点仍具有相当的启示意义。帕帕奈克在《为真实的世界而设计》一书中写道："设计师必须意识到他的社会和道德责任。通过设计，人类可以塑造产品、环境甚至是人类自身，设计是人类所掌握的最有力的工具。设计师必须类似明晰过去那样预见他的行为对未来所产生的后果。……设计师应该节制对于消费设计中以营利为目标的追逐，并真正担负起对社会和生态变化的责任。"[②]英国学者尼格尔·惠特利在帕帕奈克的学术观点基础上进行延伸后认为："我们必须寻求一种整体的、全球的、生态的平衡，而人类只是不可或缺的一部分。设计已经进入一个新的时代，那些令人难忘的和诱人的口号必须被有见识的、智慧的思考和行动所取代。设计师和消费者都

---

① 李立新. 共同体建设与中国未来 [J]. 美术与设计，2018（1）：7.
② 滕晓铂. 维克多·帕帕奈克：设计伦理的先驱 [J]. 装饰，2013（7）：60.

不能再以无辜或道德无涉为托词了。"回顾设计的发展，自"现代设计"开始流行，"形式追随功能"似乎已经成为设计的准则。从传统的工业设计再到如今的信息交互设计，设计对象、设计原理、设计产出等似乎已完全适用基于"商品"的消费型商业规则，这反映出当代设计对于社会责任、社会道德和生态环境关注存在普遍的缺失。

自 2019 年以来，随着新冠疫情（COVID-19）的不期而至以及全球蔓延，诸如人类公共卫生受到严重威胁、货币滥发、反全球化的地缘政治盛行等各种前所未见的后续影响正悄然而深刻地发生，全世界正赫然面临着百年未有之大变局的挑战。政治多极化、经济全球化、文化多元化以及信息多样化对推动全球治理体系建设构成了巨大挑战。这既是"人类命运共同体"全球治理理念的生成基础，也是"人类命运共同体"推动全球治理体系建设的深层原因。霸权主义是否会愈演愈烈？人与自然如何和谐共生？人类文明如何实现更高水平的可持续发展？如何将中国智慧融入全球化发展，从而践行"人类命运共同体"过程中的有效路径？种种复杂而深刻的现实问题正迫切地需要答案，设计伦理、设计价值、设计批判、人机如何共生共助等设计研究议题的严肃探讨迫在眉睫；在决定人类未来发展命运的重要关口，设计无疑将承担起更多的时代使命与责任。

1.2 研究思路

设计学是一门"显学"[①]。自"设计学"于 2011 年正式升为艺术学门类下的一级学科以来，设计学的学科建设得到社会上广泛关注，但同时也出现了一系列问题。设计学研究的对象、方法、范式、导向的混乱不明是其根本问题[②]。南京艺术学院李立新教授认为："所谓'大设计'的概念超出了原本设计所涉及的范畴，设计不再做生活、材料与学科的分类，而是分类为系统设计、智能设计、战略设计等。当一门学科无所不包的时候，学科定位、范畴、目标也将模糊不清，甚至混乱。"[③]

"设计"（design）一词本源于美国认知心理学家赫伯特·西蒙提出的"人工科学概念"，他认为："设计是人工物的内部环境（人工物自身的物质和组织）和外部环境（人工物的工作或使用环境）的接合，这种接合是围绕人本身来创造人造物的过程。"在这个理论框架中，"工程设计"的重要性超越了"艺术设计"。到了强调多元性的信息化社会，对于"设计"主题进行探讨的难度则更大："艺术""工程""技术""用户""形式""体验""审美"……可以发现，关于设计的价值角色定位有了明显的冲突。种种概念说法既有一定理论依据，又始终莫衷一是，给设计研究的定位带来了很大难度。中国美术学院杭间教授认为："许多基于各自出发点认识的所谓'设计'，很多缺乏结构和层次，有的则不在一个层

① 李立新. 共同体建设与中国未来 [J]. 美术与设计，2018（1）：6.
② 周志. 从范畴、路径与导向看设计学科的间性特质 [J]. 美术与设计，2019（1）：143.
③ 李立新. 中国设计需要有自己的语言 [J]. 设计，2020（1）：41.

面上争论问题。更令人警惕的是，随着一些具有话语权的观点或在传播或在平台上具有优势，非学术的利益集团似乎正在形成，并在试图对观点形成垄断。"①

信息时代需要呼应时代特点的设计新思想、新产品、新范式。英国手工艺运动先驱威廉·莫里斯认为，好设计并不等于仅仅有着美好形式的设计，真正的好设计包含着设计者的快乐、使用者的快乐甚至包括我们后代的快乐②。从英国的威廉·莫里斯到德国的穆特修斯，再到迪特·拉姆斯所倡导的"好设计十原则"，可以发现，所谓"好设计"（good design）的标准并没有固化，而始终跟着时代的发展而不断丰富和优化。但需要清醒地看到，如今广为人知的部分所谓"好设计"的设计目标与商业层面的过分追逐，本质上和20 世纪德国穆特修斯对于好设计形式的追逐相似并陷入一定的误区："它以额外美学价值的名义，成为寻求市场份额过程中获得利益的载体。"③

本书推崇清华大学周志教授对当代设计学的研究观点，"设计学关注的核心问题不是造物的原理、技术的提升、生产的优化，以及人的内心世界（哲学、文学、艺术）与社会组织关系（政治、社会、经济），而是如何构建并思考人与造物、与环境、与社会之间的关系，以及如何在人文社会科学与自然科学、工程科学之间搭建起和谐的桥梁"④。南京艺术学院李立新教授指出："设计的本质应该是创造生活⑤""设计直接服务于社会人群，它的研究对象是人，设计又严格地受到生产方式的制约，它的生产形式是物"⑥。笔者认为，设计理应立足于探讨人类与外部环境之间的关系，关注如何创造更加合理而美好的生活方式。设计既不能成为技术的搬运工，又不能沦为人类欲望的奴仆。需要强调的是，设计的功效之一是导向营造良好的用户体验，并且用户体验本身是设计结果相当重要的一部分；但设计本身不能放弃对自然的敬畏、对未来的思考。设计应该做到"以人为本"，但这与"以欲望为本"有着本质的区别。

本书以信息交互设计作为研究对象，指出设计必须要有意识地摆脱消费主义所带来的负面影响，应该紧随每个社会时期发展特点，研究用户的心理、需求、动机、行为等特征，进而针对性地设定面向未来的生产方式、生活方式的设计方案，协调人与资源、环境、社会的可持续发展，最终实现当代设计的向善发展。

---

① 杭间. 中国设计学的发凡 [J]. 装饰，2018（9）：21.
② 周志. 从范畴、路径与导向看设计学科的间性特质 [J]. 美术与设计，2019（1）：147.
③ 布克哈特. 什么是好的设计与如何表现今天 [M]// 李砚祖. 外国设计艺术经典著作选读：下册. 北京：清华大学出版社，2006：53.
④ 周志. 从范畴、路径与导向看设计学科的间性特质 [J]. 美术与设计，2019（1）：145.
⑤ 李立新. 中国设计需要有自己的语言 [J]. 设计，2020（1）：41.
⑥ 李立新. 共同体建设与中国设计的未来 [J]. 美术与设计，2018（1）：10.

1.3　研究意义

自有人类文明史以来，如何平衡人类与外部环境之间的联系是直接关系到人类生存的基本问题，也是设计之所以长期存在的缘由。随着时代的发展与科技的进步，世界范围内社会实现正常运转的信息化程度与日俱增。非物质的虚拟信息和可感知的客观物质联合呈现了一个全新的数字化社会生态和运行模式，人与人、人与外部环境之间的信息活动已经直接关系到社会的文明进步与经济发展。信息技术革命为人类社会带来了巨大的革命性的力量，并直接推进了与设计学有关的生产方式、传播路径、用户体验和商业模式的整体创新。

清华大学王明旨教授指出，"艺术设计有三个要素：一、功能及科技条件；二、需求及创造求新；三、审美及文化内涵。设计无论怎样发展总离不开这三个要素"[①]。信息时代的到来对于艺术设计也提出了全新的要求，产品功能层面的设计、概念创新层面的设计、信息审美层面的设计都发生了一系列的变化，信息交互设计成为这种变化的一种最典型载体与呈现形式。随着信息时代的来临，当代艺术设计活动的价值开始转型，更加提倡生态价值观与可持续发展的理念。信息的可数字化、可交互化、可感知化推动着人们的生产方式和生活方式发生了巨大的变化，人类社会已悄然进入有史以来最剧烈的变革时期。在此过程中，信息交互设计（information interaction design）作为信息技术支撑下的人类文明在当代社会呈现的器物之一[②]，其创新的规模与质量不断提升，各种信息交互产品如雨后春笋般层出不穷，虚拟化、数字化、智能化等共性特点集中反映出在当今设计中的信息属性与比重快速提升，信息交互设计推动了"人与物"的行为关系、"人与人"的群体关系、"人与社会"的文化关系的创新。信息交互设计不仅改变了人与社会信息互动的方式，更反映出用户群体在网络时代对于信息交互体验全面提升的实际需求。

信息交互设计具有十分明显的互动性、非物质性、虚拟性、实践性等特点，是设计学科从单一对象的设计研究转向人与人、人与物以及人与环境等多种对象间的关系研究的重要标志。信息交互设计涵盖了"科学""技术""艺术""体验"四大要素，其中科学是原理基础，技术是掌控手段，艺术是情感载体，体验是设计目标。社会大众的创意与创造力是信息交互设计发展的原点，信息技术门槛的降低使得技术已经不再成为设计师执行设计方案的瓶颈。而互联网时代的到来给人们的日常生活及行为方式带来了巨大变化，线上网络交流与线下现实生活的分离与融合的属性特征越发明显。信息交互设计代表着如今艺术设计发展的最前沿领域正积极回应着这种变化，信息交互设计研究与实践从之前对于人机交互技术属性的强烈聚焦，逐渐通过交互的动态过程方式转为研究人与外部环境的关系问

---

① 吴诗中. 虚拟时空：信息时代的艺术设计及教育 [M]. 北京：高等教育出版社，2015：序.

② 郑杨硕，刘诗雨，王昊宸. 信息交互设计的本体特征与评价维度研究 [J]. 设计艺术研究，2019，9（5）：49-53.

题；从以信息科学技术为主体的模式朝着以设计自身为核心的模式转换。

信息交互设计的演进体现了信息技术语境下的人类先进文明的兴盛历程。人们的日常生活工作及行为方式正在发生巨大变化，以用户为中心的创新环境日益复杂。在未来，广大用户的主动参与过程将是交互设计实现创新发展的最大灵感来源，刻板且缺乏变化的常规设计流程将迈向感性且互动性强的设计协同模式。从设计研究层面而言，"设计学"作为一门新兴学科，在国内社会文化和经济发展领域中的综合影响力正在拓展，设计研究也不再仅限于"纸上谈兵"的口头论证，而是日渐转向如何能够对于设计实践层面的指引与反思；设计创新的价值已得到国内外学术界及产业界的普遍认同。研究信息交互设计不仅对于我国艺术设计产业的有序发展起到不可忽视的前瞻和引领作用，对于设计学学科建设以及设计学整体研究水平的影响力提升同样具有重要的现实意义。

笔者认为，信息交互设计无论是在设计理论研究还是设计产业实践层面均取得了许多进展并达到一定高度，引起设计产业界、学术界以及社会大众的广泛关注；但相对薄弱之处在于，目前有关信息交互设计的相关研究成果大多数处于构建原型并实证可行的技术层面，尚缺乏较为系统的交互设计原理、逻辑、标准、规律、反思方面的"认识论"层面的研究成果，尤其缺少从社会属性、文化属性、科技属性等综合角度发现共性问题、分析差异性问题、解决潜在问题的系统性交互设计原理与方法。同时，由于信息交互设计的高技术特征，"交互技术""交互艺术""交互媒体""交互工程"等名词经常混为一谈，给后来的学习者带来了一定的困惑。如何正确理解"以用户为中心"的设计理念？如何科学把握信息交互设计的客观规律和本质特征？如何通过设计思维方式的转变实现交互设计水准的超越？针对设计研究发展当中不断涌现的新问题，南京艺术学院李立新教授在《设计艺术学研究方法》一书中指出："设计理论是建立在设计活动基础之上的，设计决定着理论；理论又影响或者指导着设计，理论研究可以为研究者提供特定的视野和概念框架……设计艺术学中较为重要的研究是那些建立和评价设计理论并完善学科结构的研究，如果缺乏对设计理论的重视将导致整个设计制度充满偶然的因素。学科结构的不完善将导致一些有重要价值的设计得不到研究。"[①] 因此，笔者认为对于信息交互设计的学科本质、伦理规律、认识方法等层面的显性及隐性问题需要更具开创性的理论研究探索，而从演进视角进行系统探讨不失为一条可行的研究路径。期待本书所探讨的信息交互设计的演进理论研究观点既能赋予信息交互设计基础理论研究若干参考，又能为我国信息交互设计产业实践贡献部分方法借鉴。

---

① 李立新.设计艺术学研究方法 [M].南京：江苏美术出版社，2010：20.

1.4 研究方法

科学的研究应该具备正确的观念和科学的方法，诚如马克思·韦伯（Max Weber）所言："浅薄的涉猎不可能当成一种第一位原则，否则将会把科学引向绝路。"[1] 所谓的"方法"是指"人为了达到一定的目的而必须遵循的原则和行为"[2]。研究方法的探讨一般可分为三个层面：一、方法论，即指导研究的思想体系，包括理论假设、原则、研究逻辑和思路等方面；二、研究方式，贯穿于研究过程的程序、操作方式等；三、具体的技术细节，即在研究的某一阶段所使用的具体工具、手段及技巧等[3]。

在本书的研究过程中，首先将采用文献研究法，大量收集、阅读和整理国内外相关资料、著作及文献，借鉴和运用设计技术方法、设计艺术方法中的相关工具作为辅助，涉及复杂而综合的跨学科理论与方法，兼具"方法感性"和"工具理性"的特点。在艺术与科学技术的大框架内，本书将采用模型研究法力求科学构建信息交互设计的四维理论模型，从而直观、立体地表达信息交互设计理论研究的层级关系与深层逻辑，在概念层面、观念层面、应用层面等三个角度对信息交互设计演进过程进行系统探讨，以求得到能够令人信服的结论。

从概念层面而言，本书在各项论点的提出与展开探讨过程中将以辩证唯物主义世界观和方法论为指导并贯穿全文，使用比较研究法以探讨信息交互设计的具体属性、发展规律及未来趋势，提炼与构建信息交互设计研究所涉及的设计认知、思维、方法与范式问题，寻找信息交互设计领域的普遍性与差异性特点。本书将深入探讨信息交互设计的概念、特征与应用及其对于人类自身与社会发展的意义，在研究过程中既分析了其作为一种创新的设计理论与设计方法给人们生活带来的积极意义上的改变与提升，又特别结合信息社会与未来社会中的发展规律与趋势多角度地进行客观而理性的设计分析。

从观念层面而言，鉴于信息交互设计具有明显的交叉学科特点，本书将综合理论研究，借鉴包括心理学、社会学、传播学、文化学、行为学等理论观点进行信息交互设计的探讨，从哲学维度、技术维度、形式维度等多角度展开论证。这样的益处在于能够保证研究结果不仅仅局限于特定学科，而是可以在更广泛的层面上进行应用与扩展，从而具备更普遍性的学术意义。

从应用层面而言，本书的研究将通过定性研究法、案例研究法与实证研究法相结合，通过实地调研、案例分析、竞品比较等进行设计思辨，归纳信息交互设计的原理、方法及客观规律。同时将研究过程中产生的研究成果给予客观评价，以获得较为准确的研究结果。

---

[1] 韦伯. 韦伯文集 [M]. 韩水法，译. 北京：中国广播电视出版社，2000：248-250.

[2] 柳冠中. 走中国当代工业设计之路 [C]// 岁月铭记 - 中国现代工业之路学术探讨会论文集. 长沙：湖南科学技术出版社，2004：12.

[3] 陈向明. 质的研究方法与社会科学研究 [M]. 北京：教育科学出版社，2000：5.

尤其是在信息交互设计四维理论模型的构建与对未来信息交互设计方式探讨的过程中，本书将及时对国内外最新的信息技术工具与信息交互设计产品的特点与本质进行分析与总结，从而体现出感性与理性、理论与实践、定量与定性、传统与创新的统一与融合。

1.5 研究特色

自工业革命以来，学科的分化趋势使得人们习惯于从一个侧面看待事物，从而很容易进入"以偏概全"的误区，而这恰恰是设计研究需要极力避免的。设计艺术学所研究的课题，常常与社会中发生的许多现象的表征与潜在问题相关，又大多涉及历史、文化、大众心理、商业运营、哲学思想、用户心理等多个层面，此类研究通常可以归纳进社会科学范畴。本书对于信息交互设计的演进研究过程，既代表着信息交互设计发展中的前沿特点与未来趋势的思考，同时又与人类社会几千年来的社会形态、文化变革过程中存在的设计原理与规律紧密相关。如果只是从单一理论角度进行信息交互设计的研究，难免会忽略学科间的相互联系作用，造成研究结果的局限性。信息交互设计既有艺术的主观感性特质，亦是一项严谨的设计科学的实践性表达。本书的研究特色之一体现在面对混沌、复杂且始终处于变化过程中的社会环境与用户特点，试图客观地探讨过去、当今、未来的信息交互设计规律，从而为面向未来的信息交互设计研究带来清晰的逻辑主线。

信息交互设计是一项具备动态性、复杂性、高度学科交叉性的设计科学，对信息交互设计进行研究应从它的涵盖范畴入手，并运用跨学科的相关理论和思维方式进行多角度探讨。本书将尝试系统、有序地将信息交互设计在各个不同的社会历史时期的特点融入信息交互设计四维理论模型框架当中，结合理论研究与案例研究，梳理、整合并归纳出本书的最终研究结论。

总体而言，本书将主要源于设计学知识原理领域，以社会演进中的信息交互设计为研究对象，以不断变化的社会历史形态为研究背景，以当时的信息技术工具应用为研究手段，并结合计算机科学、心理学、社会学、传播学、哲学、美学以及信息学等学科的相关概念及原理作为理论参考，进行系统全面的信息交互设计研究。

1.6 研究创新点

本书"源自理论，面向实践"，以辩证唯物主义世界观为指导，引入系统论、方法论、比较论、现象学等科学研究方法，试图明晰信息交互设计的本体特征，初步构建信息交互设计四维理论模型的研究框架，探索信息交互设计的知识、逻辑、方法与规律的交融性创新。既是一种基于设计理论（research on theory）的基础研究，同时又是一种为了实践（research on practice）的应用研究。

信息交互设计是一种面向未来的设计理念。本书遵循"信息交互设计在不同社会时期均实际存在但形式各异"的原则，将信息交互设计与信息技术、人文艺术、用户心理、技术创新等有序交融，从信息交互设计四维理论模型的"境""人""技""品"等维度探讨设计环境、用户特点、信息互动、技术应用及设计产出的普遍性与差异性特点，系统生成信息交互设计的相关设计理论知识。

本书立足于信息化、数字化、智能化的信息社会时代语境，植根中国设计实践的土壤，系统归纳、探讨、总结信息交互设计的演进特点，洞察信息交互设计领域最典型的文化基因，探讨面向未来的信息交互设计研究策略和具体路径；相信将有助于中国设计界摆脱西方现代设计对于中国艺术设计发展的固有影响，一定程度上弥补中国本土的设计研究成果对于高技术特征设计研究应用领域方面的缺失，凝练生成具有中国智慧与中国特色的信息交互设计语言特征与交互型信息美学观念。笔者希望通过信息交互设计演进的系统理论研究，提高信息交互设计的可用性、可信性、易用性，部分解决目前信息交互设计实践过程中普遍存在的"术"与"道"的割裂问题，使本书的研究成果能够总结出信息交互设计的本质规律，真正助力于未来的信息交互设计实践。

第 2 章

信息交互设计的本体概念

2.1 信息交互设计的源起

设计是人类社会人文事物形成的前提思想，设计学是一门研究设计人类创造行为的学科。设计的诞生与人类发展史同步。人类创造活动最本质的特征是"目的性、预见性、自觉性与规则性"，这也是理解"设计意识"产生的关键[①]。《韦氏大学词典》将"设计"定义为"个体或群体所持有的特定目标；深思熟虑、目标清晰的规划；一个将目标和手段对应起来的脑力活动或方案。"赫伯特·西蒙在《人造物的科学》一书中指出，"设计是制定行动的过程，其目的是将现有状况变成更合意的状况"[②]。维克多·帕帕奈克认为："设计是为了达成有意义的秩序而进行的有意识而又富于直觉的努力。"清华大学柳冠中教授认为："设计不仅是一种创造性活动，更是为人类创造一种更合理、更健康的生产和生活方式，以构建可持续发展的和谐社会[③]""人为事物是设计的本质"[④]。

进入 21 世纪以来，信息技术的进步带动了全球化的加速发展，这种变化也深刻地体现在设计领域。"现代设计"[⑤] 正转变为人的一种存在方式，在创造物的使用方式的同时，也使设计之物成为一种符号[⑥]。设计的产品就成

---

① 李立新. 中国设计学源流辩 [J]. 美术与设计，2016（2）：1.

② SIMON H. The sciences of the artificial[M]. Cambridge: MIT press,1982: 129.

③ 柳冠中. 设计方法论 [M]. 北京：高等教育出版社，2011：3.

④ 柳冠中. 事理学方法论 [M]. 上海：上海人民美术出版社，2018.

⑤ 引自《美学百科全书》1990 年版本介绍：现代设计是工业革命后广泛兴起的一门交叉性应用学科，是在现代大工业生产基础上产生的工业产品创新的社会实践形态。本书基于此观点延伸认为交互设计属于现代设计在 21 世纪的一种典型延续及存在形式。

⑥ 李万军. 当代设计评判 [M]. 北京：人民出版社，2010：53.

为人与自然、人与机器、人与生活世界之间沟通的使者[1]。2017 年，国际设计组织（World Design Organization）对"设计"进行了概念的更新："工业设计旨在引导创新、促发商业成功以及提供更高质量的生活，是一种将策略性解决问题的过程应用于产品、系统、服务及体验的设计活动。它是一种跨学科的专业，将创新、技术、商业、研究及消费者紧密联系在一起，共同进行创造性活动，并将需解决的问题、提出的解决方案进行可视化并重新解构问题，将其作为建立更好的产品、系统、服务、体验或商业网络的机会，提供新的价值以及竞争优势。设计是通过其输出物对社会、经济、环境及伦理方面问题的回应，旨在创造一个更好的世界。"[2]

随着社会城镇化进程的提速、居民生活质量的提高、移动互联网与 5G 的快速覆盖，"人与物"的行为关系、"人与人"的群体关系、"人与社会"的文化关系在信息科技推动下得到重新定义。越来越多的信息交互设计产品得到市场的广泛认可与良好的用户口碑，设计创新得到了信息技术的有效支撑，最终将设计方案转变为优质的设计产品。发展信息技术对于全球经济、民族文化尤其是社会创新带来的影响力是惊人的，社会的生产方式、大众的生活方式、人与人之间的交往方式和工业社会相比发生了天翻地覆的变化，人们学习并应用信息技术将设计方案转变成设计产品。可以说，信息技术是人类在信息时代最为重要的造物发明，起源于人类，最终服务于人类。设计的角色也和过去的工业时代相比发生了明显的变化，不仅是人类利用改造和征服自然的工具，而且是扮演人与外部环境进行联系的桥梁。

科技的发展推动了社会形态和生活方式的变化，同时助推了艺术形式的多元，用户个性的彰显。"设计的科技趋势，需要用消费体验的标准来挑选技术，用产品开发的方法去应用它们，它已经超出各自学科的领域并进入到设计的领域。"[3]一方面，虽然信息技术的持续更新带动了社会各产业的内生逻辑和特征更迭，但是信息技术始终是一种辅助人类设计、思考、探索与实践的工具，不会也不能代替人类的思维能力与创造能力。唐纳德·诺曼认为，"科技其实是指任何系统地应用知识于人工制品、材料和我们生活中的一些流程"[4]。另一方面，从设计学科的基本逻辑和具体研究目标上看，设计的本质是一项强调造

---

① 李万军. 当代设计评判 [M]. 北京：人民出版社，2010：119.

② 原文为：Industrial Design is a strategic problem-solving process that drives innovation, builds business success, and leads to a better quality of life through innovative products, systems, services and experiences. It is a trans-disciplinary profession that harnesses creativity to resolve problems and co-create solutions with the intent of making a product, system, service, experience or a business, better. At its heart, Industrial Design provides a more optimistic way of looking at the future by reframing problems as opportunities. It links innovation, technology, research, business and customers to provide new value and competitive advantage across economic, social, and environmental spheres.

③ 赵华，周志. 设计基于未来：傅炯和他的设计趋势研究 [J]. 装饰，2019（4）：77.

④ 诺曼. 设计心理学 4：未来设计 [M]. 小柯，译. 北京：中信出版集团，2015：75.

物（包括产品、服务、体验、数字化生态等）的行为活动。信息交互设计与快速发展中的信息技术息息相关，交互设计的逻辑、流程、方法也正处于不断重构与迭代的过程中，以适应不断变化的新设计环境。信息科学的发展与各种信息技术工具能力的增强，使得当今的信息交互设计的研究广度和深度将得到极大的拓展。信息交互设计具有一些明显的特征，如参与化、虚拟化、感知化、体验化、互动化等。本书所理解的"信息交互设计"是具有信息互动典型特点的设计的具体存在形式和研究领域，同时认为信息交互设计应属于"信息科学的社会性研究"范畴。

设计的起点与终点是人；从人的视角去审视与看待设计，正是设计的意义所在。信息交互设计作为人类文明在信息社会视域下的造物活动，不仅改变了人与外部环境信息互动的方式，而且反映出用户群体在信息时代对于信息化、智能化用户体验的迫切需求。与传统的设计领域相比，信息交互设计最大的变化主要体现在其设计对象正在从以物质为目标的设计逻辑转为非物质信息，比如产品生态平台、产品设计流程，产品数字化形式、产品交互方式等。实际上，每个社会历史时期所存在的最典型设计思想和设计表现形式都与当时的自然环境、人文的特点、技术的属性密切相关。被誉为"现代设计之父"的威廉·莫里斯（William Morris）是最早将设计的概念从狭义的产品设计扩展至广义的社会服务性劳动活动的先驱[1]。莫里斯否定了机器化的生产加工方式，认为设计应该为大多数人服务，艺术渗透至人民生活的各个方面只是时间问题，他的观点实际上是对于19世纪中期的英国设计水平已经无法适应工业化社会生产对设计提出的要求的一种回应。当时间进入20世纪，影响力越来越大的美国设计的特点是提供平民化质朴风格明显的产品设计，价格也能够被大众接受，无疑是和当时美国普遍存在的大众化、平民化、自由化的社会观念和设计理想有很大关联[2]。因此，当我们试图探究信息交互设计时，不应将其视为绝对的全新概念看待，原因是：一方面，需要借助当今的信息技术的实践视角更加客观地思考技术对用户的信息观念、行为和生活的影响；另一方面，需要从设计的时代性、多元性、交融性等研究角度深度探讨人与产品、技术、外部环境之间的失衡与再平衡关系。

信息交互设计超越了为某件产品确立某种功能或者形式的装饰化造物过程，它更大的意义在于构建并思考人与造物、与环境、与社会之间的关系，以及如何在人文社会科学与自然科学、工程科学之间搭建起和谐的桥梁[3]。具体到信息交互设计领域，信息交互设计可以将人与人、物与物、人与物之间产生的数据按自然逻辑和社会逻辑联系集成到一起，满足并创新互动化特点的审美、经济、用户以及信息设计可视化的目标要求。可以发现，信息交互设计关注的核心已从过去的造型风格之争的造型设计，逐渐转变为思考构建人类生活的外部环境世界以及与人类群体的相适关系。当社会进程从工业时代发展至信息时代，

① 周志. 19世纪后半叶英国设计伦理思想述评 [J]. 装饰, 2012（10）: 16.

② MEIKLE J. Design in the USA[M]. New York: Oxford university press, 2005.

③ 周志. 从范畴、路径与导向看设计学科的间性特质 [J]. 美术与设计, 2019（1）: 145.

在设计上的改变不仅仅是设计功能的进步与形式的丰富，更有设计观念的升级，这种变化在工业设计与信息交互设计的差异性对比之中有着具体呈现：①与传统的工业设计相比，信息交互设计更注重设计创意生成的过程与互动形式的创新，聚焦关注点逐渐从导向功利主义的造物设计转向为探索未知的概念设计，更加强调社会创新的价值。②告别了工业时代的标准化造物设计，信息交互设计旨在探索更多的可能性，不绝对要求以某种设计造物的结果等同于信息交互设计的结果。比如，用户体验的个性化就是交互设计非标准化存在的一种典型呈现形式，信息交互设计强调并鼓励设计师与用户之间的交流与互动，信息交互设计产品常常是一种大众参与协作式的成果结晶等。③从审美角度而言，传统的工业设计（包括更久远的工艺美术）的设计导向普遍是以静态的审美类型为基础，运用比较严谨的审美与美学框架来进行产品设计的主观评价；信息交互设计的互动、虚拟、体验型审美给当代设计美学带来了技术层面的冲击影响，美学理论也有了广阔的后续空间。虽然如何建构与信息文化相关的强技术型、互动型、体验型的当代哲学美学理论还有较长的发展路程要走，但是通过跨学科思维视角进行审美层面整体认知与判断的研究立场已经得到了设计学界的基本认同。

2.2 信息交互设计的基本理论

2.2.1 信息交互设计的基础

信息交互设计基础的建立主要得益于信息技术的日益增强。20 世纪 80 年代，关于信息技术的定义和理解被进一步确定："信息技术是应用在信息加工和处理中的科学、技术与工程的训练方法；计算机及其与人、机的相互作用；与之相应的社会、经济和文化等诸种事物。"[①]唐纳·舒尔茨（Don Schultz）和费力普·凯京（Philip Kitchen）将信息技术定义为："用于管理和处理信息所采用的各种技术的总称，它主要是应用计算机科学和通信技术来设计、开发、安装、实施信息系统及应用软件，同时它能够促进人类知识、社会关系、管理经验在全球范围内简单、高效的传输。"信息技术体系结构是一个为达成战略目标而采用和发展信息技术的综合结构。从学科属性来看，"信息技术"应隶属于信息科学的原理与应用研究领域，本书从社会科学角度探讨"信息技术"主要是聚焦于对信息客观的运动方式与规律的研究。虽然不同领域的专家学者对于信息技术的定义并不完全统一，但可以认为其本质是一种可以延伸与扩展的信息功能的手段与方法。

信息技术的进步带动了全球化的加速发展。一方面，发展信息技术对于全球经济、文化尤其是社会创新带来的影响力是惊人的，社会的生产方式、大众的生活及娱乐方式、人

---

① 霍克里奇.教育中的新信息技术 [M].王晓明，王伟廉，译.北京：中央民族学院出版社，1986：5.

与人之间的交往方式和工业社会相比发生了天翻地覆的变化，人们学习并合理应用信息技术继而创造远超信息本身的巨大价值。如今的信息技术的涵盖广度非常大，智能化信息技术的可应用成熟度越来越高，比如：通信技术实现了延长人的神经系统且多维度实现信息传递与交互的功能；远程传感技术颠覆了传统的信息采集技术；云共享技术实现了人的记忆器官存储和调用信息的功能和作用。显而易见，信息技术已经成为所有媒体的技术构成、技术标准和发展取向，成为最新意义上的信息交互媒介。

另一方面，信息技术是人类群体发明智慧在信息时代最为重要的体现；其起源于人类，最终也服务于人类；这个观点对于我们正确地理解信息技术的本质至关重要。可以说，信息技术只是一种辅助人类设计、思考、探索与实践的工具，绝不会代替人类的思维能力与创造能力。"设计的科技趋势，需要用消费体验的标准来挑选技术，用产品开发的方法去应用它们，它已经超出各自学科的领域并进入到设计的领域。"[①]虽然信息技术的更新带动了在社会的全部产业的发展规律和特征方面的很多改变，但本质上，本书探讨的"设计"是一项看重造物的行为活动。从基本逻辑和目标上看，信息交互设计仍然属于设计学的范畴。信息交互设计与快速发展中的信息技术息息相关，信息交互设计自身也正处于不断整合、重构与迭代的过程中，以适应不断变化的新设计环境。随着信息科学技术的快速发展，信息交互设计的研究广度和深度将得到极大的拓展。

2.2.2　信息交互设计的定义

1999 年，美国学者纳森·西德罗夫（Nathan Shedroff）指出：当代设计学的主旨应当是信息设计和交互设计的深度融合，任何一个方面都不应当被片面地当作独立的个体而被研究。西德罗夫认为："信息交互设计是由信息设计、交互设计、感知设计所组成的统一型的交叉型研究领域（a unified field theory of design）。"[②]西德罗夫对于信息交互设计的定义构成了本书研究的理论基础，即信息交互设计是信息设计、交互设计、感知设计三者共同构成的一个系统化设计领域（图 2.1）。

进入 21 世纪以来，全球化领域的信息化含量越来越高，信息交互设计中关于"造物"的理解已经不仅仅是传统意义上的设计认知，其更加关注于"非物"的抽象关系，如信息、互动、人文、体验等。信息交互设计通过信息的传达、信息的交互、信息的应用及信息的服务等维度，进行设计层面的深度思考与理论

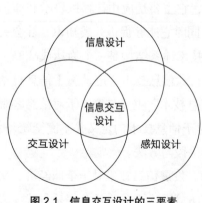

图 2.1　信息交互设计的三要素

① 赵华，周志. 设计基于未来：傅炯和他的设计趋势研究 [J]. 装饰，2019（4）：77.

② SHEDROFF N. Experience design[M]. Berkekley: New Riders, 2001.

延伸，涉及的研究内容包括：基于自然方式的人机交互模式、人机交互原理与知识、信息交互产品设计的原理、无界面的设计技术、信息服务小程序的开发、人工智能产品的开发等。信息交互设计不仅可以直接应用于信息交互产品设计、数字媒体设计、游戏设计等领域，还可以在一定程度上加强不同学科领域之间的交叉与融合。信息交互设计作为一门应用广泛的设计科学，可以非常具体地代表信息技术发展的程度与趋势，高质量的信息交互设计也能够促进人与外部环境之间的互动关系。

辛向阳教授指出："信息交互设计更多地关注经过设计的、合理的用户体验，而不是简单的产品功能。"[①] 信息交互设计主要研究人类以何种方式实现基于信息的非物元素与外部环境产生互动，并最终建立人与外界的联系。信息交互设计是一项基于信息技术并有高度学科交叉性的设计科学，具有一些比较明显特征，如先进性、合理性、高效性、明确性、未来性等，它的研究重点应是用户群体进行信息的互动与情感流露行为的可能和可行性。如今，以 ChatGPT、淘宝、抖音、腾讯会议、喜马拉雅等应用为代表的信息交互设计产品不仅给用户带来了新的接收信息的方式，也给用户带来了新的体验渠道。

信息交互设计的研究内容包括基于自然方式的人机交互模式、人机交互原理与知识、信息交互产品设计的原理、无界面的设计技术、信息服务小程序的开发、人工智能产品的开发等多个领域。信息交互设计既关注软件硬件设备，更关注交互服务，其目的是增强和扩充人们工作、通信及交互的方式。从技术角度而言，信息交互设计涉及计算机科学、交互语言程序代码、交互产品信息技术研发、信息架构学等的运用；从人文角度而言，信息交互设计涉及哲学美学、人类学、心理学、文化学等知识；从艺术设计角度而言，信息交互设计与传统的视觉传达、工业设计、信息界面设计、产品语义学、符号学又有着密不可分的联系。在设计学研究范畴内，信息交互设计是一个最为典型的与跨学科研究直接相关的设计领域，从理解产品的使用阶段开始即赋予产品适合使用行为的方式，由此建立起产品与人、自然与文化、历史与当代等多脉络之间的对话；既关注交互功能的设计与实现，又强调交互产品功能的具体使用体验。信息交互设计的关注点是对于交互方式、交互行为、交互产品的设计，包括了物质和非物质的双重设计，特别是对于所处时代的信息交互技术关注度非常高。笔者认为，信息交互设计主要研究人类究竟应以何种方式实现基于信息的非物质元素与外部环境产生互动，并最终建立人与外界的联系。既然信息交互设计是当代设计关于信息社会"人工物"的研究[②]，那么诸如信息焦虑、信息过载、交互方式不合理等前所未见的新问题均属于信息交互设计研究过程中亟须解决的新兴问题。信息交互设计发展的重点研究方向应是探索用户群体之间进行多维信息互动与深层次情感表达的可能性和

① 辛向阳.交互设计：从物理逻辑到行为逻辑 [J]. 装饰，2015（1）：59.
② 赫伯特·西蒙在《人工科学》一书中对于"自然物"和"人工物"进行了具体的解释与区分。"人工物"是综合人进行主观思考后的反映所形成的"物"，具有解决设计问题的实际功能以及适应性。相比于"自然物"的天然性，"人工物"是汇集了人的思考、劳动、制作与创造后的结果。

可行性。

2.2.3 信息交互设计的观念

目前设计正处于"科学"和"艺术"两个领域之间的边缘地带[①]。在一个广义的设计领域，信息与设计的结合正在造就一种紧密的共同体，信息的广泛存在使得设计不再仅仅被定义为一种纯粹造物的技能或手段，信息自身也因为设计的参与而创造了巨大的价值。在一个相对客观的社会学发展视角，也能够看出如今信息生产的重要性正在逐渐取代物质生产的重要性，而人性化与个性化必然是未来社会发展大趋势的典型特征，全社会对于"design"原有的认知和定位也将在未来得到不断的突破与重构。笔者认为，信息交互设计是当代设计关于信息社会"人工物"的研究；信息焦虑、信息过载、信息交互方式不合理等问题均是信息交互设计亟需解决的新兴问题。

清华大学柳冠中先生所提出的"设计事理学"理论认为："人为事物是设计的本质。"[②]其中"事"代表外部因素，外部因素是指"决定产品达到使用目的的条件"；"理"代表内部因素，是指"达到产品使用目的的组织"[③]。笔者以为，每个历史时期的设计需要和表现形式都与当时的自然环境、人文特点、技术属性有一定的对应关系；当我们探究信息时代的信息交互设计时，不应将信息时代的信息交互设计看成全新的概念进行研究。笔者认为信息交互设计属于"信息科学的社会性研究"范围。当我们研究信息交互设计所带来的设计观念变化时，一方面需要立足于信息技术对人的信息观念、行为和生活的影响，另一方面更要从设计的角度研究人与社会之间的失衡与平衡关系。

2.2.4 信息交互设计的意义

信息交互设计是具有明显动态特征的设计领域，尤其体现在与信息技术发展程度的紧密联系。信息技术可以给信息交互设计最实际的执行支撑，使之实现多样化的交互行为，信息交互产品的功能和使用方式也因此得到了保障：一方面，信息交互设计能够反映出科学与艺术的技术实现的可能性与发展趋势；另一方面，信息交互设计也使得技术能够最大限度地发挥其应用价值。需要强调的是，信息交互设计所关注的核心并不一定局限在一个绝对意义上的 B 或 C 终端产品，而是在于信息交互设计流程的范式执行与探索，以及如何在信息交互过程中以用户为中心创造愉悦的情感体验。比尔·莫格里奇认为："交互设

[①] 吴诗中. 虚拟时空：信息时代的艺术设计及教育 [M]. 北京：高等教育出版社，2015：116.

[②] 柳冠中. 事理学方法论 [M]. 上海：上海人民美术出版社，2018.

[③] 汪郑连，尤海燕，夏帆. 宁波中小服装加工型外贸企业产品研发模式探讨 [J]. 浙江纺织服装职业技术学院学报，2011，10（3）：78-83.

计是在一个可以设计出行为、情绪、声音与形状的虚拟世界里创造出更精彩且超乎想象的操作模式……对于所有同时具备数字与互动性质事物的设计，其目的是让它显得实用、令人渴望且容易上手。"① 可以说，一个成功的信息交互设计具有在个性层和情感层给予用户产生巨大的影响的能力。信息交互设计的研究目的是让产品与用户的交互过程能够更加简单顺畅，形成用户与用户之间更有意义的交互性交流②。信息交互设计的最大意义也许在于通过信息交互设计，很可能实现信息交互的功能实现与用户体验从无到有的双赢结果。

杰克·迈尔斯（Jack Myers）指出："经过了 20 世纪的工业时代，在全新的 21 世纪，全球的焦点转移到了人们之间的关系以及人们是如何互动的。"信息交互设计虽然起源于信息科学的人机交互领域，并且遵循许多人机交互领域中的设计原则与设计方法，但"交互设计"与"人机交互"仍然存在很大区别。"人机交互"是研究关于设计、评价和实现供人们使用交互计算系统以及相关现象进行研究的科学③，主要关注人与计算机之间的关系以及产生新的沟通的可能性，重点在于探讨人与计算机的联系；"交互设计"主要关注的是如何通过有效的设计构建人与人之间联系的桥梁，特别是通过新技术的使用，对用户的心理需求、实际行为开展深度研究，目标是建立或促进人与人、人与群体之间交互关系的平衡。信息交互设计不仅需要满足用户自身的需求，提供更好的交互服务，同时也应该改善并提升用户的交互认知与行为习惯，以及探索如何使用更合理的信息技术辅助用户之间实现更优的信息交互行为，最终不断迭代并且重新定义信息交互设计的最佳应用范式。

信息交互设计的快速发展对于交互设计师的素质提出了更高的要求。卡内基梅隆大学设计学院院长特里·厄文（Terry Irwin）认为："信息交互设计师必须精通设计师的所有技巧和才能，并将之与科学家或数学家的演进和解决问题的能力有机结合，还得将学者特有的好奇心、研究技能和坚持不懈的精神带到工作中去。"从能力储备的视角来看，信息交互设计师需要具备多学科的知识视野和整体把握各学科知识的设计素养，不仅需要了解计算机技术、系统运行方式、用户特点及需要完成的任务，还要对于和用户及其任务相关的综合性因素有着全面把握④。信息交互设计师不仅要用巧妙的设计语言做出优秀的交互设计产品以满足实际的用户需求，赋予用户感受出色愉悦的交互体验，而且应该帮助用户在与交互产品互动的过程中充分感受交互设计的独特魅力。信息交互设计的关键点是要将初期的信息交互设计方案转化成信息交互设计产品的实际内容，这需要信息交互设计师们持续且更加深入的关注与实践。从这个意义上讲，信息交互设计师可以被称作交互行为的塑造者⑤。

① 莫格里奇.关键设计报告：改变过去影响未来的交互设计法则 [M].许玉玲，译.北京：中信出版社，2011：460.
② 王佳.信息场的开拓：未来后信息社会交互设计 [M].北京：清华大学出版社，2011：103.
③ 杨茂林.智能化信息设计 [M].北京：化学工业出版社，2019：106.
④ 王佳.信息场的开拓：未来后信息社会交互设计 [M].北京：清华大学出版社，2011：101.
⑤ 科尔科.交互设计沉思录 [M].方舟，译.北京：机械工业出版社，2012：概述.

2.3 "信息"与"交互"的释义

2.3.1 信息的本质

信息,指的是"音信,消息"。根据《新词源》,唐朝诗人李中在诗作《暮春怀故人》中就提到"信息"一词:"梦断美人沈信息,目穿长路倚楼台",其中的"信息"即"消息"。信息(information)和消息(message)在西方的各种早期文献著作中是互为通用的,"信息"一般而言就是不同场景下的消息(情报)。在 1948 年,美国数学家、控制论奠基人维纳在《控制论:动物与机器中的通信与控制问题》一书中指出:"信息就是信息,不是物质也不是能量。"[①] 对信息的本质来说,这是最深刻和理论性的科学论断,"信息"第一次与"物质""能量"等传统工业社会中最重要的资源被放在同等地位看待。

自人类有文明史以来,信息就广泛地存在于全社会组织结构中的每个角落。信息是一种肉眼不可见但又客观存在着的事物,是进入工业社会以后公众媒介(纸媒、电视、广播、互联网、移动网络渠道等)进行传播的主要对象,并且在传播过程中不断地延伸、改变、创新。从本体论而言,信息是事物运动的状态和状态改变的方式;从认识论而言,它是包括这类运动状态变化的表象、含义与价值。虽然人类肉眼无法直接识别信息,但作为一种需要媒介的支撑才能够被感知的独立客体,信息是当今社会中最重要、最具代表性的生产要素和战略性资源之一。信息以及信息活动在当今社会的经济、政治和各项社会事务中占据着举足轻重的战略地位。

从牛顿力学可引知,宇宙间的万事万物都在运动和变化着,绝对静止的事物是不存在的。这些运动和变化都有相对应的运动状态和状态改变的方式,这种变化的背后实际上就是信息的创造过程。信息是一个指代范围相当宽泛的概念,虽然至今并无一个绝对统一的定义,但当我们试图理解"信息"的概念,可以参考"信息是人与人之间传播着的一切符号系统化知识","信息是决策、规划、行动所需要的经验、知识与智慧"[②] 等前人理解信息的观点。信息是代表具体物质客观存在或曾经存在的一种标志。从设计学的认知角度而言,信息范畴内最常见的形式一般包括文本信息、声音信息、图像信息、视频信息等。

2.3.2 信息的属性

从普遍意义上的世界唯物观角度出发,人类对于外部环境的理解与认知可分为三个层面:数据层、信息层、知识层。数据层是一种没有经过编译的原始客观事实和符号,信息层是有意识构造的事实与符号,知识层是可以进行反复应用并在社会实践中创造价值的

---

① 维纳.控制论:动物与机器中的通信与控制问题 [M].郝季仁,译.北京:科学出版社,1963:133.

② 严怡民.现代情报学理论 [M].武汉:武汉大学出版社,1996:38-41.

理论化信息。从设计的视角对以上元素进行研究，可
以形成一个简单的逻辑环：信息是将原始的数据转换
为有价值的内容，并且用户可以通过外部环境或智能
产品设备等辅助工具理解与掌握信息，部分信息可以
浓缩成为供用户学习、理解和应用的知识。即"信息
可以被加工成为知识和思想，为社会进步提供智慧策
略"[①]。需要注意的是，信息和知识的概念并不相同，从
某种意义上来说，知识可以被反复用于社会的生产活
动，是一种被"升华"过的信息（图 2.2）。

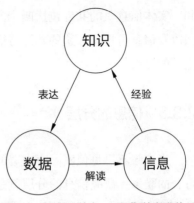

图 2.2　"数据 - 信息 - 知识"的渐进关系

　　"信息"是信息社会最热点的词汇之一，在当今全球化社会乃至每一个国家的经济、
法治和文化发展中占据着极为重要的战略地位。人们逐渐开始认识信息、了解信息、追逐
信息，已经很难想象人类社会脱离了信息并单独存在。艾尔文·托夫勒（Alvin Toffler）在
《第三次浪潮》中提出，信息社会里社会发展和人类所需要的最关键的三种生产要素由"信
息""物质""能量"组成。在网络社会中，人们依赖于通过计算机与互联网等信息技术工
具进行信息的数字化采集、编码、处理、现实与传播[②]；通过人为加工、编辑与转换，信息
能够充分被信息用户所感知。信息本身已经足以成为信息社会中生产力发展与社会财富积
累的主要来源，并能够成为用户创造良好用户体验的基础素材。

　　信息的最典型属性特征是非物质性与可传播性。从技术层面进行分析，信息可以分为
"虚拟信息"和"实体信息"两类（图 2.3）。通过智能产品或者相关技术的辅助，虚拟信
息可以通过实体信息的方式可视化，实体信息是虚拟信息可视化的结果，依然具备非物质
性的特点，信息的本质特征并没有改变。从另外一个角度看，实体信息拥有比虚拟信息更
多的标签，比如"位置""强弱""大小"等，这都和信息的外部因素密不可分。"虚拟信息"

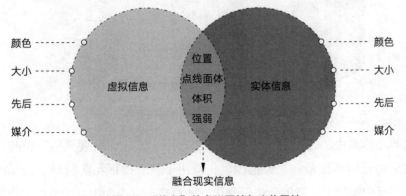

图 2.3　"信息"的虚拟属性与实体属性

①　钟义信. 信息科学与技术导论 [M]. 北京：北京邮电大学出版社，2007：28.
②　魏娜，范梓腾，孟庆国. 中国互联网信息服务治理机构网络关系演化与变迁：基于政策文献的量化考察 [J].
　　公共管理学报，2019，16（2）：91-104，172-173.

和"实体信息"的共性包括四个方面：位置、点线面体、体积、强弱。通过信息的多维增强以及信息可视化，这些共性特征延伸为融合现实信息的基础，为信息交互设计提供了最重要的元素。

2.3.3　信息的分层

当肉眼不可见但实际存在着的信息呈现在一个空间中，信息即与人和空间存在着密不可分的联系，研究信息的分层就是要定义信息的位置属性以便被人识别读取。"信息界面"的概念应运而生，是指将信息内容展开并进行传达的形式。为了将空间中所存在着的信息更好地进行归类以便相对客观地深度理解，本书提出应构建以信息为研究主体的"信息界面体系"，它可以为研究信息是否准确地反映内容、信息接收方式是否符合用户喜好、信息是否有效合理传播等问题提供一个较基础的研究模型。

信息界面体系由"常驻视觉层""跟随环绕层""混合现实层"构成（图2.4）。"常驻视觉层"里的信息定位为信息视觉接收方，主要探讨的是信息可视化表达与信息传播结果评价；"跟随环绕层"里的信息相对定位于人，信息的位置是相对于人的位置的变化而变化，这一层的信息会围绕人产生球面空间，信息与人的距离代表这个球面空间的半径距离；"跟随环绕层"的信息设计中设计者应尽量将信息控制在一个球面空间中，然后结合设计需要再通过信息与人之间距离的变化来区分信息的强弱。"混合现实层"中的信息相对定位于物，信息的位置是相对于物的位置的变化而变化，这一层的信息在空间中对于人而言，信息的位置固定，需要通过人或物的移动来决定信息与人的距离远近。

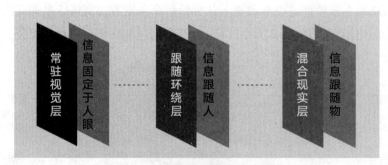

图 2.4　空间信息界面体系三要素

在信息界面体系中，各类信息具有不同的展示特点。"常驻视觉层"中的信息往往需要持续关注，并长时间停留在视野范围内，适用于核心指标元素的展示；"跟随环绕层"里的信息在空间中跟随人位置的变化而变化，并存在于以人为中心的球面空间中，适合于常用信息或操作的展示；"混合现实层"里的信息在空间中具备独立的位置特征，且不会因为人位置的变化而变化，适合展示与空间或区域有关的信息。信息界面展示的最终目标是实现信息可视化、信息结构化、信息交互化。

　　在信息界面体系的具体表达上，信息的呈现方式和聚焦点也有所差异。常见的信息界面的表达形式有文字界面、手势界面、声音界面、图像界面、动态交互界面等。由于"常驻视觉层"的信息是需要持续关注的，所以可以采用轻量化的视觉因素；"跟随环绕层"的信息在视觉层面上应注重信息呈现底层承载的界面尺寸、分辨率、对比度、亮度等细节元素以保障信息传达的清晰度和目标完成度；"混合现实层"的信息既源于现实又比现实更加增强，在信息视觉表达上应注重强调真实质感和信息氛围的渲染。

2.3.4　信息与文化

　　在由"0"和"1"二进制代码所组成的比特化信息时代，与信息相关的产业已经成为具有巨大影响力的社会发展引擎，不仅是在调整的社会产业结构与增长的经济方面，而且在互联网普遍化与商业化的具体领域，信息业都带动了社会经济实力的整体进步，商业繁荣由于信息业的支撑发展速度超越了历史上的任何一个时期。（美国信息经济学家）波拉特在《信息经济》（1977 年版）一书中提出"农业""工业""服务业""信息业"等四大产业分类以分析美国社会经济结构的变化，充分肯定了信息业给美国乃至全球社会发展带来的巨大贡献与强大的影响力。

　　"文化是生活方式，是一系列的准则和规范，是一种价值观念和意义体系"[1]。随着信息业在社会角色比重的快速提高，"信息文化"正成为时代热词。"信息文化"一词的诞生，体现着信息时代内的文化大环境相比以往具有形式开放性、渠道多元性、广泛参与性、强调体验性等特点。在信息业飞速发展的时代语境中，人们所处的信息环境越来越复杂、信息量越来越大，如何面对信息、选取信息、处理信息已经成为每个人都需要做的功课。"人类的日常生活和活动，在很大程度上成为信息生产、传递、选择、使用的行为，这些行为受到其所处的信息文化环境的制约和影响，同时这些信息行为又构建着信息文化"[2]。

　　信息文化包含着信息基础硬件系统的构建与信息文化氛围的营造。科技正在不断地突破社会生产力的上限，而人类也在逐渐提高选取与处理信息内容的能力与素质。笔者认为，研究信息文化的探讨对象需要包括"信息""人""空间"三元素。除去前文的虚拟信息与实体信息的信息特质，"人"元素包含了"眼睛"和"肢体"，保证了用户对于信息的可视化和可感知化的实现；"空间"的层面包含了"广义"和"狭义"，对应的是物理空间（线下空间）与虚拟空间（线上空间）。综上，信息、人、空间组成了三位一体的信息逻辑关系，信息文化也必须通过人的解读才能体现信息文化的价值（图 2.5）。

① 柳冠中. 设计方法论 [M]. 北京：高等教育出版社，2011：30.
② 马海群. 论数字信息文化及其构建途径 [J]. 图书馆论坛，2009，29（6）：74-78，62.

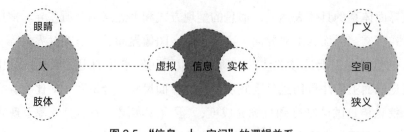

图 2.5 "信息 - 人 - 空间" 的逻辑关系

2.3.5 交互的概念

"交互" 与 "信息" 的词性不同，是一个典型的动词。古代的《京氏易传·震》曾经记录过："震分阴阳，交互用事。"《后汉书·左雄传》中也提到："自是选代交互，令长月易，迎新送旧，劳扰无已。"依据《现代汉语词典》的说明："交" 的字义指 "一齐、同时" "相错、结合"，"互" 的字义指代 "彼此"。"交互" 的字面释义为 "互相、彼此" "替换着"，可理解为人与自然界中事物的一种互相作用、交流和影响关系；如何实现平衡、协调、恰当的关系则是 "交互" 一词的隐含意义。

不同于一方对另一方的单向信息传播行为或过程，"交互" 强调的是双方之间（包含人与人之间、人与机器之间、机器与机器之间）的信息交换，也就是后一方必须对前一方的行为指令有所回应。在计算机信息科学领域，"交互" 意为 "参与活动的对象可以相互交流，进行双方面互动"。在设计学领域，交互设计学家丹·赛弗（Dan Saffer）认为 "交互是指代双方之间涉及实物或服务的交换"[①]。本书理解的 "交互" 主要是以信息为研究对象，描述各式各样的信息之间有序的交流与互动的全过程。

2.3.6 交互的属性

"交互" 行为在社会中广泛存在，各个学科对于 "交互" 属性的理解既有相同又有一定的区别。在自然科学研究领域，"人机交互" "数据交互" "网络交互" 是最热门的研究主题之一。计算机科学家们一般认为："交互" 代表着信息用户在某种时候对于某种信息所施加的响应与改变。詹思·简森（Jens Jensen）认为 "交互的决定性因素是人与计算机之间的控制形式及其在人机交互领域中的应用"。阿瑞纳·艾弗雷（Alena Avery）的观点是 "交互代表着用户控制信息的能力"[②]。乔纳森·斯图尔认为 "交互反映了信息用户实时

---

① SAFFER D. 交互设计指南 [M]. 陈军亮，陈媛嫄，李敏，等译. 北京：机械工业出版社，2010：4.

② BEZJIAN-AVERY A. New media interactive advertising vs traditional advertising[J]. Journal of Advertising Research. 1998, 38(4): 23-32.

参与并调整信息媒体环境形式与内容的程度"[①]。李杰兴（Jae-Shin Lee）的研究基于"用户 - 媒介"和"用户群体之间"两种视角，将交互定义为"依据信息用户的反馈而变化的事物"。概括而言，"交互"在信息科学领域代表着一种用户进行信息输入并且得到系统响应的过程，是用户参与计算机系统中沟通与交流的一种机制[②]。

在人文社会科学领域，传播学一般将"交互"视作信息传播通道的具体属性之一，由于交互行为的存在使得信息发送者和接收者双方之间具有建立信息交换的可能性，舍扎夫·拉弗里（Sheizaf Rafaeli）认为"交互"是形容一个系统内部信息互相之间的联系，尤其是信息与信息关联之后的可解释程度[③]。凯里·希特尔（Carrie Heeter）在舍扎夫·拉弗里的研究基础上，将交互与媒体架构、用户如何面对和处理信息的过程结合起来展开探讨。路易斯·哈（Louis Ha）和林肯·詹姆斯（Lincoln James）从人与人之间进行信息沟通的视角认为"交互代表了信息发送者与信息接收者对与对方的沟通作出反馈的程度以及渴望促进相互间沟通的需要"[④]。在心理学研究领域，"交互"反映了人与人之间信息沟通的状况评价。交互与用户的心理及行为属性直接相关。谢里·图尔克（Sherry Turkle）认为"交互"代表了人文主义与人际关系的一种变量。在社会学研究领域，一般认为"交互"代表着人与人之间互相影响对方的行为与方式。斯塔基·邓肯（Starkey Duncan）将交互视作一种信息双方相互意识到对方存在的状态[⑤]。

2.3.7 交互的类型

简·伯德维克（Jan Bordewijk）与本·范·卡姆（Ben van Kaam）于 20 世纪 80 年代提出了关于"交互"的四部分模型，全模型由横向、纵向两个维度组成，分别是"信息来源的控制"与"时间和主题的控制"（表 2.1）。该模型简明直观地概括了在信息传播过程中所存在的交互类型，在人类学、传播学、信息学等领域具有较大的学术影响。

---

① STEUER J. Define virtual reality: Dimensions determining telepresence[J]. Jounal of Communication, 1992, 42(4): 84.

② 梁峰. 交互广告学 [M]. 北京：清华大学出版社，2007：40.

③ RAFAELI S, SUDWEEKS. Networked interactivity[J/OL]. Journal of Computer Mediated Communication, 1997, 2(4). [2022-10-01]. http://www.usc.edu/dept/Annenberg/vol2/issue4/rafaeli.sudweeks.html.

④ LOUISA H, JAMES L. Interactivity reexamined: A baseline analysis of early business web site[J]. Journal of Broadcasting and Electronic Media, 1998, 42(4): 457-474.

⑤ DUNCAN S. Face to face: International encyclopedia of communications[M]. New York: Oxford University Press, 1989: 326.

表 2.1　信息传播中的交互类型

时间和主题的控制	信息来源的控制	
	中心的	个体的
个体的	咨询	对话
中心的	训示	创造

（1）"训示"是指一个信息发送者将信息即时传送到若干信息接收者的过程，这是一种比较传统而典型的"点对面"单向传播模式，很少出现反馈情况。传统的电视节目、报纸杂志及影视行业等均属于"训示"这种信息传播类型。信息用户在某个单向的信息系统中发送连续不断的信息流，交互含量很低。

（2）"咨询"是形容信息个体在信息中心库中查询信息的过程。比如在类似百度这样的搜索引擎中，信息用户的查询均属于"咨询"信息传播类型。"咨询"可以帮助信息用户在双向交互式信息系统中完成信息请求，进而进行自身的决策和判断。"咨询"类型为信息用户的价值获取带来了很大的便利。

（3）"对话"是指两个或两个以上的信息个体间通过媒介进行信息交互的过程。"对话"允许信息用户在功能齐备的信息交互系统中进行信息输入并能得到实时反馈。可以看出，"对话"相比其他三种典型的交互类型而言，交互性更高。常见的电话、电子邮件、短信等均属于这种交互类型。

（4）"创造"反映的是与"咨询"相反的信息传播过程，强调了信息用户同时也是信息创造者这一全新认知[1]。"创造"形容的是一种信息中心对于某用户个人信息的记录与储存。"创造"常见于系统对单个信息用户的监督过程，但有时也会带来隐形的负面影响。

2.4　信息交互设计的构成

2.4.1　信息设计

自计算机于 1946 年问世以来，计算机所创建的信息在全球社会中的传播总量与被需求量越来越大，信息设计（information design）应运而生。信息设计最先应用于出版印刷以及视觉传达设计方面，在造纸印刷术的帮助下，信息文档实现了高效复制，从而可以广泛传播。之后产生了广播、互联网等传播媒介，进一步增加了信息传播范围、丰富了信息的表现形式。

早在 20 世纪 70 年代，《信息设计杂志》（*Information Design Journal*）就在欧美地区创

---

[1]　SPURGEON C. Losers and lovers: Mobile phone services and the new media consumer/Producer[J]. Journal of Interactive Advertising, 2005, 5(2): 47-55.

刊，因此设计师们初步使用"信息设计"术语来形容如何完成清晰而高效的信息传播过程。易茨比和茨瓦加（1984）、杜非和瓦勒（1985）、施里弗尔等专家对于信息设计的构建做出了许多贡献。到了 20 世纪末期，信息设计逐渐延伸到文本类信息内容和语言领域，需要在设计过程中融入更多的用户研究、分析与测试过程[①]。弗兰克·锡森（Frank Thissen）对于信息设计的定义是："信息设计是对信息清晰而有效的呈现。它通过一种多学科和跨学科的途径，结合了平面设计、技术性与非技术性的创作、心理学、沟通理论和文化研究等领域的技能达到交流的目的。"[②] 清华大学吴诗中教授认为："信息设计是以信息社会的技术条件和社会环境为基础，进行有目的、有价值的创造性活动。"[③] 总体而言，信息设计是一门信息筹划的艺术和科学[④]，是一种以尖端科学技术为基础的不同于任何一门艺术的全新艺术流派，是关于如何定义人造物、环境和系统关系的行为与规划。

　　信息设计代表着一项以沟通为目标的叙事艺术，规划和塑造着人类的交流和体验，所研究的主要是人在信息社会环境中的信息交流问题。信息设计主要根据特定目标用户的需求而展开，综合分析各项信息形成合理的逻辑结构，并且按照不同信息做出设计。通常而言，信息设计的目的是把无序、复杂的原始数据合理化，从而便于用户所接受；信息设计同时可以有利于后续的信息交流、记录和保存。信息设计不仅要记录与呈现相关数据，而且要对数据进行转换，从而给用户带来价值，便于用户理解与使用[⑤]。研究信息设计要注意从应用实践的角度协调好信息技术和信息文化的关系。

　　在信息设计的实践过程中，很多人难免将"信息"与"数据"混淆。数据必须由设计师进行一定的选取、解析、重构并且转化为合理的表达方式，进一步提高信息的价值。两者之间的区别是：为满足不同用户的需求，数据可以呈现为多种形式，而信息则不然，只有满足目标用户的需求才能够将其价值展现出来[⑥]。把数据转换为信息的步骤可分为三个阶段：一是将数据按照一定的逻辑进行有意义的取舍；二是将组织过后的数据通过合理、合适的形式进行表达；三是深入分析影响数据的环境因素，从而使数据与环境相统一。利用上述方法，信息设计可以将数据转化为有价值的和可应用的有效信息，并将特定数据进行精准的呈现。如今，在判定信息设计方案是否为一个优秀的设计作品时，主要根据信息设计的结果来判断，如果增强了信息交流的有效性则视为有效[⑦]。要想把数据转换到信息层面上来，需要进行组织、取舍以及转化，从而以一种合理的方式表达出来，充分发挥其价值。

---

① 宋若楠. 功能中的形式美 [D]. 北京：中央美术学院，2011.

② 欧格雷迪. 信息设计 [M]. 郭瑢，译. 南京：译林出版社，2009：18.

③ 吴诗中. 虚拟时空：信息时代的艺术设计及教育 [M]. 北京：高等教育出版社，2015：77.

④ 欧格雷迪. 信息设计 [M]. 郭瑢，译. 南京：译林出版社，2009：20.

⑤ 王佳. 信息场的开拓：未来后信息社会交互设计 [M]. 北京：清华大学出版社，2011：27.

⑥ ABRAM S. Post information age positioning for special librarians: is knowledge management the answer?[J]. Information Outlook, 1997, 1(6): 18-25.

⑦ 王佳. 信息场的开拓：未来后信息社会交互设计 [M]. 北京：清华大学出版社，2011：26.

整体而言，信息设计是以信息内容为研究对象，在信息时代经济、文化与科技的条件下借助数字化的信息交互媒体为辅助，以信息内容为研究对象，为信息用户创造新的价值与体验的"非物质性"的设计。信息设计的研究聚焦在如何平衡信息与人的认知和行为之间的协调关系，有逻辑、有计划地合理安排信息数据并按照一定的规则进行信息的分类与表达；它并非要取代传统的视觉传达设计学科，而是将各种文字、图示、表格、色彩、形态等信息通过信息设计构架呈现其具体价值，目的在于更加有效地完成信息交流并创造更优质的用户体验。

2.4.2　交互设计

交互设计常被认为是一门随着信息技术发展起来的新兴设计学科，倘若站在一个更高的视角，可以发现每一个时代都有与之科技、文化水平相对应的设计行为，人类社会事实上已经有很长的交互设计历史，只是名称有所区别。总体而言，交互设计（interaction design）是一门从人机交互（human computer interaction）领域分支并发展起来的新型学科，具有比较典型的跨学科（multi-disciplined）的特征，涉及范围包括计算机科学、计算机工程学、信息学、美学、心理学与社会学等[①]。交互设计既关注软件硬件设备，更关注交互服务，其目的是增强和扩充人们工作、通信及交互的方式。

许多学者和专家都基于各自的研究视角尝试探索交互设计的定义。丹·赛弗（Dan Saffer）认为"所谓交互设计，是指在人与产品、服务及系统之间创建一系列对话，其更偏向于技术性的设定和实现过程"[②]。国际交互设计协会联盟（Interaction Design Association）认为"交互设计定义了交互产品和服务的结构和行为。交互设计师创造用户和他们使用的交互系统之间的令人信服的关系，包括从计算机到可移动设备到电气设备"。雷曼（Reimann）认为"交互设计是定义人工制品（设计客体）、环境和系统的行为的设计"。维诺格拉德（Winograd）描述交互设计为"人类交流和交互空间的设计"[③]。笔者认为，交互设计的关注点在于对于交互方式、交互行为、交互产品的设计，包括了物质和非物质的双重设计，特别是对于所处时代的交互技术关注度非常高。

从技术角度而言，交互设计涉及计算机科学、交互语言程序代码、交互产品信息技术研发、信息架构学等的运用；从人文角度而言，交互设计涉及哲学美学、人类学、心理学、文化学等知识；从艺术设计角度而言，交互设计与传统的视觉传达、工业设计、信息界面设计、产品语义学、符号学又有着密不可分的联系，既关乎交互功能，又与交互产品（方

① SAFFER D. 交互设计指南 [M]. 陈军亮，陈媛嫄，李敏，等译. 北京：机械工业出版社，2010：3.

② 科尔科. 交互设计沉思录 [M]. 方舟，译. 北京：机械工业出版社，2012：概述.

③ PREECE J, ROGERS Y, SHARP H. 交互设计：超越人机交互 [M]. 刘晓晖，张景，等译. 北京：电子工业出版社，2003：4-6.

式）的具体使用体验相关。交互设计是一个最典型的与跨学科研究直接相关的设计领域，从理解产品的使用开始，赋予产品适合使用行为的方式，由此建立起产品、人和自然的、文化的及历史的脉络之间的对话。

交互设计的目的是让产品与用户的交互过程能够更加简单顺畅，形成用户与用户之间更有意义的交互性交流[①]。交互设计与信息技术之间的联系非常紧密：信息技术可以给交互设计更多的支撑，使之实现多样化的交互行为，交互产品的功能和使用方式也因此得到了极大的想象空间。交互设计的技术性特征一方面能够反映出科学与艺术的技术实现可能性与发展趋势，另一方面交互设计也使得技术能够最大限度地发挥其创新性价值。需要强调的是，交互设计的最终结果不一定局限在一个绝对的终点产品，而更关乎对于交互过程的设计与实现；如何在交互过程中以用户为中心创造愉悦的情感体验已经成为交互设计创新中的核心内容。"交互设计可以是在一个可以设计出行为、情绪、声音与形状的虚拟世界里创造出更精彩且超乎想象的操作模式……对于所有同时具备数字与互动性质事物的设计，其目的是让它显得实用、令人渴望且容易上手。"[②] 成功的交互设计能够在个性层和情感层对于用户产生巨大的影响。交互设计的最大意义也许在于实现了交互活动（行为）的功能构建与用户体验从无到有的双赢过程。

交互设计的快速发展对于成为一个合格的交互设计师提出了更高的要求。从发展的视角来看，交互设计师需要具备多学科的知识视野和整体把握各学科知识的设计素养。不仅需要了解计算机技术、系统运行方式、用户特点及需要完成的任务，还要对于和用户及其任务相关的综合性因素有全面的把握[③]。设计师不但要用设计语言做出优秀的交互设计产品以满足实际的用户需求，赋予用户感受出色愉悦的交互体验的可能性，更应该帮助用户真正理解交互设计的独特魅力。成功的交互设计关键是要将初期的交互设计方案转化成交互设计产品的最终内容以及行为，这需要交互设计师们对于交互设计以及用户研究付出持续而深入的关注与实践。

2.4.3　感知设计

信息交互设计的第三大构成部分"感知设计"是研究人类如何感知外部信息并且做出后续反应的研究领域，是信息交互设计发展的最前沿分支领域。人类的五感（视觉、听觉、嗅觉、味觉和触觉）是最基本的感知器官，人类可以凭借此与外部环境很好地互动从而获取信息，并通过感知结果进而与现实世界进行交互。人类体验从"感觉"到"感知"，再到"表象"三种基础形式，汇聚成了感知设计研究的基本过程。

① 王佳. 信息场的开拓：未来后信息社会交互设计 [M]. 北京：清华大学出版社，2011：103.

② 莫格里奇. 关键设计报告：改变过去影响未来的交互设计法则 [M]. 许玉玲，译. 北京：中信出版社，2011：460.

③ 王佳. 信息场的开拓：未来后信息社会交互设计 [M]. 北京：清华大学出版社，2011：101.

　　信息交互设计与传统设计相比，特别强调设计自身应该对于用户需求、用户行为、用户心理等感知层面展开更多研究，这种研究思路在感知设计上得到了延伸。"感知"是人类在外部环境因素的影响下，直接作用于人类感觉器官下产生的。人类对外部环境以及客观事物的认识常常起源于"感知"，这种主观意识代表的是人类对于外界环境传递信息的整体感受。《淮南子·齐俗训》一书中写道："喜怒哀乐，有感而自然者也"，描述的就是类似的感知过程。"感知"从辩证的角度探讨如何定义主体与客体之间的存在关系：主体接受客体对象存在的能力即为"感"，主体对客体对象在依据感的基础信息而产生的某些变化和相应的接受行为即为"知"。"感知"代表了人类快速吸收以及评估外部环境刺激的能力，常常与识别能力相互连接[①]。对于大多数人而言，"感觉"与"知觉"是人类获取外部信息，进而构成感知过程的两种生理途径，是人类进行创造性思考的基础。其中，客观事物在感觉器官上产生的对事物个体属性的反应称为感觉，一般从生理层面解读；知觉是指人们通过感觉器官收集到的外部刺激经过神经系统的处理和解释，形成的对外界环境的感知和认识，一般从心理层面进行深入研究。感觉是单个器官活动的结果，知觉是多器官协同活动的结果；感觉是知觉的基础、前提条件和有机组成部分，知觉并不是简单的感觉累加，而是对感觉的深度探究及发展，是在主体知识、经验、情感等因素共同参与和影响下的最终结果。

　　感知是人类认识世界的起点，人类通过感知产生记忆、想象、思考等一系列复杂的高级心理活动。人类自带的感知能力可以帮助人们直观地认识外部环境的特点以及客观事物的发展规律。从控制论的角度来看，人体的器官可以视为信息接收器——通过外界事物对感官的刺激而获取信息，并将其转化为感官信号，再由神经网络传输到大脑，大脑凭借以往知识、情感对信息进行模式化处理形成感知。在知觉形成过程中，感觉是第一阶段，反映的是人们对外界环境的最直接反应；知觉是在感觉经验的基础上产生的，是对感觉进行认识、选择、组织与解释的一系列过程[②]。因此，"感知"不但包含人们对外界的感觉，还包含知觉，人们的心理活动以及实践活动都以此为基础。感知的全过程是各种感官共同作用的结果，受不同个体的经验和知识的影响，具有相对性、主动性、完整性、选择性、持久性、组织性和意义性等典型特征。

　　将"感知"纳入设计的范畴最早可以追溯到基于视觉感知和心理感知的形式美学研究。感知设计的理论研究来源于"感知心理学"（cognitive psychology），主要包括由外部物品、环境或社会文化关系带给用户感知方面的"影响"（influences）、"提供体"（affordances）和"制约"（constraints）等。最早从视觉层面展开感知设计的相关研究可以追溯到 19 世纪的赫尔曼·冯·赫尔姆霍特茨（Hermann von Helmholtz）；赫尔姆霍特茨认为"感知"可以被分解为两个阶段：一是感觉；二是特征和强度，这是感觉器官先天所具备的属性

---

① 欧格雷迪. 信息设计 [M]. 郭璇，译. 南京：译林出版社，2009：62.
② 陈慧姝. 浅谈设计语言的感知元素 [D]. 天津：天津美术学院，2008.

（并且由感觉操控）。早在 20 世纪 70 年代感观功能（可感知的、美感的）的概念就被奥芬巴赫设计学校提出，之后产品语言的概念取而代之。以感知理论为基础的形式美学，注重感知在视觉层面的研究与影响，艺术设计理论专家在产品形式美学功能方面开展了大量研究。

在认知心理学和完形心理学的影响下，产品语义功能和造型语言的表达形式也有不同种类，如维度、外形、表面物理结构、运动、材质、功能实现手段、颜色、声音、音调、味觉、嗅觉、温度和抗外力能力，这些多元化的形式会从不同的感知维度上影响用户的消费心理。产品本身的外观和具有感官能力的功能互相融合，科技、人文和艺术重新定义了产品设计的智能交互和可感知力的发展趋势，感知设计的传达性本质也得以彰显。人与产品之间的联系是基于人对产品的感知能力以及产品本身所拥有的感知特性，并且赋予其人文关怀以及更深度的感官体验，产品开始侧重体验以及符号化的变化过程也充分地展示了感知设计的特殊价值与独特魅力。

随着信息技术的迅速发展，感知设计也迎来了新的研究突破口。感知界面即由人的五感对应的感知通道进而延伸出的界面，以人类五感为基本交互角度的感知界面设计成为发展与探索信息交互设计的一个重要领域；研究领域包括与触觉对应的实体界面（tangible user interface，TUI）、触摸感应界面和体感控制；与听觉相对应的语音识别；与视觉对应的眼球跟踪、面部识别等其他多通道交互形式。在与之相关的研究过程中，可以发现信息技术的技术辅助促进了感知界面设计发展的速度。比如，情境感知技术已经得到了很大程度的推广与应用，绝大多数智能手机已经可以通过手机内置的"数字罗盘""多点触控""智能语音""情境识别""压感反馈"等感知功能技术，帮助智能手机更加深入地了解用户的行为和实际需求，这些具体的感知功能已经逐渐成为不可或缺的手机标配。以苹果公司为例，苹果公司在 2017 年推出的 iPhone X 手机具备深感摄像头（truedepth camera）的 3D 成像技术（图 2.6），该系统（深感摄像系统，the truedepth camera system）由点阵投影器、泛光感应元件、红外镜头、700 万像素摄像头、环境光传感器、距离感应器几个元

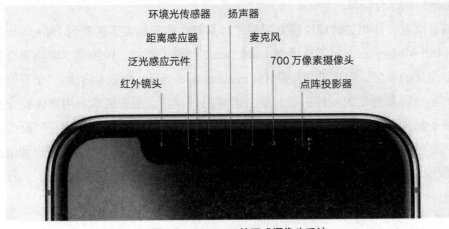

图 2.6　iPhone X 的深感摄像头系统

器件组成；iPhone X 运用 3D 结构光技术，通过前置的红外镜头（infrared camera）和点阵投影器（dot project）组件，快速扫描人的面部并在人脸表面形成 3 万个看不见的红外点进行三维仿真实时建模，最后渲染成 3D 动图。通过深感摄像头实施面部扫描功能，可以实现用户瞬间面部识别解锁、手机安全支付等全新的感知设计行为。这些以感知设计为设计目标的信息技术研发与应用快速推动了智能手机行业的整体设计水准，以 iPhone X 为代表的智能手机产品亦得到了当时商业市场和用户群体的高度认可。

早在 20 世纪 80 年代，格林在《设计研究》上发表论文指出"未来的设计将实现科学和感知结合发展"[①]。值得一提的是，人类对于设计的感知与认知，许多时刻是不相同的：感觉与知觉不但有差异性，也具有统一性。在研究人类感知规律时，可以利用信息技术进行分析，从而将其量化与分析。在某些场景下，人类只凭借感官是无法感知到所有信息的，还必须利用其他途径感知相关信息。这就要求设计师们能够在设计过程中将部分无法直接为用户所感知的信息进行巧妙地转换与放大，从而升华成用户可以感知到的具体信息以及信息意义。感知设计的相关研究，其本质就是探索如何以人类自身所具备的五感为基础，将人定义为设计的主体进行自然化设计。感知设计实现了人的视觉、听觉、触觉、嗅觉等自然感官功能以及体验的延伸，拓展了"人"因素在社会生产以及生活方面客观存在的可能性。

2.5 信息交互设计的研究现状

2.5.1 理论研究层面

信息交互设计是具有系统化认知特征的设计领域。随着信息社会的发展和信息技术的不断成熟，信息交互设计的受关注度与受认可度越来越高。这主要是深化的社会创新进程、飞速发展的信息技术普及程度、设计思维（design thinking）的价值认可度越来越高及覆盖面越来越广的综合结果。

在信息交互设计相关的理论研究层面，对其概念的源起需要追溯到 1984 年比尔·莫格里奇（Bill Moggridge）对于软界面（soft face）的相关研究。1990 年，莫格里奇具体定义了交互设计的概念，构建了交互设计（interaction design）的基本内涵："交互设计是设计人和产品或服务互动的一种机制，要去了解用户背景、用户需求、用户体验，并在使用过程中不断进行创新和迭代，以便能够设计出符合用户的产品。"国际交互设计协会联盟认为"交互设计定义了交互产品和服务的结构和行为。交互设计师创造用户和他们使用的交互系统之间的令人信服的关系，包括从计算机到可移动设备到电气设备"。丹·塞弗

① GLYNN S. Science and perception as design[J]. Design Studies, 1985, 6(3): 122-133.

在他的著作中提到交互设计的大致流程和实施细节，从多维度和多方面综合考量了交互设计的本质和特点，也使得交互设计的概念与意义广为人知。设计管理领域著名专家理查德·布坎南（Richard Buchanan）在 1992 年就已指出，交互设计的对象并不是一种单纯的产品，而是一种对于用户行为的设计①。杰西·佳瑞特（Jesse Garrett）在专著《用户体验的要素》中诠释了设计、技术和商业融合是设计学发展中最典型的趋势，对交互设计与用户体验的关系做出了生动的说明。拉斯·昂格尔（Russ Unger）在专著《UX 设计之道》中详细阐述了以用户体验为中心的设计流程与方法。雷曼认为"交互设计是定义人工制品（设计客体）、环境和系统的行为的设计"。大卫·凯利（David Kelley）认为交互设计的关键在于"如何让技术更加适应人"。维诺格拉德（Winograd）将交互设计描述为"是人类交流和交互空间的设计"②。麦卡拉 - 麦克威廉（McAra-Mcwilliam）认为"交互设计师需要理解人，理解他们如何体验事物，如何无师自通，如何学习"。比尔·维普兰克（Bill Verplank）指出："交互设计要解决三个方面的问题：一是解决操作的问题；二是理解人们的思考方式；三是解决认知的问题，即如何把操作的方式传达给信息用户的问题。"③ 以阿兰·库珀（Alan Cooper）、唐纳德·诺曼（Donald Norman）、雷曼为代表的国际知名学者也陆续出版《软件交互精髓》（*About Face*）、《情感化设计》、《复杂性设计》（*Living With Complexity*）等研究著作，从不同角度探讨了信息交互设计的意义、过程、原理与方法。国外信息交互设计研究的重点主要集中在用户体验（user experience）、系统（system）、框架（framework）、教育（education）、交流（communication）、创造力（creativity）、模型（model）、行为（behavior）以及创新（innovation）等领域④。

相较于国外在信息交互设计领域的深耕，国内的相关研究起步较晚，迄今不足 20 年。可喜的是，经过近 10 年的不断学习和本土互联网企业的快速发展以及智能移动交互应用场景的成熟和完善，国内的信息交互设计研究水平也取得了长足的进步，特别是与信息学、社会学、传播学、心理学等学科广泛进行学科交叉从而产生了大量的研究成果，无论是学术专著、被检索期刊论文的数量以及质量均有较大的提升。许多学者从不同角度研究了与信息交互设计相关的学术问题，并获得了有影响力的研究成果，包括：信息艺术观（鲁晓波）、行为逻辑观（辛向阳）、交互技术观（徐迎庆）、认知行为观（范圣玺）、量子思维观（覃京燕）、交互学科观（张烈）、交互情境观（吴琼）、虚拟时空观（吴诗中）、智能设计观（杨茂林）、信息场域观（王佳）、交互广告观（梁峰）、交互品质观（刘伟）等。比较

---

① BUCHANAN R. Wicked problems in design thinking [J]. Design Issues, 1992, 8 (2): 5-21.

② PREECE J, ROGERS Y, SHARP H. 交互设计：超越人机交互 [M]. 刘晓晖，张景，等译. 北京：电子工业出版社，2003：4-6.

③ 吴琼. 交叉研究视野中的信息与交互设计 [J]. 装饰，2014（12）：17.

④ 张烈，潘沪生. 国外交互设计学科的研究进展与趋势：基于 SSCI 等引文索引的文献图谱分析 [J]. 装饰，2019（5）：98.

有代表性的学术观点包括："交互设计更多地关注经过设计的、合理的用户体验，而不是简单的产品功能"[1]；"交互设计是协调各方面因素的复杂决策逻辑过程，涉及使用语境、行为模式、认知心理、意义建构等内容"[2]；"交互设计包含数据自交互、人机环境之间的交互以及人与人之间的交互三大类"[3]；"交互设计在未来或许是一种通过研究用户与行为方式，以各类技术手段为媒介，创造适应不同语境环境下的物质或非物质交互式设计输出物（产品、空间、环境、系统、服务）的设计实践"[4]；"交互设计是一门交叉学科，它要对技术有一定的了解、数据的分析和整合设计；既要有敏锐的发现问题的能力，也要有分析能力、创意设计能力"[5]；"交互设计更应该关注交互系统如何在宏观和微观层面改变人们的行为和生活方式；不仅需要对产品的行为进行定义，还包括对用户认知和行为规律的研究"[6]。

在信息交互设计教育方面，欧美地区许多著名高校与科研机构已逐步构建较为系统又颇具特色的信息交互设计研究与教学体系：基于"大设计"的概念，讨论诸如"可持续的社会设计"，"以利益相关者为中心的设计"和"参与式设计"之类的深层主题[7]，研究范围非常广泛；比较具有代表性的院校包括麻省理工学院、卡内基梅隆大学、加州艺术学院、英国皇家艺术学院、伦敦大学金史密斯学院、伦敦玛丽女王大学、芬兰阿尔托大学等。在亚洲地区，日韩等国也迎头赶上，日本东京大学、多摩大学，韩国建国大学、国民大学等高校也取得了大量理论研究成果，并在与设计产业合作这条路上走在世界前列。在国内，信息交互设计在设计学科建设上也取得了重大的突破。在设计学科成为我国艺术学门类一级学科之后，国务院学位委员会艺术学科评议组于 2011 年正式发布了二级学科名称"信息与交互设计"，一些重量级信息交互设计的相关教材已经出版，信息交互设计相关方向的本科生、研究生培养数量及质量相比往年进步明显，以信息交互设计为主题的国家级精品课程的选课人数和社会影响力持续走高。

2.5.2 实践研究层面

相较于其他传统设计领域，信息交互设计正从一种独特的实践视角，助力重塑全球社会经济产业的许多板块。信息技术的充分介入为交互设计创新提供了全新的机遇，越来越多的信息交互设计原型相比过去拥有了更多的实践机会，通过设计转化为真实可用的信息交互产品从而造福于每一个社会大众。在信息交互设计的产业应用与实践领域，国外起步

① 辛向阳. 交互设计：从物理逻辑到行为逻辑 [J]. 装饰，2015（1）：59.
② 孙辛欣. 交互设计的决策规律：信息架构与行为逻辑的匹配 [J]. 装饰，2016（5）：140.
③ 覃京燕. 大数据时代的大交互设计 [J]. 包装工程，2015（4）：1.
④ 徐兴，李敏敏，李炫霏，等. 交互设计方法的分类研究及其可视化 [J]. 包装工程，2020（2）：43.
⑤ 侯文军. 交互设计是逻辑思维和发散思维的结合 [J]. 设计，2019（8）：43.
⑥ 顾振宇. 交互设计：原理与方法 [M]. 北京：清华大学出版社，2016：19.
⑦ 鲍懿喜. 从硕士学位论文看卡内基梅隆大学交互设计的研究特色 [J]. 美术与设计，2017（6）：205.

较早，并在产品设计、信息构架、用户模型、体验设计、人机交互界面设计等分支领域开展了多年的定量和定性融合研究，积累了许多值得借鉴的实践经验。近年来，国外许多企业设计了许多高质量的信息交互设计产品，具有较高的设计水平和科技含量，深受用户和市场的好评。包括苹果（Apple）、亚马逊（Amazon）、推特（Twitter）、优步（Uber）等大量优秀的交互设计产品（生态）不断涌现，涵盖了各种各样的信息交互产品和模式，包括数字媒体、交互方式、物质、非物质等。信息交互设计所衍生出的用户市场以及商业价值已经充分被产业界认知，以 IBM 公司为代表的诸多企业正在革新企业组织、系统乃至产品设计的常规流程及管理方法。"用户体验战略"俨然成为交互设计与传统商业研究领域融合进程中热门的话题。

在国内，随着城市信息化覆盖范围越来越广，人工智能和大数据技术的蓬勃发展，促进了信息交互设计知识与实践应用的广度与深度，人群之间的互动关系、人和事物的行为关系、人与社会之间的文化关系在交互设计实践的过程中得以重新定义与创建。以微信、支付宝、今日头条、抖音、微博、滴滴出行为代表的信息交互设计产品在移动互联网时代得到了国内外用户的广泛关注和普遍好评，以腾讯、阿里巴巴、百度和字节跳动为代表的中国互联网公司纷纷在美国纳斯达克上市并引发全球关注，创造了全新的设计价值、商业价值、用户价值、品牌价值。伴随着国内交互设计实践水准的不断进步，电子支付、线上会议、共享出行、弹幕视频、VLOG 自媒体创作已经成为老百姓喜闻乐见的时尚化生活方式，相关产品的成熟度以及用户数量甚至已经走在了世界前列。

综上所述，国外对信息交互设计的研究起步较早，积累了相对丰富的信息交互设计知识与经验，主要体现在人机交互、界面设计、工业设计、用户研究、信息架构、体验设计、文本及声音内容、信息可视化等几个方面。国外相关研究现状具有较明显的跨学科特征，系统性强，前瞻度高，具有一定启发性，体现了宏观与微观、理论与实践相结合的特点；既有对新趋势、新方法、新文化的宏观研究，也有对用户体验、心理认知的微观研究；既有对交互设计的概念、内涵、原理以及方法的基础理论研究，也有对"人本城市""智能家居"等社会热点问题的实践论证[①]。国内的学者们对于信息交互设计概念的理解，大多为对西方学界提出相关概念与研究方法之后的直接借用与一定程度的自我延伸，对于交互设计的核心问题理解仍然缺乏一定的理论深度和多学科融合意识。在信息交互设计实践领域，国内外的设计实践水准目前基本处于均衡的状态，且由于中国互联网人口基数较大，所以国内的某些信息交互设计产品甚至具有更好的信息交互设计质量以及相对超前的前瞻性。

笔者认为：随着信息交互设计整体研究水平与研究质量的显著提升，相关研究的核心问题不应仅停留于信息交互界面可视化、交互功能构建实现和交互体验感知的表象，更应

---

① 张烈，潘沪生. 国外交互设计学科的研究进展与趋势：基于 SSCI 等引文索引的文献图谱分析 [J]. 装饰，2019（5）：99.

深入思考信息交互设计的本体特征、设计伦理以及若干较为系统的应用范式。纵观现代设计的发展史，中国当代的设计价值观及系统尚未完全成熟，且受西方现代设计影响颇深。在信息交互设计领域，相关概念起源于西方，交互技术的原理起源于西方，研究方法亦起源于西方，但国内的信息交互设计研究及实践进步幅度惊人，中西方文化在信息交互设计领域亦存在激烈的博弈与相互影响。因此，要想走出具有中国特色的信息交互设计理论研究与实践研究的本土化道路，或是探索具有中国文化特色的交互设计形式语言以及理论话语，需要有宽阔包容的学术视野、持之以恒的设计实践、敢于突破固有研究方式及理念方法的理论创新勇气。

2.6 信息交互设计的特征

信息交互设计是一项源于信息技术的支撑并有高度学科交叉性的设计领域。信息交互设计关注的是通过信息的传达与多向性交互，最终平衡用户的感知体验与用户行为矛盾关系的研究过程；聚焦对于意图表达的设计内容进行互动型叙事，在技术的融合与艺术的渲染的过程中，探讨如何选择合理的信息技术并创造良好的用户体验过程。作为信息时代最重要的用户之间保持联系的信息媒介，信息交互设计输出的设计产品具有产品智能化、功能可续化、尺寸便携化、外观简洁化等特点，产品种类越来越多，产品功能愈加强大。

信息交互设计的具体实现方式是多样的：可触摸的硬件实体设备、通过智能技术进行感知与信息互动的软件服务、软件与硬件互为辅助、线上虚拟交流与线下社会环境在交互设计视域下的充分融合等已经具有比较成熟的模型。信息交互设计所能为人类的生活方式、生产方式、娱乐方式提供的种类和多样性已经在目前阶段得到了具体验证。信息交互设计所体现的是一种面向未来的设计深度变革趋势，是通过采用科学的研究方法、强大的信息技术、严谨的设计思维来为信息用户搭建及延伸信息交互的多维可能。其典型特征主要体现在以下三个方面。

2.6.1 交互性特征

"交互性"形容的是信息传播者和信息接收者之间对于对方的交流继而反馈的程度以及二者之间相互沟通的意愿。梅莉尔·莫里斯（Merrill Morris）和克里斯丁·欧甘（Christine Ogan）认为："交互性是信息传播者与被传播者之间的某种双向沟通系统"[①]；计算机科学家杰斯·杨森（Jens Jensen）认为"存在于用户与计算机之间的控制形式是在人

---

① MORRIS M，OGAN C. The Internet as Mass Medium[J]. Journal of Communication，1996，46(1): 40-48.

机交互领域中关于交互性的决定性因素"[①]；李杰兴（Jea-Shin Lee）从"用户与用户""用户与媒体"等两种互动关系的视角进行研究后认为"交互性是某种根据用户的信息输入而变化的事物"。笔者认为，信息交互设计中的"交互性"特征主要从两个维度予以体现：首先是信息用户对于信息传播进行自我控制的能力，其次是信息传达者与信息接收者之间的信息互动状态水平。"交互性"代表着人与人、人与物、物与物之间的相互产生效果的作用关系，是信息交互设计最典型的特征之一。

从信息传达的角度而言，传统的设计一般通过静态的设计物品单向、无声地传播着某种信息，通过一般性设计语言帮助用户发现、寻找并使用产品功能，互动性较弱。信息交互设计极大地改善了传统设计存在的局限性，其设计价值体现在交互产品的可用性、易用性以及趣味性。信息交互设计的交互性典型特征使得用户可以实现对于信息的循环性选择与控制，并在此过程中创造与感受人性化的交互体验。用户对于信息交互体验的感受过程既可以通过产品硬件的形态、质感、色泽、工艺等路径实现，又可以通过信息交互方式的升级，在视觉、听觉、触觉、嗅觉、味觉等感知层面实现。信息交互设计的交互性特征使得信息交互产品类别日渐多样化，产品形式从传统的智能化软硬件产品、网站、小程序等形式覆盖到触控方式、虚拟现实、智能感知乃至生态体系研究。

信息交互设计通过信息架构以及信息技术为各个信息主体之间搭建了一个深度交流与对话的平台，帮助他们灵活选择适合的信息交互方式来传递交流彼此的需求，共创全新的设计价值。信息交互设计的交互性特征使社会中人与人、群体之间的信息多维互动质量得以持续提高，信息交互设计的开发模式流程也由于交互性特征属性可以迭代式地优化，最终导向信息交互设计实现高质量。

2.6.2　复杂性特征

信息交互设计的研究素材是对客观存在的信息进行加工，关注的是对于信息进行理解、表达、传播的过程。各种类别的信息（包括图形信息、框架信息、造型信息、色彩信息、文字信息、视频信息、音频信息等）以及信息元素的客观存在为信息交互设计的具体活动提供了最基本的素材。可以发现，信息交互设计的信息素材多样性使得信息交互设计的复杂性特征予以显现。如何将大量的信息素材通过合适的信息框架结构进行组织、取舍、表达、传播，对设计师们的设计素养提出了很高的要求。信息交互设计的复杂性特征和时代特点密切相关，既是前所未有的挑战，更是时代赋予当代设计的机遇。与信息科学人机交互领域的前期发展阶段从文字到图像的过渡阶段相似，我们有理由相信信息交互设计的发展空间、价值创造、人文属性的天花板高度也会大大超越人们的预期。

---

① FREDERIK JENSEN J. Interactivity: Tracking a new concept in media and communication studies[J]. Nordicom Review, 1998, 12(1): 90-94.

　　信息交互设计具有跨文化、跨学科、跨民族等属性特点，强调多学科知识的互相学习与本质融通，应用领域包罗万象，其复杂性特征十分明显。信息交互设计面对的用户个人的心理、特点、行为、审美也千差万别。因此，一种可以绝对适用于所有信息用户的交互设计方法是不存在的；相反，只有正确理解信息交互设计的复杂性特征，在信息交互设计的研究与实践过程中思考如何提升设计的功能性、情感性、人性化价值，才是信息交互设计的"正道"。从设计师的知识储备来看，由于信息交互设计的复杂性特征的存在，从客观上也基本决定了信息交互设计师们需要有一个相对较广的知识结构储备范围，包括计算机软件、计算机网络、人工智能与认知科学、人机交互设计原理，以及人文社会科学领域经典的当代哲学美学、传播学、认知心理学、社会学等内容。信息交互设计师并不需要做到样样精通，但必须具备触类旁通的共情能力。

2.6.3　感知性特征

　　在当今的全球化语境中，各种信息的交换带来了不同地区用户群体之间的彼此了解，人们对于设计的认知早已超越了现代设计中对于功能与形式关系的争论。以信息技术为主导的交互设计创新不断增多，社会影响力也不断提高；交互产品在发展创新过程中更加数字化与智能化，产品功能也有相当的可选择程度与成熟度，信息交互设计的可感知程度在不断提高。可以发现，信息交互设计的智能化应用有助于加快数据运算、存储的实现，使产品相关信息更高效地传递与互动，从而进一步提高信息交互设计的应用性。信息交互设计产品硬件的尺寸也开始趋向简洁、易携、灵巧等特点，传统设计最强调的设计造型比重不断被削弱。在信息交互设计中，非物质信息的重要性已经超越了传统设计中物质的重要性，这种变化比较明显地增加了用户感知信息产品的可能途径，如嗅觉感知、听觉感知、视觉感知、运动感知、味觉感知、触觉感知等。信息交互设计的感知性特征可以充分发挥人类与生俱来的感官感知通道，用户对信息交互设计产品的感知路径拓宽与程度提高明显，人与产品互动关系以及产品使用体验也得到了增强。

　　概括而言，信息环境、信息技术、用户属性和信息交互方式彼此之间存在着相互影响关系。由于信息技术发展对于信息交互设计发展的内在驱动力的客观存在，信息交互设计的产品融合性、适配性预期将成为信息交互设计发展中下一个重要的特征属性。信息交互设计师们需要准确把握信息交互设计的典型特征属性，灵活使用丰富的信息交互设计形式语言，巧妙传达与凸显信息交互设计应有的人文价值与社会意义。

第 3 章

信息交互设计四维理论模型

3.1 信息交互设计四维理论模型的构建

随着人类文明与科学技术的发展，社会的运行形态与特征属性在不断地发生变化，信息交互设计也在持续演进。信息交互设计经历了多个不同阶段，包括从初级变得高级，从单向到多向，从简单变得复杂。结合第 2 章关于信息交互设计的概念、本体、特征的深度解析，同时参考全球代表性的设计框架模型体系（如可持续产品评价、绿色设计方法理论、智慧城市评价体系等），本书构建了信息交互设计四维理论模型，认为信息交互设计是"境 - 人 - 技 - 品"四种维度关系作用后的综合性结果，对于信息交互设计的理论研究可从"境""人""技""品"四维体系视角进行深入研究。

信息交互设计"境 - 人 - 技 - 品"四维理论模型是由文化环境、社会环境、用户行为、用户心理、技术研究、技术应用、信息交互方式、信息交互产品等信息交互设计诸多要素组成的设计研究框架（图 3.1）。信息交互设计"境 - 人 - 技 - 品"四维理论模型中的内部因素"技"与"品"，涉及信息交互设计活动的组织、实现形式以及信息交互方式的类型；信息交互设计"境 - 人 - 技 - 品"四维理论模型中的外部因素"境"与"人"，涵盖了信息交互设计活动所处的社会语境以及设计所面向的对象主体。

以"境 - 人 - 技 - 品"为参考维度的信息交互设计四维理论模型的研究与建构，为信息交互设计研究提供了一个具有较强参考价值的理论研究框架。通过将信息交互设计的结果与信息交互设计产品、方式、逻辑、流程、架构进行深度融合与转换，能够更加准确地理解信息交互设计的具体价值。信息交互设计四维理论模型的研究重点主要在"设计之物"，即信息交互方式的"意义"层面为核心带来的联系与转换，而意义本身的分布和解读是

图 3.1　信息交互设计四维理论模型

不均衡的^①。信息交互设计四维理论模型是具备一定创新性的设计方法论，可以多视角探讨信息交互设计的具体产出和实际意义，平衡信息交互设计诸多要素之间的矛盾关系。

笔者认为从"境 - 人 - 技 - 品"四个维度展开信息交互设计研究，基本覆盖了信息交互设计研究需要涉及的各方面要素，是设计思维（design thinking）在面对当代设计实际问题时的具体执行与实现。信息交互设计四维理论模型视角下的信息交互设计具有清晰可达的信息层、丰富可行的交互层、合情合理的感知层，分别对应信息设计、交互设计、感知设计等三个具体概念构成。若用一句话来概括信息交互设计"境 - 人 - 技 - 品"四维理论模型的特点，可表述为：环境支持之，用户提议之，技术相适之，产品交互之。

信息交互设计四维理论模型允许不同的表现形式。在通过信息可视化方式表达信息交互设计四维理论模型的一种思路中，"境 - 人 - 技 - 品"四个维度可以结合实际的形态特征抽象呈现为"X"的形态模型（图 3.2）。"X"形态模型既代表着信息交互设计对于用户体验（user experience，UX）为重要目标的实践过程，又是数学概念中未知数（X）的一种象征性表达（在信息交互设计研究中存在着大量的不确定性）；"X"模型的中心部分是信息交互设计（information interaction design）的缩写，意味着四维理论模型的核心是信息交互设计本体。从"X"模型的视觉角度来看，"X"的四个维度方向的延伸形式感也和信息交互设计本体有了自然的形式映射关系。

图 3.2　信息交互设计的"X"结构模型

---

① 张凌浩. 符号学产品设计方法 [M]. 北京：中国建筑工业出版社，2011：132.

3.2 信息交互设计的"境"维度

3.2.1 环境的基础释义

环境因素直接影响人的行为，也影响着信息交互设计的运行。信息交互设计与环境息息相关，环境赋予其特定的角色或意义，以及所需的语义线索。从信息交互设计的本体特征来看，思考场景是一个很普遍的现象：什么用户在什么场景解决了一个什么问题，这些都是构建环境因素的一部分。因此，明确信息交互设计所处的具体环境，将能够更客观地理解信息交互设计的特点，从而更好地诠释信息交互设计。

环境在设计研究过程中常有不同的名词指代，"场景""情境"都是可行的解释。彼特勒（Bitner）曾经指出，"场景中的环境因素可分为三个维度：内部氛围（如音乐、温度、照明、气味、色彩等），空间布局与功能以及引导标识与装饰物等"[①]。在信息交互设计的具体应用领域，对于环境的分类则显得更加细致，比如：有形环境与无形环境、线下环境与线上环境、前台环境与后台环境、实体环境与虚拟环境等。

人类生存及活动范围内的社会物质、精神条件的总和构成了社会环境。广义的社会环境包括整个社会经济文化体系，狭义的仅指人类生活的直接环境。人在社会环境中生存，人的精神意识受到社会环境意识形态的影响，而这种影响是全方位的[②]。"社会环境"指的是某一地区人们共同的价值观、文化传统、人口状况、生活方式、宗教信仰、风俗习惯、教育程度等方面，这些因素并非短期形成的，而是在漫长的人类生活中产生的，人们总是下意识地遵循着这些准则。社会环境和社会意识形态是不断变化的，也将直接影响设计师的思想观念。一般而言，社会环境主要包含以下几个因素：

（1）人口因素：①人口总数与社会生产总规模有着十分紧密的联系；②人口的分布特点直接决定着厂址位置；③人口的年龄与性别比例影响着社会需求，从而决定了社会生产与供给结构；④人口的教育文化水平与企业的人力资源水平息息相关；⑤家庭户数与组成情况影响着社会消费需求，所以也决定了耐用消费品实际情况等。

（2）文化传统因素：文化传统是一种社会习惯，它是在国家或地区长期发展过程中形成的，甚至涉及社会公众进行事物评价的价值观。文化环境对企业具有很大的影响，这种影响是间接的、潜在的，并且是持久的。文化由多种基本要素构成，包括哲学、文字、语言、宗教以及文学艺术等，它们是文化系统的重要组成部分，决定着企业文化水平。在人类文化中，哲学居于核心地位，始终发挥着主导作用；宗教是文化的一个重要方面，它的形成与发展离不开传统文化；文化主要通过语言文字与文化艺术表现出来，直接反映了社

---

① BITNER M J. Servicescapes: The impact of physical surroundings on customers and employees [J]. Journal of Marketing, 1992, 56 (4): 57-71.

② 吴诗中. 展示陈列艺术设计 [M]. 北京：高等教育出版社，2013：28.

会现实。

（3）社会趋势因素：进入信息社会以来，社会外部环境变化的幅度越来越大，频率越来越高。人们越来越重视生活质量，消费倾向、业余爱好等也发生了变化，更加注重产品与服务质量，这些变化给企业带来更大的挑战。人们对于产品的功能、审美、品牌等要求标准越来越高，使得产品的更新换代速度有了很大提高，另外，随着生活水平的不断提高，人们产生了更高层次的需求，例如：更加追求社交的愉悦感、审美的品质感、卓越的成就感等，人们希望证实自己的存在感与价值感，最终达到自我价值的实现。

3.2.2 "境"维度视角下的信息交互设计

现象学理论认为：环境并非抽象的地点，而是由具体的事物组合而成的一个整体。围绕不同的信息交互设计活动，需要有具体环境作为基础，以支撑信息交互活动的产生。马克思主义世界观认为，没有什么东西是能够独立存在的，任何事物的存在必须依托一定的环境。从人与环境的关系来看，所谓设计是在人类衣食住行等基础上展开的人工造物行为。因此，所有设计都离不开环境载体的有效支撑，信息交互设计同样如此。任何产品都有其设计的具体环境，只有在"境"的基础上才能设计出恰当的产品。在探讨信息交互设计时，先要分析它所处的环境，唯有明确其"境"，才有可能导向优质的信息交互设计产品。

信息交互设计与环境具有十分紧密的联系，环境因素影响着信息交互设计过程与应用过程。对于设计环境的思考有助于实现产品设计中人文情怀的转化，因为它能够从根本上分析具体产品使用过程中的问题，并通过设计的形式使之合理化。对于不断变化的环境特征，信息交互设计师需要依据外部环境特点总结具有一般性和差异性的信息交互设计知识，产出不同的信息交互方案，塑造合适的情感效应与文化价值。如何从信息媒介交流的角度构筑全新的、简洁的、优美的信息环境，已成为高科技人性化和生活化的关键[1]。"元宇宙""区块链"等概念的热议，折射出信息与知识等非物质要素在信息社会中已占有更高的比重；随着普适计算技术和人工智能等技术的快速普及，数字媒体的虚拟空间与现有媒体的物质空间正结合成为新的混合现实空间，智能化的空间环境预期将提供更多优质的信息交互内容。

3.2.3 "境"维度的具体分类

"境"维度视角下的信息交互设计需要探讨设计在自然环境与文化环境之间的关系。

---

[1] 郑杨硕，刘诗雨，王昊宸.信息交互设计的本体特征与评价维度研究 [J]. 设计艺术研究，2019，9（5）：49-53.

信息交互设计必须在环境的基础上展开，不同的设计环境也使得信息交互设计具有不同的性质。本书所设定的信息交互设计"境"维度的具体分类主要包括"自然环境"和"社会环境"两大部分（图 3.3）。

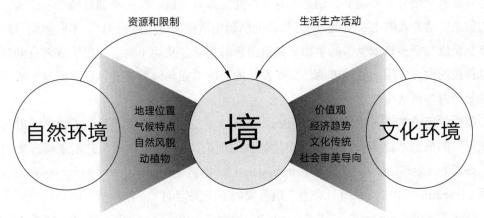

图 3.3　"境"维度的两大分类

　　"自然环境"由各种自然文化因素组成，是指与人类密切相关、影响人类生活和生产活动的各种自然力量或作用的总和的要素；分为微生物、植物、动物、海洋、矿物、土地、大气、阳光、河流、水分等天然要素，以及地面上、地下的建筑物或者设施等人工物质要素。"环境文化"指的是"自然文化环境"的发展状态（发展阶段）。"自然环境"蕴含着人与自然之间的相互关系，在环境文化发展过程中，主要包括这几个阶段：

　　（1）古代：朦胧状态的环境文化。因为生产力落后，并且缺乏科学知识，面对自然环境人们常常抱有敬畏、膜拜之心，但也提出了天人合一的先进理念；

　　（2）近代：异化状态的环境文化。第一次产业革命大大提高了生产力，人类盲目地认为可以战胜自然界，毫无计划地掠夺与消耗各种各样的自然资源，虽然经济有了大幅度增长，但是环境也遭到了严重破坏；

　　（3）现代：反思状态的环境文化。虽然经济一直在快速发展，但是对生态环境造成了严重破坏，因此人们开始反思当下的经济发展方式，希望能够找到人与自然和谐发展的方式。

　　"文化环境"具有"落后"与"先进"双重内涵。维护人与自然、人与人的和谐关系，维护可持续发展的文化形态，就是环境文化。不管是朦胧状态，或是异化状态，其实都不利于人与自然和谐相处，都无法保证可持续发展，可概括为"落后的文化环境"。而对于"反思状态"下的环境文化，它对于人与自然和谐发展是有利的，能够实现人类的可持续发展，这也是当今国家提倡的"先进的文化环境"。

3.2.4　信息交互设计的宏观环境：创意城市

创意城市是一个有利于激发创意，从而推进社会经济文化不断进步的宏大环境。在一个包容且鼓励创意的环境下，创意本身才可能发挥其价值。在一个创意城市系统内，城市成为创意生活方式的主要地点，与之相伴的新型生活设施也应运而生[①]。不同类型特点人们的创意交流与碰撞将催生新的事物，创造出新的机遇，从而不断地深化扩展创意创新。与信息科技的融合应用，将促进信息交互设计的功能增强与体验提升，显著提升一座城市的市民凝聚力与创新精神。

英国学者查尔斯·兰德利（Charles Landry）在 2000 年出版了著作《创意城市》，"创意城市"的概念从此为世人所知。在兰德利的理论体系中，"创意"是创意城市架构的基础，好奇心（curiosity）、想象力（imagination）、创意（creativity）、创新（innovation）与发明（invention）构成了关于"创意"最重要的五个关键词[②]。创意城市则是一个更大的概念，包含了文化（culture）、艺术（arts）、文化规划（cultural planning）、文化资源（cultural resources）、文化产业（cultural industries）等关键词。创意城市的构建目标是催生城市的创意氛围，使得城市变成创新枢纽，以便不断挖掘城市的潜在价值[③]。

在具有国际影响力的创意城市中，许多大都市（纽约、东京、伦敦、洛杉矶、巴黎等）都已经拥有若干创意产业集群，包括图书和杂志出版、多样化的艺术与设计活动、戏剧和音乐制作、广播及电视播放、服装时尚等文化产业，这些产业依托国际大都市的城市氛围实现了持续性的繁荣兴盛。同时，每个城市的创意产业状况又具有强烈而突出的文化形象特色。比如洛杉矶的文化创意产业以生产随意的、丰富的、迎合大众的尤其是符合中产阶级品位的文化产品闻名，而巴黎的文化产业经济则更强调发达的奢侈品产业背后隐藏的奢华、高档艺术品质。从全球创新力的角度来看，美国旧金山湾区无疑是最为强大的代表性城市。旧金山湾区将创意、科技、金融等多元化的社会要素进行了有效的结合，并孵化出了许多与创意相关的优秀企业。

从国内创意城市的发展现状来看，北京、上海、深圳、杭州等地凭借着得天独厚的地理优势、强大的社会资源聚集能力、别具一格的文化氛围，吸引着来自中国乃至全世界的诸多优秀创意人才，成为当代中国创意城市发展的代表。相比较而言，北京是中国的政治与文化中心，上海是金融与对外交流的中心，深圳则十分强调创意与制造业的体系化发展，被誉为中国的"设计之都"，而杭州是全国第一电商之都，"网红"与"流量"正在成为这座活力城市的跳动脉搏。

---

① 佛罗里达. 创意阶层的崛起 [M]. 司徒爱勤，译. 北京：中信出版社，2010：334.
② 兰德利. 创意城市：如何打造都市创意生活圈 [M]. 杨幼兰，译. 北京：清华大学出版社，2009：5.
③ 兰德利. 创意城市：如何打造都市创意生活圈 [M]. 杨幼兰，译. 北京：清华大学出版社，2009：41.

3.2.5 信息交互设计的微观环境：创意社区

卡斯特认为："在一个以信息流为生产性基础设施的世界经济中，城市与社区正日益成为经济发展的关键动力。"德国社会学家费迪南德·藤尼斯（Ferdinand Toennies）在1887年出版的《社区与社会》一书中提出："社区（community）是具有独特身份、能以统一的方式行动的独立实体。"藤尼斯认为社区是由同质人口组成的关系亲密、守望相助、疾病相扶、富有人情味的社会群体。藤尼斯的核心观点包括：社区既包括了由地理和空间形成的地理社区，也包括了由血缘联结形成的血缘社区，以及由精神联结形成的精神社区。作为一个民主化社会的基本组成单位，社区的稳定与发展情况将直接关系到全社会的和谐与安定。

创意社区（creative community）作为城市中的社区空间与环境载体，是一个由创意群体构成的关于创意分享、互动、协作与创新的平台场所，"以人为本"的理念是创意社区的核心[1]。创意社区是倡导创意群体通过表达创意、交流创意，主动参与开放式群体创新的网络化、交互化的创意实践平台，其以用户为主体，会聚来自不同行业背景（包括教育、设计、产业、工程、企业等）的社会公众与普通用户，通过群体间的创意碰撞、知识分享、设计实践，以跨界协作的形式在城市范围内广泛地开展创意实践与社会创新。

信息媒体应用的发展和移动互联网的兴起带来了社会群体互动和用户参与的新思想，从而为创意社区的发展与演变开辟了全新的空间。越来越多的用户已开始借助移动互联网工具和网络社交平台进行创意的表达与交流，信息的发布、评估、标注和评论等群体性行为有效地推动了创意价值的体现。随着社会化信息媒体的快速发展与普及，创意社区的运行载体与表现形式也不断地多样化，元宇宙或许将逐渐成为创意社区的主流形式。当"人 - 社区"的社会需求得到满足与提高，将能促进社会的和谐发展，以及城市整体水平的日益兴旺[2]。

从设计学研究角度看，创意社区是城市居民、城市、信息媒体相结合构筑一个城市体验框架的体现。从社会发展角度看，创意社区是全社会推进文化创意和设计服务等新型、高端服务业发展，促进创意价值与实体经济深度融合的重要体现之一。从信息交互设计角度探讨创意社区，可以发现创意社区正是连接智慧城市大环境与社会公众之间的纽带。从顶层设计的角度看，创意社区可以帮助城市的管理者与社会大众进行更加频繁的信息交互；从信息交互设计的角度看，创意社区是由一个个的社会成员组成，大众的智慧与活力又将突出智慧城市的特色。可以说，创意社区是聚焦与关注社会成员智慧，并将其转化为城市前进力量的重要的研究与实践载体。

---

① 郑杨硕，邹庸臻.构建创意空间的设计要素及策略研究 [J].包装工程，2017，38（6）：30-33.
② 杨铮铮.基于城市社区的设计与社会创新 [M].长沙：湖南大学出版社，2012：50.

3.3 〉 信息交互设计的"人"维度

3.3.1 信息交互设计的主体

在信息交互设计中,关注人的需求是否能够通过设计得到满足,始终是信息交互设计的核心目标。信息交互设计能够充分地把信息技术与人的需求进行结合,在帮助用户解决问题的同时创造良好的用户体验。纵观人类社会的历史演进过程,人类的设计其实是具体社会历史时期中人们的审美意识、伦理道德、文化情感等因素的一种系统化有序呈现和表达,也就是设计的人化过程。人类的情感、意识、文化等精神因素,又需要借助一定物质形式来表达,这代表了人类精神的物化[①]。信息交互设计的主体是人,信息用户和设计者也是人,因此人是信息交互设计的中心。如果偏离了对于人的心理需求、行为需求的考虑和满足,信息交互设计便失去了它的意义和价值。信息交互设计是关于物的人化和人的物化的统一。

借鉴美国斯坦福大学设计研究所提出的设计创新的三要素,可以认为信息交互设计代表着技术和人因价值的交融关系,人因价值指的是人的自我满足,包含对于基本生存条件的满足、精神上的满足、自我提升、自我实现、为他人和社会奉献的满足。人因价值在地域、种族、个体、社会、阶级、时代之间均存在差异,也决定了信息交互设计在不同的情境与所面对的实际问题时需要有不一样的设计思路与具体指向性。判断一个设计是否满足了人因价值,其实就是判断它是否满足了人的种种需求。人是信息交互设计围绕的主体对象与绝对核心,信息交互设计的本质是一种强调人性化的设计思路。

日本著名设计师平岛廉久曾经说过:"物质时代结束,感受时代来临",这句话折射了当代设计的侧重点逐渐从关注"造物"转向"人本"。人是信息交互设计的主体,通过这一角度来看,人类最初是信息的被动接收者,如今变成了信息的主动创造者与传达者;人的角色已经发生转变,从信息的接收者发展为信息用户的服务者。因此,在面向未来的信息交互设计过程中,必须改变传统的设计表达形式与逻辑,信息交互设计的侧重点理应从片面强调技术的功能重新回到设计的本源,即是否能够"为人们创造更合理的生活方式"。信息交互设计的研究实践需要按照信息用户的一般性特点进行用户需求的明确,最终通过信息交互产品设计实现价值传递。

信息交互设计应以满足用户需求为目标,同时还要提供最优质的用户体验,用户是最重要的关注点。在信息交互设计过程中,人始终是绝对主体与服务对象,在整个过程中一直占有核心的重要地位。以用户为中心是一个广泛用于产品设计、软件设计、用户体验设计等领域的设计方法论,它能够更为准确地定义用户的需求,并以此指导设计实践。

---

① 刘文沛,应宜伦.互动广告创意与设计 [M].北京:中国轻工业出版社,2007:98.

"以用户为中心"有助于明确用户需求和任务需求，将用户的反馈整合到设计的过程，将以用户为中心的设计思想与具体的设计实践进行贯通。以用户为中心的设计方法充分地体现了"以人为本"，即用户知道什么最适合自己，设计师的设计任务就是帮助用户实现目标。

信息交互设计作为交叉学科的典型领域，其发展必然会涉及更多其他学科（设计学、信息学、艺术设计学、心理学、传播学、社会学等）的知识精华。目前，"用户研究"已经成为一个与信息交互设计研究直接相关的跨学科专业，涉及可用性工程学、人体工程学、心理学、市场研究学、美学、设计学等学科。用户研究的核心理念是需要站在用户视角来审视与探讨具体设计，将用户的感受融入设计方案的创作过程。在具体的信息交互设计方案构建过程中，用户研究同样扮演着重要的角色，从而保证信息交互产品设计能够满足用户需求与实现优良的用户体验。

3.3.2　基于"人"维度的信息交互设计

在不同的社会活动中，人的属性分别扮演着不同的角色①。如今，人类的智慧、创意、动机、欲望、想象力等越来越多样化，已经成为当今社会最重要的资源，远远超过了天然资源和市场通路的重要性②。基于"人"维度的信息交互设计研究应围绕三个层次来展开：一是社会交互，即以社会化的人际信息交流和创意分享为核心，强调的是人群间交互和日常生活中关于智慧化信息应用与功能服务的需求；二是媒体聚合，即各种信息媒介（如微博、微信、抖音等移动互联网产品）聚合到整座城市的服务过程，从科技应用的角度扩展服务设计的可应用领域；三是社会关注，即以社会公共类服务为代表，强调信息交互设计要针对具体的问题，用方式灵活而功能齐备的信息技术工具传播先进的社会文化理念与设计创意，并承担一部分社会公共责任。

在对"人"维度进行具体分析时，可分为"人的因素"和"人的行为"两大部分，二者相互作用、相互影响。"人的因素"将人的属性归纳为"生理""心理""社会""认知"四大部分，四者共同组成"人的因素"。"人的行为"包含"理解-创造-评价"的三者循环关系（图 3.4）。

在"人的因素"层面，人类个体上均区别于彼此，人体工程学和心理学领域对"人的因素"进行了大

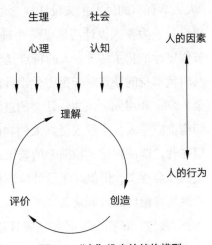

图 3.4　"人"维度的结构模型

---

① 杨铮铮.基于城市社区的设计与社会创新 [D]. 长沙：湖南大学，2012.
② 段楠.城市视角下的文化创意产业研究 [D]. 天津：南开大学，2012.

量的讨论和研究：生理因素包括消费者身高、体重、生理健康状态、生理残疾等；心理因素包括人的感觉、知觉和情绪等；认知因素包括感觉、知觉、记忆、思维、想象和语言等；人的社会属性包括学历、收入水平、教育程度、宗教信仰等。"人的行为"源自人对外界事物（可以是人所处的环境，将要进行交互的产品、系统、服务、网站等）的"理解"，随后进入"创造"阶段（指的是广义上的创造性行为，这种创造性的体现可以是对于产品使用的摸索、浏览寻找有用信息、学习一项技能、与他人交流以获得帮助等）。进入"评价"阶段，人们会对前阶段获取的信息进行整理、反思和归纳，评价行动是否达到目标，还有什么地方仍需改进从而形成记忆和经验。"评价"之后则又一次进入"理解"阶段，开始新一轮的循环。可以看出，人的行为模式直接对应信息交互设计中提倡的迭代式设计流程。

从"人"维度思考信息交互设计时，需要注意以下两个方面：第一，注重人的本体属性，也就是从多个角度分析用户本身的状态，包括行为动机、心理状态、生理属性以及固有的心智模型；第二，人的体验属性，主要指的是在使用信息交互产品时，人们对于整个过程的感受以及人们的行为、对实际行为层面和情感体验层面进行动态分析。基于"人"的维度发现，不管是定量实验，还是定性分析，研究结果都能够对信息交互设计提供重要的参考价值。

3.3.3 大众参与式的设计价值探讨

基于"人"维度的信息交互设计核心问题之一，是如何激励大众化参与的融入问题。关于人权、民主和平等观念的发展与深化，一直影响着现代设计的发展[1]。在现代设计中，"人人享有"的民主主义设计观念也强调"人"，强调"大众"，甚至"工人"，相对于为权贵设计、为富人设计当然是一个进步。但是，在提倡标准化现代设计运动中，"人"也是被假定标准化了的[2]。人的特点是千差万别的，也是不可能被绝对标准化的。现代设计以及时代本身的特点对于民主化设计的限制是客观存在的。英国手工艺运动领袖约翰·拉斯金（John Ruskin）认为：社会的进步不应仅是财富与物质的积累，社会进步的起点和最终归宿都应是人，不仅仅提高人的物质生活水平，更重要的是关注人的精神生活状态[3]。回望往昔，即使约翰·拉斯金的若干观点过于强调道德伦理的重要性，甚至部分否认了工业化的社会意义，但他对于设计应该加强大众化参与的意见，对于当代的信息交互设计研究仍然具有相当的启示意义。

"参与"是在设计研究领域日趋受到重视的一个重要观念，也成为后现代以来设计方法研究最重要的议题之一。参与式设计（participatory design）发源于 20 世纪 70 年代的斯

---

①② 周博. 行动的乌托邦：维克多·帕帕奈克与现代设计伦理问题 [D]. 北京：中央美术学院，2008.
③ 周志. 19 世纪后半叶英国设计伦理思想述评 [J]. 装饰，2012（10）：13.

堪的纳维亚地区，最早以某种政治活动的形式体现；当时系统研发者与工会联合起来，努力提高工作场地的民主性[①]。参与式设计是指在具体设计的不同阶段，所有的利益相关方被邀请来与设计师、研究者、开发者合作，一起定义问题、定义产品、提出解决方案，并对方案做出评估，是将用户更深入地融入设计过程的一种设计理念[②]。维克多·帕帕奈克在《为人的尺度设计》一文中专门论述了"设计参与"问题，他相信让用户参与设计过程会让设计变得更为合理。在帕帕奈克的设计构想中，特别强调了两方面的内容：首先，为了解决真实世界的问题，设计团队必须由多学科的人员组成；其次，应该强调用户和工人在设计过程中的参与[③]。从设计方法论角度看，设计是一套以人为本的发现问题、解决问题的创新方法，设计的终极本质可概括为"发现问题、整合信息、解决问题"[④]。米兰理工大学的艾佐·曼奇尼教授对设计的本质问题进行重新审视，认为："设计不仅能够解决问题，如今已经逐渐成为意义的建构者，设计也参与创造品质、价值和美"[⑤]，将设计的角色从过去纯粹的"问题解决"延伸至更广义的"意义建构"，且两者相互影响，互为联动。和帕帕奈克的观点相近，艾佐·曼奇尼教授也把"欲求"和"需要"进行了准确的区分：与"虚假的世界"相对应的是"欲求"（want）；与"真实的世界"相对应的是"需要"（need）。从设计的固有经验来看，"问题解决"主要依赖于经过专业训练的设计师，那么"意义建构"是否可以鼓励更多的社会成员（非专家）进行设计呢？专业的设计知识创建并不绝对依赖于专业设计师，设计知识的信息内容、创造模式与呈现形式应该是多元化的。艾佐·曼奇尼教授指出："让所有利益相关者在解决问题的技术方案和意义构建的过程中都做出相关的贡献，最终的结果对每一个参与者也都将有真实的意义。"[⑥]

辛向阳教授认为："哲学可以很好地帮助我们认清交互设计纷繁复杂的现象背后的本质，包括设计对象本体属性（what）、判断标准（why）和设计方法（how），只有这样，交互设计才有可能真正地成为丰富设计学学科研究的新领域和增强实践能力的新手段。"大众参与设计理念的提出，可以视为社会发展进入以开放、透明、民主为基本特质的现代性社会的特征呈现。大众参与设计并不是简单的一句口号或一种姿态，而是一种深刻的价值判断体系，是应该秉持的一个指导现代设计发展的重要思想支柱；同时，大众化设计也意味着设计师要"眼睛向下看"，以大众的立场和视角展开其设计思维，要真正看到并走进大众的生活[⑦]。借助信息技术的辅助，过去传统的设计服务对象具有了成为设计参与者的可能性。通过大众参与式的协同设计创新，能够平衡设计主体与设计环境之间所构成的限

① 罗仕鉴，朱上上.用户体验与产品创新设计 [M].北京：机械工业出版社，2010：60.

② 王晨升.用户体验与系统创新设计 [M].北京：清华大学出版社，2018：10.

③ 周博.行动的乌托邦：维克多·帕帕奈克与现代设计伦理问题 [D].北京：中央美术学院，2008.

④ 李勇.中国当代设计思维发展研究 [J].美术大观，2018（11）：117.

⑤ MANCINI E.设计，在人人设计的时代 [M].钟芳，马谨，译.北京：电子工业出版社，2016：41.

⑥ MANCINI E.设计，在人人设计的时代 [M].钟芳，马谨，译.北京：电子工业出版社，2016：51.

⑦ 方晓风.写在前面 [J].装饰，2020（3）：1.

制性关系，构建人类更加合理的信息交互方式及相应的行为准则。社会大众通过各种社会活动直接参与社会创新的过程，对设计问题提出自身的想法和解决方案，并通过全社会语境中的集成化创新进行推进，从而有效培育公民社会及其组织，培养公民意识，转化个体在社会系统中的角色，提高个体的能动性[①]。普通的个体用户角色从"被动接受"转为"主动参与"，个人被赋予了更大的力量。

"大众参与式"的设计思路避免了传统设计中过度强调设计师以及专家观点的弊端，每一位信息用户都可以实践自己的所思所想，在发现和解决问题的过程中运用信息交互设计，激发人的智慧和潜能，最终培养用户灵活、主动地发现问题并通过协作的方式解决设计问题的信息交互设计素质。站在如今的时间节点上进行审视，可以很明显地发现仍然存在很多需要进行设计的具体领域，且并未受到设计师的关注，比如第三世界中的教育、医疗、环境、老年人、残疾人和儿童等对于更有品质感的设计需要。而设计师有能力且也有义务通过设计的方式解决他们的需要[②]。在新冠疫情的严重影响下，人类的欲求与自然界可供资源的平衡已经被打破，新冠疫情严重威胁着人类的身心健康和公共卫生状态，并改变着人类的生活方式和外部认知。此外，信息爆炸、数字鸿沟给人们带来线上交往与真实生活的部分割裂，并产生了用户隐私、用户话语权缺失等种种令人担忧的问题。如何基于大众做设计，如何面向大众做设计，如何定义大众参与设计的价值等设计研究议题均客观存在，并将启示着今后的设计研究人员更加深入地认识与理解信息交互设计，并基于某种观点与认知进行设计实践。

3.3.4 大众协同创新模式的意义与贡献

随着信息社会的来临，信息技术的高速发展使得社会语境已经发生了巨大的变革，这尤其体现在大众用户的社会角色得以很大提升。信息交互设计始终将"人"的因素作为设计的起点和目标，关注对于个体、社会和环境的可持续生态的价值追求。可以说，信息交互设计最关注的是设计方案的选择与用户体验的实践，唯有大众参与式的开放协同创新模式，才能更好地满足未来社会大众不断发展的多元化需求。

未来社会的发展趋势将出现越来越多的大众智慧参与政治、经济、文化等各个层面，表达自己的思考与见解，为社会进步做出自己的贡献。在网状信息模式的网络社会语境下，社会必然会走向以大众为主体的"无处是中心"模式。信息交互设计鼓励并引导社会大众进行参与式创新，将大众的群体智慧汇聚为社会前行的动力。比如维基百科以互联网为平台，集思广益，汇聚了成千上万的群体智慧。它现已拥有3000多万个词条，是在全球范围内拥有1600万名全球志愿者参与编辑的网络百科全书。可以看出，在信息化、网络化、

① 巩森森. 幸福观、生活方式和社会创新：走向可持续社会的设计战略 [J]. 装饰，2010：3.
② 周博. 行动的乌托邦：维克多·帕帕奈克与现代设计伦理问题 [D]. 北京：中央美术学院，2008.

智能化的时代语境下，信息用户的所思、所想、所为将借力于设计与科技的融合，最终孵化为可产品化、商品化的信息交互设计产品、方案、服务。

社会大众协同创新本身就需要多元化的社会角色的参与，而跨学科交叉的研究思路能够避免单一研究视角的狭隘性，更加准确地找到设计痛点。5G 移动互联网、智能科技、商业策划和市场营销手段正在日新月异地变化与发展，信息交互设计协同创新的承载平台也应顺应社会社交化、本地化、移动化（social、local、mobile，SOLOMO）应用的发展浪潮，利用强大的互联网工具作为各种城市信息交互与服务的聚合平台不断探索、充实、调研与迭代，导向更高质量的信息交互设计方法体系。

3.4　信息交互设计的"技"维度

3.4.1　技术的基础属性

技术（technology）一词源自古希腊语"techne"（工艺与技能之义）和"logos"（词汇之义）的结合，寓意"经验、技艺"。1829 年，哈佛教授雅各布·毕格罗创造了"技术"（technology）一词，他在《技术的要素》一书中比较详尽地归纳了每个领域的技术（可概括为一本"技术"的目录）。卡尔·马克思认为"技术"是人类历史发展的产物，是人类的创造物。在《政治经济学》中，马克思明确地把技术作为生产力的一个要素[1]。卡尔·米恰姆（Carl Mitcham）在《通过技术来思考》[2] 中，将技术从四个方面分别进行了讨论："将技术作为人工物"（technology as artifacts）、"将技术作为知识"（technology as knowledge）、"将技术作为活动"（technology as activities）以及"将技术作为意志"（technology as volition）。凯文·凯利（Kevin Kelly）在《技术元素》一书中曾经宣称"技术是生命的延伸，技术是生命的第七种存在方式"[3]。从西方的词源学角度而言，技术代表着人类从事社会实践活动的技能和方法，是主观和客观的一种融合[4]。从社会生产力发展的角度而言，技术是推动社会快速发展的发动机和源动力。技术的持续进步极大地改善了生产条件，促进了生产效率，使得生产要素以及劳动者的关系，生产组织的形式和过程发生了巨大的改变。技术能够帮助人类更好地认识和改造世界。

① 苏洁，叶勇. 技术哲学视野下智能手机对大学生的异化及对策研究 [J]. 思想教育研究，2018（12）：124-128.

② MITCHAM C. Thinking through technology: The path between engineering and philosophy[M]. Chicago: University of Chicago Press, 1994.

③ 郑杨硕，刘诗雨，王昊宸. 信息交互设计的本体特征与评价维度研究 [J]. 设计艺术研究，2019，9（5）：49-53.

④ 汪泽英. 技术发展多元驱动力研究 [D]. 北京：中国社会科学院研究生院，2002.

关于"现代技术"的研究范畴主要包含机器技术和信息技术，是指"人类为了满足社会需要而依靠自然规律和自然界的物质、能量和信息，来创造、控制、应用和改进人工自然系统的活动的手段和方法"。技术对于工具的制作是作为人的活动，要将自然、自然物尚处于遮蔽的本性显现出来，从而满足人的欲望[①]。技术的发展有着一定的内在规律，而且跟随着人类社会文明发展的步伐有序前进。人类的需求是技术发展中最直接的驱动力，信息技术的产生与发展也同样遵循着能够"为人所用"的特点。每当一项技术发明在经过一定时间的生产实践之后，人类逐渐学会掌握技术的原理及使用方式，而这又会对技术能够解决的功能提出新的要求。人类通过创造新技术、学习新技术、掌握新技术，最终使改造自然的水平达到一个新高度，持续推动着技术向更高水平发展。技术的发展过程具有周而复始、不断循环演进的特点。

信息技术革命作为全球工业化以来的第三次工业革命，其本质是利用信息技术资源创造出新的先进工具，拓展人类在信息时代进行生产实践和推动社会信息化发展的能力。从广义的维度来看，汽车技术解放了人类的双腿，计算机技术解放了人类的大脑，而21世纪的信息技术应用预期将超越传统的科学研究对于人类社会的发展意义，起到更大的推动助力。大卫·霍克里奇认为："信息技术是应用在信息加工和处理中的科学、技术与工程的训练方法和管理技巧及上述方法和技巧的应用。"[②] 人类已经从IT时代（information technology）走向了DT时代（data technology），信息数据依托各种智能机器设备的辅助开始计算、传播、交互，信息自身就包含着亟待挖掘的综合性价值。时至今日，信息技术通过移动互联网以及各种人机交互技术的普遍应用为信息用户提供了高质量的语音、文字、图形、视频、数据等不同维度的信息服务，推动着全世界的智能化、数字化、信息化的前进步伐。联合国科技促进发展委员会信息技术与发展工作小组在对各国信息产业的发展情况进行评估后认为，"信息技术正在影响着科学和技术工作的组织方式、运作方式和评价方式，信息与通信技术的使用支撑着未来的科学技术的研究"。如何合理、有效、充分地利用信息，开发信息的多重价值，从而加速信息的全球化流通并将信息红利转化成为全球化发展的重要推动力和重要生产要素，已经成为信息科学、设计学、社会学、人类学、心理学、传播学等多学科门类及相关研究领域所关注的重点内容。在信息交互设计领域，人机交互技术[③]有力地扩展了计算机参与人类日常生产生活的深度与广度。如何建立更有效、更人性化的交互设计已成为当今社会最前沿的待研究问题之一[④]。

① 李万军.当代设计评判[M].北京：人民出版社，2010：122.
② 霍克里奇.教育中的新信息技术[M].王晓明，王伟廉，译.北京：中央民族学院出版社，1986：5.
③ 人机交互技术（human-computer interaction techniques）是指以计算机输入、输出设备为载体，通过有效的方式实现人与计算机对话的技术。人机交互技术是人机交互研究领域最核心的内容之一，与人因工程学、心理学、设计学等学科联系紧密。
④ 滕晓铂，苏滨.从"新媒体艺术"到"信息艺术"：访鲁晓波教授[J].装饰，2004（12）：22-23.

　　信息技术给信息交互设计带来了技巧性和多样性，是促进信息交互设计发展的关键因素，对于信息交互设计起着重要作用。信息技术给网络社会带来的综合性变革的威力是前所未有的。从技术的演进史来看，人机交互领域所取得的巨大进步无不是基于信息技术的强大支持。各种人机交互技术如雨后春笋般涌现，正在重塑人与计算机之间的关系。以移动互联网和普适计算为代表的基础型信息技术为人们的信息生活带来了无限的信息应用空间，信息技术的技巧性和智能性深刻影响了交互设计实践。虽然不同领域的专家学者对于信息技术的定义并不完全统一，但可以认为其本质是一种可以延伸与扩展人的信息功能的手段与方法。

　　信息交互设计呈现出数字化、网络化、智能化的高信息属性，许多交互类产品已经可以高度灵活地处理信息以及实现智慧化应用，还可以通过智能技术学习如何使用语言与人类沟通，展现出极高的自主性。通过大数据、云计算工具的应用和有了很大提高的机器自主学习技术水平，各种碎片化的信息将成为有利于交互设计的可感知数据，并用信息可视化形式辅助呈现。麻省理工学院的凯文·阿什顿（Kevin Ashton）指出："人们今后将很难知道计算机的具体位置，计算方式具体是如何进行的，因为微型技术部件将遍布整个网络，21 世纪的计算是所有这些部件的总和。"在具体的信息技术类别中，人工智能感知技术、多通道人机交互技术、虚拟现实技术、智能传感器技术、多重感应触摸式屏幕技术、智能机器人技术、眼动仪测试技术、人脸识别技术、数据交互技术、情感交互技术、图形图像交互技术、语音识别交互技术、行为交互技术、自然界面人机交互技术等纷纷出现并得到越来越多应用 [1]。信息技术的发展能够为信息交互设计所涉及的信息处理、交互逻辑、数据感知等提供具体而有效的技术支持，也使得信息交互设计拥有了全新的设计机会和可达性。

　　信息技术的快速发展，既给互联网用户的日常生活带来了许多便利，又在信息技术伦理层面带来了许多挑战。各种琳琅满目的人机交互智能设备已经具备相当的技术实力，在不打扰用户的前提下全方位无死角地感知并收集关于用户的各种信息，而技术过度强大的另一影响是给不少用户带来了恐惧、困扰、不信任等信息焦虑。值得一提的是，设计与科技的融合应用发展需以人为本，如何保证信息技术应用的安全性已经成为至关重要的问题。笔者认为，面对以上问题需要顶层设计相关部门有意识地出台相应的管理法规和社会契约，企业界和学术界应以"产学研"合作的方式探索基于信息时代特点的设计伦理，从而使信息技术的应用始终走在正确的道路上。对于信息交互设计师而言，只有用合理、合情、合适的态度去面对和应用技术，信息交互设计才能得以顺利进行。

---

① 盛国荣.西方技术认知的发展历程：从边缘走向中心 [J].科学技术与辩证法，2009，26（3）：64-70，112.

3.4.2 技术的设计应用模型

信息技术给信息交互设计方式带来了技巧性和多样性，是促进信息交互设计发展的关键因素，对于信息交互设计往往起着决定性的作用。从技术的演进史来看，人机交互领域所取得的巨大进步无不是基于信息技术的强大支持。纵观人类的发展史，从工业革命再到信息革命，每一次科技创新都会迸发出许多可探讨的设计新元素，从而给设计的发展带来新机会和新变化。重大的技术变革往往会给设计自身带来颠覆式的改变。

从工业革命再到信息革命，每一次科技创新都会爆发出许多可应用的设计元素，从而给设计的发展带来新机会和新变化。因此，对于信息技术的了解和掌握是交互设计的必需技能。信息交互设计中的交互技术升级将主要体现在交互理念的变化和交互设备的升级：前者包括从被动接收到主动理解信息，从满足基本功能到强调用户体验；后者主要包括交互方式的自然化和交互内容的多样化[①]。

本书探讨的"技"的范畴是指所处时代存在的科学与技术的综合，是一种可应用于大部分设计领域的技术范畴的概括。信息交互设计中的"技"包括但不仅限于信息科学直接相关的技术层面。从"技"视角来看，信息交互设计的关注点主要集中在与所处时期对应的信息技术在交互设计中的应用关系。在信息交互设计领域，信息技术并不仅仅是简单的技能与工具，信息技术的合理使用通常对于一个设计项目的成败至关重要。清华大学柳冠中教授指出："我们可能不一定非要用高技术，就普通现有的技术组合也能产生好的效益，因为它给人们生活带来方便，这就是设计的特点。"[②] 对于交互设计师而言，能否选择合适的信息技术是顺利实施交互设计方案的关键所在。

本书将信息交互设计中的"技"大致分为"技术研发"和"技术应用"两部分。信息技术的研发是一种发明与创新，可以有助于改善与提高社会生产的综合价值；信息技术的应用能更多地映射出用户群体在面对新的情境中遇到的实际问题与新需求，同时也将促进新技术的研发。关于技术模型的关系论证，约翰·齐默曼（John Zimmerman）等曾经提到："大多数产品和服务其实都是某技术的一次性使用。"基于此论点，笔者认为"技术的研发"与"技术的应用"将形成迭代式循环往返的逻辑关系（图3.5），共同构成信息交互设计领域中技术发展趋势。

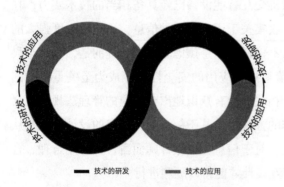

图 3.5　交互设计中的技术属性模型建构

① 王晨升. 用户体验与系统创新设计 [M]. 北京：清华大学出版社，2018：86.

② 胡飞. 问道设计 [M]. 北京：中国建筑工业出版社，2011：212.

从技术语境来看，技术研发与技术应用的循环式进步最终将为满足人类的需求提供保障。需要强调的是，信息交互设计绝不是技术元素就能够决定的单一事物。认识"技术"在信息交互设计中的角色定位，还应结合社会学、文化学、传播学的综合作用，特别需要注意避免"技术决定论"的片面影响，从而更客观地认识技术对信息交互设计的影响。

3.4.3　信息交互设计中的基础技术

在信息交互设计领域，从所涉及的交互技术工具与资源配置来看，学习掌握一些典型信息交互设计软硬件工具是信息交互设计师进行信息交互设计活动的必备工具技能。

1. 开源硬件与软件技术

开源代表着所探索的相关技术不受版权因素的限制，以分享知识、创造价值为重点。随着大众参与式设计活动的数量与影响力逐渐增强，预期能够实现更快的技术创新。信息交互设计基于开放的理念，通过开源的软硬件工具的运用（图 3.6），将极大地降低设计创新的障碍。开源电子套件（如 Arduino、Microduino、DFrobot、树莓派等）以及多种快速原型创作软件，可以便捷灵活地支持信息交互设计原型的制作。

图 3.6　Arduino 开源硬件电路板

2. 信息产品设计工具

以 3D 打印机为代表的信息产品设计工具已经越来越成熟，技术的门槛逐渐降低（图 3.7）。即便并不具备机械结构、艺术设计等专业背景的普通用户，也能够在完成设计创意之后将设计原型通过数字 3D 打印机直接输出成产品模型。信息产品设计工具的应用帮助人们摆脱了繁琐的制作过程，人的创新力与智慧潜能在交互设计项目过程中得以激发。

信息产品设计工具大类主要包括四个类型：分析工具、设计工具、测量工具、协作工具[①]。协作工具，主要为了加强人们的协作交流，使软件与设备有效结

图 3.7　信息产品设计工具分类

---

① 李青，纪阳. Living Lab 创新理论与实践 [M]. 北京：人民邮电出版社，2013.

合起来，促进任务更好地完成；设计工具，主要应用于产品设计过程中；测量工具，主要用于测量数据并且把所有数据记录下来，利用可穿戴的设备能够更好地分析用户的移动行为；在信息产品加工设计工具应用领域，3D 打印机、激光切割机、雕刻机、手工制版套件、角磨机以及电钻等已经快速得到普及应用。分析工具，主要用来分析收集到的相关数据，便于完成创新工作。在分析工具领域，目前流行的在线协作互联网工具 Tower 和 ColorWork 在不同程度上解决了团队在线进程管理的问题；Bridge 设计思维工具包可以根据不同应用场景而灵活组合的设计工具，能够明显地降低设计合作者间的沟通成本，从而提升设计合作的效能、推动更多有价值的设计成果产出（图 3.8）。

图 3.8　Bridge 设计思维工具包

3. 数据库与媒体传播平台技术

信息媒体传播技术的介入将延伸信息交互设计在社会领域的影响力。采用媒体传播平台技术的融合不仅可以及时向社会报道信息交互设计实践的具体内容，通过不同的利益相关人员的智慧，促进信息交互设计方案水准的提升。而来自融媒体的宣传报道也能够吸引来自众筹服务商和天使投资机构的关注，为信息交互设计相关产品的商业孵化做好铺垫。

在融媒体时代，信息交互设计越来越需要考虑如何发掘设计的整体价值，如何通过信息交互服务来发现和访问相关内容，收集、存储以及分享相关的设计知识已成为信息交互设计必不可少的关注点。在相关的设计实践领域，已经广泛采用前端富媒体（rich media）

化的网络交互形式，以服务于各种信息交互设计团队的原型设计与技术实现。信息交互设计师可以根据自己的兴趣、能力在设备辅助下来选择适合自己的项目，通过管理架构和服务平台来提升设计项目合作的效率，信息交互的设计协作模式也得以创新。

4. 语音交互技术

语音交互技术是当今最具代表性的人机交互基础技术。语音交互技术研究所涉及学科非常广泛，主要包括计算机科学、语言学、心理学、行为学、人类学、社会学等学科，目前的语音交互技术虽然仍不甚成熟但已经显示出惊人的发展速度。与最常见的图形交互界面（graphic user interface，GUI）相比，语音交互设计涉及的要素更加丰富且复杂。凯西·皮尔在《语音用户界面设计》中将语音交互技术的发展历程划分为两个阶段：第一个阶段始于 20 世纪 50 年代，贝尔实验室建立了单人语音数字识别系统，它可以简单识别非常少量的词汇。到了 20 世纪六七十年代，关于语音识别技术的研究重点为如何扩大机器能够识别的单词量，并且尝试智能地将用户语音进行连续性的理解。20 世纪 90 年代，交互式语音应答（interaction voice response）技术正式问世，作为一种可行的、非特定的语音识别技术被广泛地应用在电信、银行、票务等机器运营的客服端。

随着各大企业将大量的资源投入人机语音交互技术领域的研发，语音交互界面技术正式进入了第二阶段。许多著名的企业设计战略开始发生转移，将智能音箱作为未来智能家居生活的入口，借此营造基于语音技术的智慧化生活方式。亚马逊的 Echo、微软的 Cortana、谷歌的 Google Now、苹果的 Siri、小米的小爱同学、阿里的天猫精灵等智能语音助手 App 以及智能音箱设备的问世，使得用户能够通过人机语音交互自如地进行任务查询、信息搜索、播放音乐等个性化需求，从视觉和听觉两个角度形成了多模态的交互方式。有媒体数据显示，2019 年 5 月，全球智能音箱市场销量已达到 2070 万台，对比上年同一时期的 900 万台增长了 130%，充分说明了人机语音交互领域的庞大的用户需求与市场潜力。在未来，我们有理由相信人机语音交互技术及相关智能设备技术将更加准确而高效地连接起用户与云端设备之间的语音交互关系。

语音交互技术的快速普及应用改变了人们对智能产品的使用方式，人机语音交互已经成为许多信息用户日常生活中的一部分。但是，如今的语音交互技术仍然有许多不足，主要原因在于自然语言的理解技术仍然属于发展的初期。自然语言的口语语音与表达存在大量的差异性，而自然语音之外的噪声、吞音、俚语等也使得人与机器的语言交互尚无法达到人与人的自然交互效果。人机语音交互存在局限性的问题目前几乎随处可见，例如：只能应用在单轮任务的问答，交互效率相对较低，不能轻易中途打断等。因此，目前人机语音交互的典型应用场景主要体现在人对于机器通过语音下达指令任务，而机器能否顺利识别并完成指令任务成了评价人机语音交互技术质量的重要依据。

3.4.4　信息交互设计中的前沿技术

信息交互设计的交互方式经历了以"窗口、图标、菜单、指针（windows、icons、menus、pointer，WIMP）为代表的隐喻型视觉交互方式到以触摸、语音识别的自然感官交互方式，再到以眼球追踪交互、生物反馈交互和情景感知为代表的面向未来的交互形式"[①]。可以看出，信息交互设计的前沿技术应用的发展速度惊人；无论是从信息技术的具体类别，还是信息技术和产业实践中的融合程度，都远远超出了当初对于技术应用前景最乐观的预期。

举例而言，多通道人机交互技术以人体内的多种感觉通道为应用路径，通过先进的信息技术及设备支持的自由形式（free-form）交互应用，在确定的空间情境内直接进行一定精度的信息交互[②]。从多通道人机交互技术的应用结果来看，基于人类的视觉、听觉的图形感知与语音感知通道得到了普遍加强，多维度的交互风格能够符合信息用户的自然行为过程，丰富的人机交互方式与实际效果帮助用户获得全新的沉浸式体验。Xerox PARC计算机科学实验室首席科学家马克·维瑟（Mark Weiser）指出："最深刻与最强大的技术是'无形的'技术，推动科技发展和技术进步的是那些融入日常生活并消失在其中的技术。"[③]

在信息交互设计前沿技术的研发领域，以美国为代表的许多高等院校及科研院所走在了全球的前列，麻省理工学院媒体实验室和卡内基梅隆大学人机交互研究所在世界范围内享有盛名：麻省理工学院媒体实验室（MIT Media Lab）的研究团队由多位设计师、研究人员和发明家组成，研究领域从用于学习和表达的工具，到人类适应和增强的设备，再到面向未来的智慧城市和新型交通方式。卡内基梅隆大学人机交互研究所是一个研究计算机技术、人类活动与社会关系的研究部门，被认为是世界领先的人机交互研究中心之一，其研究领域包括用户界面软件工具的开发，计算机协同工作的工具的开发，手势识别、数据可视化、智能代理、智能辅助系统等技术的开发等；研究设施包含用户研究实验室、Dev Lab 和匹兹堡学习科学中心，研究员和学生们通过严谨和富有开创性的人机交互技术研发来设计与改善生活中的事物与系统。

本节将列举若干与交互设计前沿交互技术研发应用的案例，通过以点带面的方式对"技术研发"与"技术应用"之间的辩证关系进行适度探讨。

---

① 刘严，郑杨硕.基于普适计算的穿戴产品交互应用研究 [J]. 包装工程，2018，39（2）：102-106.
② 林迅.新媒体艺术 [M].上海：上海交通大学出版社，2011：192.
③ 徐旺.可穿戴设备：移动的智能化生活 [M].北京：清华大学出版社，2016.

1. 人机交互系统技术

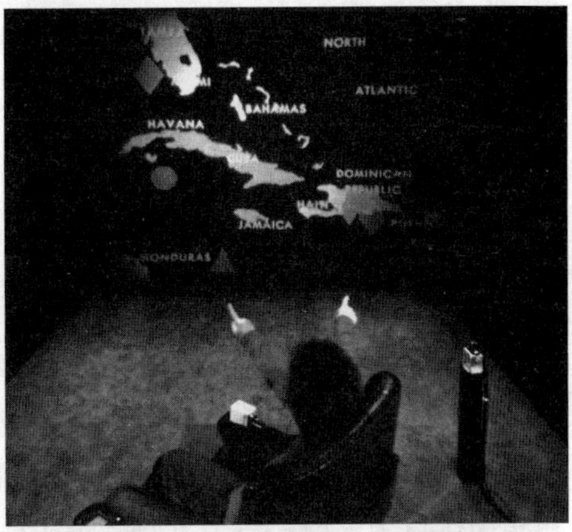

麻省理工学院早在 1980 年就开发出了基于多通道的人机交互系统"放在那里"（put-that-there），在人机交互领域的发展史中是一个重要的标杆案例。该人机交互系统技术研究的目标是实现与复杂的计算机进行交互的人机界面，该系统允许操作者使用语音和手势在显示器上构建与修改图像（图 3.9）。

图 3.9　"放在那里"人机交互系统

2. 情感导航技术

在情感导航（emotion navigation）项目中，研究者就汽车行驶中驾驶人的情绪状态与压力状态的测定进行了研究；由于驾驶这一活动会给驾驶人带来压力，影响驾驶人的情绪状态，或多或少会给驾驶过程带来负面影响，而这常常是被忽略的问题。情感导航项目已有"全自动情感化：善解人意的驾驶体验帮助应对压力"[①] 和"使用生理传感器检测现实驾驶任务中的压力"[②] 两项研究成果。

通过高精度智能传感器的辅助，测量驾驶人的情绪在技术上变得可行。该技术描述了如何通过不同设备交互来测量驾驶人的压力，包括在驾驶任务期间收集和分析生理数据，连续记录心电图、肌电图、皮肤电导和呼吸（图 3.10）。在该实验中，研究人员通过来自 24 个传感器不少于 50min 的持续时间的数据，将驾驶人的压力进行定级，并且实现帮助驾驶人管理压力，这种新的交互系统不仅有助于改善驾驶体验，还可以提高驾驶人的安全意识和社会意识。

图 3.10　情感导航技术

① HERNANDEZ J, MCDUFF D, BENAVIDES X, et al. AutoEmotive: bringing empathy to the driving experience to manage stress[C]//Proceedings of the 2014 companion publication on Designing interactive systems. ACM, 2014: 53-56.

② HEALEY J, PICARD R W. Detecting stress during real-world driving tasks using physiological sensors[J]. IEEE Transactions on intelligent transportation systems, 2005, 6(2): 156-166.

3. 响应式环境技术

响应式环境小组进行的研究项目"调解氛围"（mediated atmospheres）提出了一个智能环境系统技术[①]。研究表明，由光、声音、物件组成的空间对信息用户的感官、情绪和行为都在产生着影响；在工作场所，气氛会影响生产力和人际关系，以及员工的整体满意度和忠诚度。响应式环境技术的研究目的是探索如何改变这些因素从而改善我们的工作、生活环境。例如，当需要激发创造力时，响应式环境会暗示当地咖啡店或人工制品艺术家的客厅的气氛，而当需要保持专注时，响应式环境会暗示书房的气氛。研究小组通过生物信号传感器，实现照明、投影和声音的模块化实时控制，从而营造沉浸式环境，旨在帮助用户集中注意力，减轻压力并舒适地工作（图 3.11）。

图 3.11　响应式环境技术

4. AR 增强现实技术

卡内基梅隆大学的人机交互研究团队于 2018 年 11 月参加了 Bose 的增强现实音频挑战，参加者被要求使用 Bose 硬件建立解决方案，四名学生 Rayna Allonce、Ritu Parekh、Michael Rivera 和 Siyan Zhao 的设计方案最终赢得了挑战。他们选择的设计痛点是医疗保健方面医疗信息不当的问题，即医疗设施中患者信息的保存和调用情况在大多数情况下是不安全且不方便使用的。设计团队通过 Bose 可穿戴设备和增强现实音频技术、音频围栏技术的使用，利用相对未被充分使用的听觉通道以更主动的方式向用户提供信息，帮助医疗人员精确定位并向患者传递信息，巧妙地通过技术方案解决了实际的医疗问题（图 3.12）。

---

① ZHAO N, AZARIA A, PARADISO J A. Mediated atmospheres: A multimodal mediated work environment[J]. Proceedings of the ACM on Interactive, Mobile, Wearable and Ubiquitous Technologies, 2017, 1(2): 31.

图 3.12　增强现实音频技术应用场景

3.5 〉 信息交互设计的"品"维度

3.5.1　信息产品的概念

　　信息技术的发展已经赋予了产品多样的形式（可分为"物质"与"非物质"两类），"信息产品"属于"人造物"的范畴领域，这决定了信息产品的基本属性。"信息产品"代表的是由信息及其物质载体所构成的综合物体。信息交互设计的价值体现或者方式显现，主要是通过"信息产品"为基础进行呈现。

　　互联网的普及应用使得信息逐渐在全社会中占据越来越重要的地位，人们的需求也随之发生了变化，用户的主观体验逐渐成为设计的重点。设计关注的结果并不仅仅是信息产品本身，而是开始聚焦通过信息产品媒介所连接的生活场景，以及产品与人、空间所形成的关系。正如《非物质社会》一书中的表述："许多后现代的设计，重心已经不再是一种有形的物质产品，而越来越多地转移到一套抽象的关系，其中最基本的是人与机器的对话关系。在智能产品中，传统产品的形式与功能在语言中合为一体，使产品的范围从一种可见的有形的东西，延伸到无形的人与机器的语言对话中。"

　　信息技术对设计的当代发展带来的直接贡献是赋予设计新的形式语言，非物质的数字内容产品已成为符合信息时代特性的设计产品。传统设计关注的是物质产品的局部细节（构件、形状、色彩、质地、材料等），然后再进行各种关系的组合。相较于实体产品而言，数字内容产品是非物质形态的产品；数字内容产品以信息技术为支持，创意为先导，借助各种新兴媒体的融合来交流传播与工作、生活、教育、娱乐的信息与体验。对以数字内容产品为代表的信息产品进行设计研究，还需要关注自然环境、文化语境、产品主体、表现方式等不同的视角洞察，特别是相关的设计元素如何通过多通道感官界面传达于人，最终使该产品具备促使消费者产生某种体验的能力[1]。

---

① 派恩，吉尔摩. 体验经济 [M]. 夏业良，译. 北京：机械工业出版社，1999：23.

　　如图 3.13 所示，信息交互方式的演进存在着一般规律。图中的横向轴线表达的是信息产品类型以及功能的拓展脉络，信息产品交互方式从单向式（平面媒体、广播、电视等）升级至交互式（计算机、物理旋钮、键盘鼠标等），再到今天的智能式（虚拟界面触控输入、语音识别、手势识别、环境监测等）。而图中的纵向轴线表达的是用户的感知通道的升级，从只有视觉、听觉的单一通道输出形式发展为多通道协同输入输出，再到便携性的快速普及，以及虚拟界面与真实界面的无缝融合等，反映出信息用户感知程度的巨大进步，信息产品的人机交互已经无限趋向于普通大众都能够参与的自然交互。

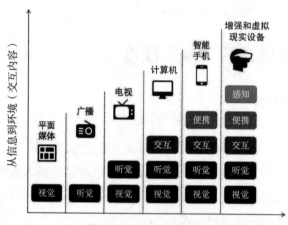

图 3.13　信息交互方式的演进历程

3.5.2　"品"维度视角下的信息交互设计

　　从"品"维度来看，信息交互设计主要是指信息交互产品及其信息交互方式。"信息交互产品"广义上是指信息交互设计产品，包含产品、服务、机构、公司等；"信息交互方式"指的是人与信息产品进行互动的具体信息交互方式，包括视觉交互、声音交互、触摸交互、体感交互等方式路径。

　　从宏观上看，本书所谈及的"品"代表着设计的一种结果呈现，既可以包括硬件产品，又可以包括软件服务；既应该帮助用户实现产品的基本功能需求，又能够提升产品使用过程中的用户体验。从微观上看，"品"可以从"可用性""易用性""本能层""效用层"进行设计解读与评价。在"品"维度的研究视角中，信息交互设计是以具体的信息交互设计产品（方式）为研究载体进行设计原则、对象、方法、程序与标准的扩展。

　　在信息时代，"品"既代表着某种产品但又不限于产品：当今的"品"包含了诸多要素，从设计战略到产品功能，从设计流程到方案表现，均为信息交互设计的领域范围。"品"并不局限于指代传统设计中的设计结果，也代表着信息交互方式的过程。对于信息交互设计师来说，有必要在信息交互设计过程中捕捉显性信息和潜在需求，并准确搭配信息交互设计与目标用户行为之间的关系。得益于信息技术的革命性发展，"品"维度下的信息交互设计更加强调动态性、过程性、多元性的设计可能性；许多传统设计在信息交互设计中依然具有共性，对于产品设计的规律、特点、审美的认知，传统设计和当代设计的对立统一特点需要在信息交互设计的具体实践过程中予以平衡和把握。

"品"维度的信息交互设计包含三个元素：信息交互产品、信息交互方式和"品"的本体①，本书将其延伸为一种金字塔层级式结构模型（图 3.14）。从"品"维度研究信息交互设计，首先需要解决基础层面"信息交互产品"的功能性问题，其次是解决中间层面的"信息交互方式"的合理性问题，最后是建立金字塔顶端"品"生成的体验性问题。依照本金字塔层级式结构模型重新理解信息交互设计的最终产品输出，信息交互设计产品才有可能赋予信息用户喜爱、信赖和尊敬等高质量的用户体验。

图 3.14　"品"维度的层次结构模型

3.5.3　"品质 + 品格 + 品位"三品模型

人有人格，物有品格。本书所提及的信息交互设计"品"概念，既指产品具备的基本"品质"，也指产品所具有的更深层次的"品格""品位"。兼备"品质""品格"和"品位"可称为有"品"的信息交互设计产品。除了将信息交互产品（方式）的"品质"作为信息交互设计"品"维度的一种研究结果，"品格""品位"将使信息交互设计的"品"维度概念向更高层级扩展（图 3.15）。

"品"这个文字能够指代的元素包罗万象，非常丰富。从产品层面而言，"品质"是设计师最为熟悉的概念之一，主要指代的是产品的质量、服务、实用价值和美学价值等。"品格"指的是产品所具有的人文内涵，例如是否涵盖一定的人文关怀，是否具有一定的社会责任感，是否关注弱势群体的痛点，是否可持续设计，等等。"品位"则源于"品质"与"品格"的支持，指的是产品在用户群体心目中所存在的形象与某种地位，例如高档、格调、简约、质朴等。对于产业界而言，"品"可以引申为品牌（brand），品牌的价值体现在企业的产品质量、用户口碑定位、服务策略等方面上，消费者进而也会通过品牌形象快速地理解和选择品牌产品，反过来品牌给人留下的印象也会被自然地附加到产品身上。对于国家而言，"品"是综合了该国设计师、产品、企业及设计风格的文化产物。例如当我们讨论日本的设计或日本品牌的产品时，脑海中会浮现深泽直人、原研哉等大师品牌，索

---

① 金字塔模型中的"品"所包含的元素较多，包括产品质量、品牌口碑、交互方式、用户体验以及智能化的用户信息服务等，此处用"品"字进行抽象指代。

尼、松下、无印良品等著名设计企业，以及枯山水、禅意、放空等设计理念，这些元素共同组成日本国家品牌设计文化的表征。

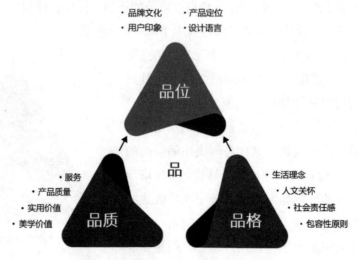

图 3.15 "品质 + 品格 + 品位"三品模型

以全球闻名的"无印良品"为例（图 3.16）。"无印良品"是日本主营生活日用产品的品牌，产品设计涉及服装、织物、家具、电子产品、居家用品、文具和食品等领域，虽然无印良品一直避免过于强调"无印良品"的品牌意识，但它遵循的设计理念无不诠释着"自然、宁静、简约、质朴"的品牌形象以及"追求令人愉悦的生活"的生活美学宗旨，给消费者留下了深刻的印象，充分展示了"无印良品"的高档品质感和独特品位。无印良品将极简主义、功能主义、生态设计、品牌学理论与日本的包容美学、朴素美学、禅宗思想、色彩观、自然观、"寂"的审美观念等完美地融合在一起，并通过现代设计的语言诠释，塑造了具有东方民族精神的国际化品牌形象[①]。

图 3.16 无印良品设计的经典产品

① 周洁. 无中生有的设计：浅析日本无印良品的设计精神与品牌策略 [D]. 新乡：河南师范大学，2012.

第4章

原始及农业社会的信息交互设计

4.1.1 原始社会的社会环境

社会环境是指人类生存及活动范围内的物质条件、精神条件的总和。广义上包括经济环境、心理环境、文化环境等整个社会经济文化体系，狭义仅指人类生活的直接环境。本书关注的社会环境就是狭义上的社会环境，即人类生活的自然环境与生活环境。

马克思曾说过："人创造环境，同时环境也创造人。"[①] 自然环境是人类生活周围的各种自然因素的总和，为人类提供了生存的物质基础，它是生产力发展的条件。生产力的发展就是"改造自然"，从而创造生存和发展所必需的物质生活资料，这些物质生活资料构成人类的生活环境。生产方式是生产力和生产关系的统一，是一个具有很强的社会性特征的描述词语，包含了生产技术、生产资料、生产者与生产关系。生产技术代表了人类知识与自然经验的一种积累，是具有观念性的社会形态；生产资料则是一种被人类从自然界所取得并将其进行生产改造的物质；生产者指的是社会生产过程中的劳动者，即人类自身；生产关系则是在生产过程中人与人的关系[②]。"生产"并不仅仅是狭义的生产，而是人类认识世界与改造世界发展进程的一种表述。可以说，生产方式的存在是社会存在和发展的客观基础。一切设计活动的主体是人，因此，设计行为是一个主观的过程，但这个主

[①] 刘国培. 中国古代农业社会和传统文化（一）[J]. 昆明师专学报，1987（1）：30-38.
[②] 曾曦. 法象明器占施知来：先秦鼎文化考论 [D]. 武汉：武汉理工大学，2010.

观的过程需要受到客观因素的限制，这就是人类社会的生产方式的意义所在（图4.1）。

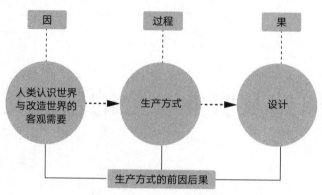

图 4.1 生产方式的前因后果

人类学和考古学的研究表明，人类进入直立行走时期迄今已有 300 多万年的历史，其中大约 99.8% 的时间是处于穴居时期。公元前 4 万年前后，人类社会进入成熟的社会历史发展的阶段，即原始社会时期。古人记载"上古之世，人民少而禽兽众，人民不胜禽兽虫蛇"[①]"昔者先王，未有宫室，冬者居营窟，夏者居增巢，未有火化，食草木之实，鸟兽之肉，饮其血，茹其毛，未有麻丝，衣其羽皮"[②]，都表明原始社会生活环境的恶劣。由于原始社会时期生产力水平非常低下，所以人类的生存需求是第一位的。人类是有意识地在适应自然的同时也在改造自然。这一特点体现在原始社会的人类十分依存于自然，从采用自然形态的材料充当生产工具，发展到采用制造的工具索取自然世界所提供的物质资源得以生存。自从人类走出森林起，原始部落、家族氏族便靠着狩猎和采集生活资料群居在一起，这是因为在原始社会恶劣的自然环境中，人类需要通过群居的方式生活在一起以弥补个体的弱点。而信息的传播与人类社会的发展是同步进行的。可以说，氏族林立的群居模式是人类信息传播产生和发展的基础，穴居文化史就是人类最早期的信息传播史。原始社会的生产资料方面，除了满足自身家族的生存与繁衍的自然需要，并没有过多的剩余。

随着社会生产力的逐步发展，原始社会渐渐产生了新的社会分工和物品交换模式，固有的部落氏族的限制开始被打破，形成了统一的民族和国家。总的说来，原始社会的生产方式受制于自然条件，还是处于一种围绕自然物展开生产活动的最初级原始状态[③]。此外，原始社会的生产方式社会性程度非常低，人们的交往活动仅仅局限于面对面的直接交往范围，具有很强的独立性和封闭性。

---

① 韩非子.韩非子全鉴[M].任娟霞，译.北京：中国纺织出版社，2015：611.

② 郭芳.中国古代设计哲学研究[D].武汉：武汉理工大学，2004.

③ 孔伟.信息技术视域中的社会生产方式[D].北京：中共中央党校，2004.

4.1.2　原始社会的文化环境

　　文化环境是指由文化事物所形成的环境，包括价值观念、宗教信仰、道德规范等被社会认同的各种行为规范。文化是由人类所创造的，从人类开始使用火和制造工具起，便开始产生人类独有的文化。

　　一定的社会文化反映着一定的社会经济制度，一定的社会经济制度也决定着一定的社会文化，产生一定的道德观念。原始人类的道德观念是适应并服务于原始社会经济的，是由当时生产力低下所决定的。原始社会初期，人类尚处于从猿到人的过渡时期，这一时期的人类虽然能够制造工具但他们并没有共同意识，没有成形的宗教信仰，社会组织制度尚未形成，人类还未形成均衡和谐的社会。在与自然斗争的过程中，人们意识到只有依靠群体力量才能生存，因此形成了适用于氏族生活的集体思想。在氏族公社中，氏族成员的权利与义务是统一的，由于生产资料有限，氏族成员必须遵循共同劳动、共同协作、共同分配的原则。

　　生产力的发展推动原始人类的思想文化体系成形。一切文化现象都反映着人类的愿望，表达着人类的思想追求。原始社会时期，人们征服自然的能力有限，极大地限制了他们的认识能力。人类无法将自己与自然区分开来，而是将自然与自己等同起来，将自然现象和自然力量人格化。他们认为不仅人类有灵魂，一切自然现象、动植物和无生物都有灵魂，这就是万物有灵观念[①]，也是人类原始宗教观念中最早的一种（图 4.2）。原始宗教的形式主要表现在巫术、图腾崇拜、自然崇拜等。

　　巫术作为原始宗教的形式之一，它产生的原因与原始人类的认识能力有很大的联系。由于原始人类无法理解自然现象的客观规律，幻想出有一种超自然的力量主宰着世界，人们认为自己也可以利用这种超自然力量影响自然界与其他人，这就是巫术产生的原因。巫术占据了早期人类生活的方方面面，如通过巫术来祈求胜利，驱赶恐惧。原始人类会在出猎前画出想要获猎的动物形象，通过某种仪式对所要猎杀的动物产生一种"魔力"，以此增加狩猎成功的机会，祈求获猎丰收；通过巫术进行占卜，来预测吉凶祸福；运用巫术来驱鬼治病等。

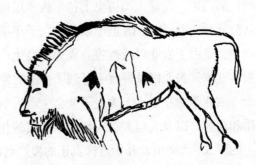

图 4.2　法国霍洞洞画（野牛身插长矛）原始社会巫术表现形式之一

　　图腾崇拜也是原始宗教形式之一，对原始人民的生活有很大的影响。图腾（totem）一词起源于美洲印第安鄂吉布瓦人（Ojibwas）的方言（ototeman），意思是"他的亲族"。

---

① 林耀华. 原始社会史 [M]. 北京：中华书局，1984：395.

图腾文化是原始社会主要的文化体系，也是人类早期社会一种具有普遍意义的文化现象，原始人类的万物有灵观念是图腾崇拜、祖先崇拜等原始宗教文化的思想基础。图腾崇拜起源于母系氏族时期，是同一生产集体的人在互相交流思想的生产实践中共同形成的，它的产生与发展意味着一个个氏族组织的建立，是团结氏族的纽带[①]。所谓图腾崇拜，就是氏族成员对作为氏族标志的物体产生的崇拜与信仰。原始先民们认为自己与某种动物、植物或者人们所幻想的事物之间存在着血缘关系，这些动物、植物或幻想物就是每个氏族的图腾，它被视为原始氏族的祖先，是氏族的保护神，通常被选为本氏族图腾的动植物，是不允许打杀和食用的。每个氏族都以不同的植物、动物或幻想物作为名称或标志，如黄帝氏以云为图腾，炎帝氏以火为图腾，共工氏以水为图腾，太昊氏以龙为图腾，少昊氏以鸟为图腾。原始时代图腾崇拜经常通过祭祀、纹样、图腾禁忌等方式表达。

随着历史的发展，母系氏族逐渐衰落，图腾崇拜一步步走向消亡，原始社会末期父系氏族公社阶段，人与自然的关系发生了转变，原来被当作神灵的动植物被人类所驯服，过去将植物、动物视为自己氏族祖先的观念被打破，祖先崇拜逐渐取代了图腾崇拜。

4.1.3　农业社会的社会环境

更新世末期，冰河消融，气候回暖，为人类和动植物的生存繁衍提供了更好的条件，也为人类进入农业社会提供了较好的契机。在漫长的社会实践中，人类不断加强着对于自然世界的认识能力与改造能力，从而使得农业社会生产力的社会属性不断拓展，这体现在人类开始逐渐观察、熟悉并掌握了自然界植物的生长规律，懂得了如何栽培农作物。公元前 3000 年，古代两河流域和古埃及在农业生产中发明了畜耕，代表着农业以及畜牧业时代的到来，这是人类历史上科学技术层面的第一次巨大革命，一般称其为"农业革命"。从公元前 4000 年至 18 世纪以前的几千年里，人类社会都处于农业社会时期。农业革命的产生，是由于农业以及畜牧业成为社会生产发展的主导因素，进而对社会生产力所带来的根本变革。农业以及畜牧业得到了快速的发展，商业与手工业开始逐渐兴起。

农业革命从根本上改变了社会生产力的结构和组成，改变了社会生产劳动的条件、性质和内容，以及人与人、人与自然之间的相互关系。农耕的出现，标志着人类内在创造能力的形成，人类由此开始进行真正的生产与活动[②]。人类学会从事农业生产与畜牧养殖，人为地改变了生物生长繁殖的进程，使人类摆脱了自然环境的限制，从最初被动地依赖自然、适应自然发展到主动改造自然，人与自然的关系也因此发生了变化。人与自然关系的改变使人们能更好地适应自然，生存能力也有了显著的提升，生产资料得到了保障，扩大

---

① 丁柏峰. 中国原始文化中的图腾崇拜及社会影响述略 [J]. 青海师范大学学报（哲学社会科学版），1999（3）：29-32.

② 田明，刘文利. 试论农业与"新石器时代革命" [J]. 内蒙古民族大学学报（社会科学版），2003（2）：5-10.

了生存领域，人们的生活也从之前为了寻求食物不断迁移的生活逐渐转向自给自足的定居生活，人类有了生产食物、储存食物的能力，人口密度大增，从而产生了新的社会分工与物品交换，让人们可以积累财富，这也是阶级社会、私有财产、国家形成的原因之一。

　　在农业社会，社会生产结构以农业以及畜牧业为主，土地资源是社会最基本的生产要素。农民日出而作、日落而息，以家庭为基本生产单位、以食物为主要生产对象的自给自足的小农经济生产方式在社会中逐渐占据主导地位。恩格斯指出"农业是整个古代社会的决定性的生产部门"[①]。以农业生产和畜牧养殖为代表的农业生产经济方式，帮助当时的人类开始比较稳定地获得较为丰富的食物，而且使人类前所未有地能够有可能生产出超出维持劳动力所需的食物并进行储存，表现出非常明显的自然环境的驱动模式。农业社会的个体劳动者通过学习掌握应用劳动工具，围绕劳动对象以产生价值，逐渐形成农业社会的生产方式，如图 4.3 所示。农业以及畜牧业的产生，使人类从原始社会时期以采集、狩猎为基础的攫取自然式经济逐渐转变成以农业、畜牧业为基础的生产式经济，人类从食物的采集者进化为食物的生产者。

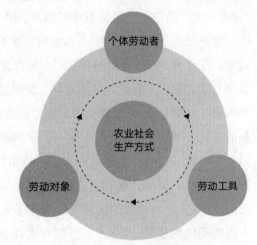

图 4.3　农业社会生产方式

　　农业、畜牧业的产生意味着人类与自然界关系层面的飞跃，代表着人类在生活资料的来源方面从较多地依靠与适应自然，转变为利用与改造自然，生产力水平有了极大的提高。农业社会的生产关系主要是一种比较单一的扩大再生产的状态，科技含量相比于后来的工业社会依然较低，仍然体现着强烈的自然特征。

4.1.4　农业社会的文化环境

　　从原始社会到农业社会，文化与人类一起经历了漫长的岁月——从原始宗教、图腾崇拜发展到古代科学；从石器、骨器发展到铜器、铁器，物质文化由弱变强；人类的行为规范从原始禁忌发展到道德规范、法律制度，从氏族部落发展到国家体系[②]。

　　恩格斯说："政治、法律、哲学、宗教、文学、艺术等的发展是以经济发展为基础的。"[③]毛泽东主席指出："一定的文化是一定社会的政治和经济在观念形态上的反映。"可以看出，经济是文化形成发展的最基本因素。中国自古以来是以农立国，农业是古代中国社会经济

① 林耀华.原始社会史 [M].北京：中华书局，1984：234.

② 韩民青.当代哲学人类学（第三卷）人类的环境：自然与文化 [M].南宁：广西人民出版社，1998：391-392.

③ 刘国培.中国古代农业社会和传统文化（一）[J].昆明师专学报，1987（1）：30-38.

的基础，中国传统文化是在典型农业社会环境中孕育和形成的。我国古代农业社会生产的基本结构是以种植粮食为主，畜养业为辅。以粮食为主的生产结构对自然条件的依赖性强，对自然灾害的承受力低，因此古代中国人对于"天"抱有崇拜、尊敬的情感。我国古代形成了具有特色的农学思想，最具代表性的就是"三才"理论，天、地、人"三才"思想是中国传统农业生产的指导思想。"天"和"地"是指自然界的气候、土地等环境因素，"人"则是农业生产的主体，"三才"思想表明自然环境、农业物质与人是相互依存、相互制约的关系。随着生产水平的发展，人们对天、地、人的认识也发生了一定的变化。早在先秦时期，"天"是三者中最受重视的因素，诸子百家常呼吁"不夺农时""不违农时"，如《孟子·梁惠王上》中提出的"不违农时，谷不可胜食也"[①]；《荀子·大略》中提到，"故家五亩宅，百亩田，务其业而勿夺其时，所以富之也"[②]，这些说法都表明了天时的重要性。魏晋南北朝时期，人们更加注重地利，天时的重要性处于第二位，如《齐民要术》把"耕田"列为第一卷第一篇；《陈敷农书》将"地势之宜"置于"天时之宜"之前[③]，都表达了对地利的重视。明清时期，"人"这一因素被提到了前所未有的高度。清代陆世仪在《思辨录辑要》中说"天时、地利、人和，不特用兵为然，凡事皆有之，即农田一事关系尤重。水旱，天时也；肥瘠，地利也；修治垦辟，人和也。三者之中，亦以人和为重，地利次之，天时又次之"[④]。这段论述清楚地阐释了天时不如地利，地利不如人和的思想，表明了人的主观能动性的重要。"三才"思想在古代不仅运用到农业上，对政治、军事、经济等方面也有影响，如军事作战讲究"天时地利人和"才能取胜，手工艺方面讲究"天有时，地有气，材有美，工有巧"。

西方的农业生产结构与中国相比截然不同，他们早期以畜牧业为主，后来发展为农牧结合，畜牧业始终是社会经济的核心部分。生产结构、经济结构的差异性导致文化的差异性，哲学家杜威指出"西方人是征服自然，东方人是与自然融洽"[⑤]。文艺复兴后，科学技术飞速发展，"人类征服自然"也成为西方人的文化思想。古希腊人面对地中海，不断地向其索取而不是选择犁田耕种，就表明了他们征服自然的态度。

中西方不仅在对自然的态度上大相径庭，在对待科学的态度上也有很大的不同。以古代中国与古希腊进行对比。古代中国的人们更注重解决与人相关的各种问题，大多数技术发明是为了改善实际生活，注重使用效果，对现象背后的规律缺少深入的探究。古希腊与古代中国恰好相反，古希腊人喜欢对自己不明白的事情追根溯源，对事物背后的发展规律存有好奇心，关注科学与效用，更加注重事物发展的逻辑与过程。比如，前苏格拉底哲学，

① 杨伯峻. 孟子译注 [M]. 北京：中华书局，2016：24.

② 张觉. 荀子译注 [M]. 上海：上海古籍出版社，1995：848.

③ 董恺忱，范楚玉. 中国科学技术史·农学卷 [M]. 北京：科学出版社，2000：导言 9.

④ 李伯重. "天"、"地"、"人"的变化与明清江南的水稻生产 [J]. 中国经济史研究，1994（4）：105-123.

⑤ 梁漱溟. 东西文化及其哲学 [M]. 上海：上海人民出版社，2006：26.

就是用理性思维来解释"万物是如何起源的""万物是由什么组成的"。古希腊哲学与同一时期的古代中国诸子百家不同点在于，古希腊哲学关注点在于自然、物质世界现象，而中国诸子百家的关注点是人，关注有关人类社会的事情。古希腊人对科学的独有追求，也成了科学诞生的基础。

在人类的文明史上，原始及农业社会时期在漫长的历史长河中占据了相当长的时间。对于人类而言，原始及农业社会象征着石器采集时代与金属农耕时代的阶段。原始及农业社会有着稳定的农业作为社会的经济基础，为之后的工业社会时期的社会变革提供了物质基础和一定的文化基础。从原始社会到农业社会的历史演进过程中，人类对自然世界的认识上升到一个新的高度，人与自然世界的关系得到了极大的改善。

4.2 〉原始及农业社会的"人"

4.2.1　原始社会的生活方式

在任何社会形态中，人类的生活方式都绝不可能是一种孤立的行为。人类的行为是互相影响的，行为与环境也同样有着密切的关联①。《辞海》对"生活方式"的定义描述如下："在一定社会制度下，社会群体及个人在物质和文化生活方面各种活动形式和行为特征的总和，包括劳动方式、消费方式、社会交往方式、道德价值观念等。它从人们的衣食住行、劳动工作、社会交往、参与的社会群体和文化等方面，通过个人或群体的具体的精神活动和物质活动而体现出来。具有社会性、民族性、时代性、类似性、多样性、差异性等特征；在有阶级的社会里，还有阶级性。由社会生产方式决定，受政治、经济、文化等条件的制约。"②

每个社会时期的人类生活方式，都体现着那一时期人类日常行为的特点。对于人们的生活方式的研究主要依托于两个背景：物质背景和社会背景（图4.4）。物质背景反映了一种人与物的客观性物质关系，表现为一种物化的存在形式；而社会背景反映的则是一种人与人的主观性精神关系，表现为一种非物化的存在形式。两者之间的关系常常是互相依存、互相联系的。同样，人类的生活方式代表的是一种高级的、

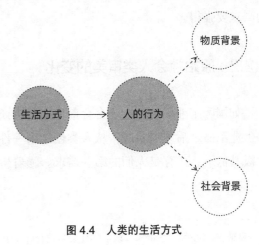

图 4.4　人类的生活方式

---

① 曾曦. 法象明器占施知来 - 先秦鼎文化考论 [D]. 武汉：武汉理工大学，2010.
② 夏征农，陈至立. 大辞海·政治学社会学卷 [M]. 上海：上海辞书出版社，2010：641.

复杂的信息活动过程。

　　社会是以共同物质生产活动为基础而相互联系起来的人类生活共同体[①]，是伴随人类的诞生而开始形成的。原始社会时期的人们生活在文明的蒙昧之中，仅仅依靠自身的体能不足以与恶劣的自然环境抗争。在原始时代早期，人类依靠血缘关系组成一定的群体，也可以称为血缘家族公社。随着生产力的发展，各血缘家族公社之间交往范围的扩大，交往程度的深入使各个家族公社组成内容不同、边界不同的氏族公社。氏族公社是当时社会组织的基本形式，也是人们生活的基本单位。在这样的制度下，共同劳动是氏族成员生存的必要前提。氏族成员共同劳动、共同发展，形成了族群观念，产生了族群意识。族群意识的产生使本群体与其他群体交往的过程中会不断加强本族群的边界，并努力推动以本族群为单位的一切行为[②]。族群意识是族群融合的强大动力，也是族群共同体观念的反映，图腾崇拜、祖先崇拜都是族群意识的集中表达[③]。

　　在原始社会时期，人类的信息行为活动是和人类其他的社会活动紧密联系的；具体时间则可以追溯到比象形文字更早的远古时期，即早期类人灵长类到早期猿人的进化时期。每个人既是信息传播者，又是信息接收者。最原始的信息传递以触觉、视觉甚至嗅觉等生理性语言传达信息，表现为利用有限的声音和肢体符号，如叫喊、面部表情、手势、肢体动作等手段进行相互交流与即时反馈。但由于可利用的符号和信号不多，因而信息传递的复杂程度十分有限，其数量、范围、速度都囿于早期人类的生理局限的制约。

　　由于原始社会生产力水平的客观限制，各个地域的经济发展都是独立的形式，在科学技术和文明形态上几乎没有交流，最为基本的温饱需求就是当时人类最核心的需求。从信息活动角度而言，人们信息交流的范围非常狭窄，仅仅依靠与生俱来的感官能力就能基本满足当时认识世界和改造世界的需要。人类的信息活动具有自然强迫的特点，人们日常活动的主要目的只是维持自身及家族的繁衍和生存，对于得到物质的需求远比进行信息活动的需求要强得多。

4.2.2　原始社会人类审美的变化

　　如国际工业设计协会联合会前主席奥古斯托·摩尔所说，设计是从人类生活开始而不是工业革命之后才产生的，从人类创造第一件工具起设计就诞生了。原始社会初期，生产力极其低下，生存是人们的第一需求。随着生产力的发展，原始人类的物质需求基本得到

① 夏征农，陈至立.大辞海·政治学社会学卷 [M].上海：上海辞书出版社，2010：374.

② 马戎.试论"族群"意识 [J].西北民族研究，2003（3）：5-17.

③ 刘莘.族群意识与族群共同体：中国古代族群意识的发展 [J].重庆师院学报（哲学社会科学版），1999（4）：14-23.

满足，人们的需求也从"食、性、色"上升到具有一定社会性的较高阶段[①]，人们产生了审美意识，对装饰有了客观的认识与向往。

装饰，英文又称 decoration，在《现代汉语词典》中装饰既指"在身体或物体表面加些附属的东西，使美观"，又指"装饰品"。装饰是人类的一种行为方式、造物方式，它的产生是以人类文明和文化发展为基础的，装饰现象从本质上看就是一个文化现象。李砚祖教授在《装饰之道》一书中指出，"当装饰成为人类生存和发展不可缺少的一环，成为人类生存生活的必备内容时，装饰实际上成了人的一种生活方式，即艺术化的生活方式"[②]。原始社会时期，是人类文化发展的初期，也是文化从无到有的阶段，为人类文明奠定了基础。这一时期，人类的认识是模糊的、混沌的，在与自然长期斗争的过程中人们逐渐形成了自主意识，对美产生了认识，并探索出美的规律。考古研究发现，原始时代的器物、自身装饰等方面都展现了当时人们的审美追求。

在真正意义上的装饰产生之前，我们可以通过工具的变化看出原始社会审美意识的产生与发展。石器作为原始社会最主要的生产工具，它的发展变化体现了人类的智慧，反映出原始人类的审美追求。考古发现，在 300 万年前的早期猿人时代，就出现了用石头打造的工具，这些石器由砾石打造，造型极其简单，还不具有审美性；到了早期旧石器时代，打造石器的技术有所进步，出现了砍砸器、尖状器、刮削器等不同用途的工具（图 4.5）；在旧石器时代中期，也就是早期智人阶段，石器工具开始专门化、定型化，具体表现在石器的边缘都修整得较平整，石器的形式具有对称、均衡、合比例的特征，如石斧等（图 4.6）。人类的造物过程就是满足自己需求的过程，在这一过程中，原始人类逐渐产生对精神世界的追求，随着造物技术的进步，人们的精神追求逐渐显现并得到满足。可以说，这些石器工具的变化传递着原始先民的精神信息，反映出原始先民对和谐、秩序的审美的追求。

图 4.5　1977 年环县卢家湾乡卢家湾村川口遗址出土的旧石器时代砍砸器

图 4.6　石斧

---

① 诸葛铠. 中国早期造物思想的朴素本质及其与宗教意识的交织 [J]. 东南大学学报（哲学社会科学版），2003（6）：85-89.

② 唐星明. 关于"装饰"的文化思考 [J]. 西华师范大学学报（哲学社会科学版），2004（6）：125-126.

"装饰是人类的本能，不论何人，皆有着装饰欲念，即使在数万年前的原始人类，与禽兽争存，与风雨为敌，在那种生活困难的情形下，他们尚且在装饰洞壁，装饰器物，在这点上更加可证明人类的生活是不离装饰的。……一切的美术，均以装饰的意识为基础。"[①] 随着生产技术的进步，装饰的样式与手法开始多样化，目前考古发现的原始装饰品种类繁多、造型多样，包括固定在身上的装饰及非固定的装饰。由于受到原始宗教、巫术等的影响，原始先民所创造的装饰品的目的与意义并非单一的，而是多样的，主要表现在以下几点（图 4.7）。

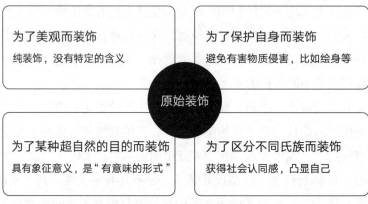

为了美观而装饰	为了保护自身而装饰
纯装饰，没有特定的含义	避免有害物质侵害，比如绘身等

原始装饰

为了某种超自然的目的而装饰	为了区分不同氏族而装饰
具有象征意义，是"有意味的形式"	获得社会认同感，凸显自己

图 4.7　原始装饰分类

（1）为了美观而装饰，也就是纯装饰。这种装饰没有特定的含义，博厄斯认为这种纯形式的创造主要是技术导致的[②]。人类早期对审美的要求就是希望实物有一个更加令人愉悦的视觉感受。为了达到这一目的，原始人就在自身或自身外添加颜色或附属物来打扮自己，传递美感，凸显自己的价值与差异性。北京周口店山顶洞遗址曾发现百余件装饰品，包括鸡心形钻孔石坠、穿孔石珠、钻孔兽牙等（图 4.8）。大汶口遗址中也曾发现玉环、穿孔坠饰及颈饰等。欧洲旧石器时代晚期的遗址中，发现了猛犸象骨做的骨镯、骨珠，这些发现都是原始社会人类审美观念的反映。

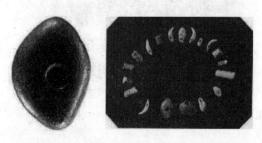

图 4.8　北京周口店山顶洞遗址出土的装饰品

（2）为了保护自身而装饰。根据文献记载，最早的装饰应用在人体上，原始先民为保护皮肤，避免被有害生物侵害，早期人们会在身上涂抹黏土来使皮肤清爽，避免蚊虫叮咬，后来人们察觉到在身上绘画花纹可以更美丽，绘身就成为一种装饰习俗[③]。绘身就是利用天然颜料在人体上涂

① 李有光，陈修范.陈之佛文集 [M].南京：江苏美术出版社，1996：182.
② 倪建林.原始装饰艺术研究 [D].南京：东南大学，2006.
③ 林耀华.原始社会史 [M].北京：中华书局，1984：424.

绘色彩、图案的一种装饰方法，是原始社会时期最普遍、最具代表意义的装饰形式。考古发现，在旧石器时代后期遗址中，常发现可做颜料的赭石，这些赭石可能与当时原始人类绘身所用材料相关；1983 年于辽宁朝阳牛河梁遗址女神庙出土的泥塑女神头像（图 4.9），头像面部涂有红彩，这也表明了绘身在原始社会时期的存在。绘身、文身及切痕是原生社会人类普遍追求，是原始社会美的象征。著名美学家朱狄先生在《艺术的起源》中谈到文身的起源时说"它起源于实用的功利目的要比起源于审美的目的自然得多"[①]。此外，原始人类也会通过身体装饰来伪装以恐吓敌人或隐蔽自己。

图 4.9　辽宁省牛河梁红山文化"女神庙"遗址出土泥塑

（3）为了某种超自然的目的而装饰。这种装饰具有象征意义，是"有意味的形式"，如原始社会时期的图腾符号、纹样等图像符号。原始装饰是原始人类精神需求的表达载体，它也作为原始人类交流的符号语言，反映原始社会的人文文化。以原始陶器纹样为例，在新石器时代早期，原始人类学会了利用火来烧制陶器。陶器在原始人类的生活中起着重要的作用，可以作为炊具、容器、灶台等，它的造型与纹样是原始文化的表现载体，体现了原始时代人类的生活方式与生活意识。原始社会早期陶器以自然界事物如鱼、鸟、山等写实的自然物纹样为主，这与原始人类对自然、图腾的崇拜有关。如早期仰韶半坡陶器以鱼纹为主，庙底沟彩陶以鸟纹为主，可见这两个部落分别以鱼和鸟为图腾。随着人类的不断实践，陶器的纹样从写实的动物纹、植物纹转变为抽象的几何纹样。以半坡彩陶的鱼形花纹的转变过程为例，这种鱼纹由写实手法即对"鱼"的临摹与写实，逐渐演变为对鱼体的分割与重新组合，使之抽象化、几何化形成横式的直角三角形和线纹组成的装饰图案[②]（图 4.10）。

（4）为了区分不同氏族而装饰。原始社会时期氏族是最基本的生存单位，氏族组织是建立在血缘关系上的稳定持久的社会组织，同一氏族具有共同的血缘，崇拜共同的祖先，崇拜共同的图腾符号。原始人民信仰图腾，他们认为图腾是自己的祖先，自己的保护神，为了求得祖先的庇护，他们会将图腾形象画在或刻在自己的身上，以求福避灾，其携带的信息可以传达给有相同文化背景的人，以获得社会认同。

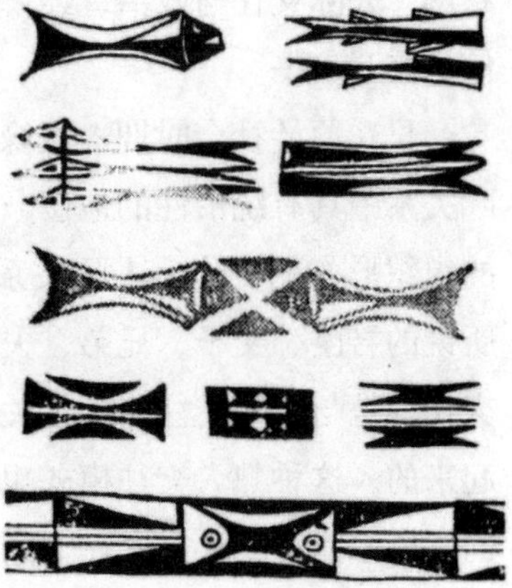

原始社会时期，人的一切造物行为都是基于生存。

图 4.10　鱼纹——从写实到抽象

① 朱狄.艺术的起源 [M].北京：中国社会科学出版社，1982：222.
② 田自秉.中国工艺美术史 [M].上海：东方出版中心，2010：7.

在漫长的使用、制造工具的过程中，石器工具从最初的造型简单，功能单一发展到造型复合化、标准化，功能多元化，不仅在使用功能上满足人的需求，工具样式、使用舒适度也得到了很大的提升，人类更加追求精神上的愉悦感。装饰品的产生与发展、装饰纹样的表达与运用都说明原始人类需求的变化，对形式美的追求。

4.2.3　农业社会的生活方式

在农业社会里，农业及畜牧业是社会经济发展的核心，社会经济结构从以"天然产物"作为食物的"攫取经济"，跨进到能进行食物生产的"生产经济"。人类的生活方式有了一定的转变，人类实现了自给自足，拥有了稳定的食物来源。当时充足的食物供应可以满足人们生活的物质需求，同时由于农业生产需要周期性劳动，这使得人类首次以较大群落在固定的地方群居下来。人类在定居后，只需要照看自己的土地，就能获得比狩猎采集更多的食物，第一次生产出超过维持劳动力所需的食物，有了更多的生产剩余。同时种植生产与狩猎采集相比，人类无须担心自己的生命受到威胁，人身安全有了更好的保障。长此以往，人口数量呈爆发式增长。据人类学家统计，农业革命后，全球人类总人口从 532 万人直线上升到 1.33 亿人。人口的增长形成了比原始社会时期更大的聚落与村庄，为城市的产生奠定了基础。在当时的农业社会出现了奴隶主占有制的生产关系，社会分工和商品交换已初具雏形，人类的脑力劳动和体力劳动已经有了较为具体的分工。此外，农业社会的组织形态、管理体制、土地制度、教育制度等社会因素都已相对完善。

农业社会生产力虽然得到了极大的发展，但人与人之间的生产关系依然比较薄弱，物质层面交流的需要远比精神层面交流的主观欲望要强得多。在农业社会时期个体与个体之间主要通过语言、肢体动作、文字等手段进行信息传递，通过人际交往构建自己的人际关系网。人际交往与政治、经济、技术等因素息息相关，透过人际交往可以看到一个时期的信息交互水平。

早在原始社会时期，血缘家庭是人类第一个社会组织形式，血缘关系在原始社会的人际关系中具有统治性的地位，人际交往主要发生在氏族部落中。农业社会时期，由于社会的组织形态的变化，人际关系也发生了变化，中国古代基本人际关系是"五伦"，即古人所说的君臣、父子、兄弟、夫妇、朋友五种人际关系。中国古人没有公共概念，古代人际交往均是与熟人交往，社会关系均是与熟人建立起来的，这种熟人关系均是通过血缘联系起来的，这种熟人交往模式也构成了中国古代的"熟人社会"现象[①]。造成这种熟人交往的主要原因在于社会交往空间的狭隘性与局限性。中国古代是一个自给自足的农业乡土社会，农业社会的人很少迁徙流动，活动范围有限，且当时的交通工具尚不发达，人们往往

---

① 肖群忠. 中国古代人际关系现象、特点及其现代意义 [J]. 西北师大学报（社会科学版），1994（5）：13-20.

在固定的社群中生活，生于斯，死于斯。与中国的定居文化不同，农业社会时期，西方主要以游居文明或移民文明为主，这也决定了中国与西方在社会交往方式上的不同。对于有着游居文明的西方人来说，与陌生人打交道已经成为他们的日常生活，正因如此他们形成了生人文化。生人文化不以血缘关系为中心，而是将血缘关系边缘化，发展出一种与血缘关系截然不同的契约文化，以一种新的社会秩序机制——契约规定、约束自己。

农业社会时期，由于受到信息科技水平与生产力状况的限制，以及物理空间的地域关系等自然条件的影响，虽然人们有了更多的精神层面的信息需求，但是信息活动水平依然不甚发达，一般而言只是发生在较为狭小的范围内和较为固定的群体里。

4.2.4　农业社会的人本思想

社会生产力反映人与自然的关系，随着农业社会时期生产力的提升，人们的思想水平与社会文明程度有了一定的进步。比如，农业生产是以土地肥沃和气候适应为重要的基础条件，那时的人们就已经懂得了"人与自然和谐一体"的道理[①]。早期，人类活动对自然依赖性很强，在自给自足的农耕社会，社会生产活动主要是为了更好地满足人类物质生活需要，这要求人类更多地对生产劳动规律主动思考，对气候与环境的变化特点进行观察，积累生产经验，从而更好地改造自然界，利用自然资源为人类服务。

早在原始社会晚期，由于生产力的发展，人类对自然有了更多的认识，图腾崇拜逐渐被英雄崇拜、祖先崇拜所取代，崇拜对象也从自然物转换为社会的主体——人，主要是氏族首领及英雄人物，崇拜原因也从之前对自然的崇拜转向社会原因，这也进一步说明人类从自然主体转变为社会主体。随着社会的发展，人们逐渐摆脱传统的神学思想框架，人的价值得到了肯定，"轻人重天"的思想也转向了"轻天重人"的人本思想。我国人本思想的提出可以追溯到孔孟，《礼记·礼运》中云："人者，天地之心也，五行之端也。"《孟子·尽心章句下》中云："民为贵，社稷次之，君为轻。"这些都是我国古代人本思想的体现。人本思想在我国古代社会已经渗透到了生活中的各个方面。比如，在国家治理方面，管仲认为"夫霸王之所始也，以人为本。本治则国固，本乱则国危"[②]，表明了治国与人才之间的关系。在著书立传方面，我国古代出现了一些与"人性化设计"相关的书籍。比如，春秋战国时期理论著作《考工记》中提出"天有时、地有气，材有美，工有巧，合此四者才能为良"，强调设计师应遵循自然规律，并发挥人的主观能动性，合理地选材、用材，发挥精湛的技艺，这无疑是对人类自身价值的认同。在人工物方面，"器以载道""文质彬彬""天人合一"等人文思想也应用在人类造物的过程中，比如，西汉时期的长信宫灯（图 4.11）、明式黄花梨家具等，都体现了古代造物的人本观念，这种设计观念在当今设计

① 张晶. 中国古代多元一体的设计文化 [M]. 上海：上海文化出版社，2007：32.
② 齐秀生，齐超. 中国古代人本思想形成考略 [J]. 烟台师范学院学报（哲学社会科学版），2005（4）：25-29.

中仍有体现。

14世纪，随着工业的发展，西方新兴资产阶级因不满教会对精神的控制，而强调人的价值与力量，催生了人文主义的诞生，这也是文艺复兴产生的原因。西方文艺复兴将人本主义提到空前高度，以"人性"反对"神性"，用"人权"反对"神权"，以人为本的世界观影响着人们的思想。文艺复兴的主要指导思想是人文主义精神，倡导尊重人权、个人的发展，倡导科学与文化，在这一时期西方的文学、艺术得到了前所未有的发展，包括诗歌、绘画、雕塑、科学技术等。在文学作品领域，薄伽丘的《十日谈》、但丁的《新生》和《神曲》、塞万提斯的《堂吉诃德》都表达了人文主义精神，提倡科学文化，肯定人权。在艺术作品领域，文艺复兴时期的艺术作品围绕着现实与人文展开，倡导以重视人的价值为核心的人文主义，如达·芬奇《最后的晚餐》（图4.12）、米开朗琪罗的《大卫》、拉斐尔的《西斯廷圣母》都是文艺复兴时期人文主义的表达。在科学技术领域，这一时期对科学方法、科学实验的重视，新的方法论和实验方法不断被确立，得到了很多科学的论证。文艺复兴解放了人们的思想，其在文学、艺术、科学等方面上的成果为工业革命打下思想与文化的基础。

图 4.11　长信宫灯

图 4.12　达·芬奇《最后的晚餐》

4.3 》 原始及农业社会的"技"

4.3.1　原始社会中的"技"

溯源人类的社会发展历史，我们可以发现，在每一种社会形态组织与当时所处的历史时期内，都有符合时间、环境特性的技术条件辅助和推动着社会的发展，即使是原始及农业社会时期也是如此。

从广义的设计史观而言，人类诞生了，技术诞生了，文化诞生了，也因此可以说设计诞生了。原始社会时期的人类在同自然界长期斗争的过程中非常清晰地认识到，人类自身能力是非常有限的，于是，人类开始尝试着借用或创造各种各样的工具来延伸或加强人类所掌握的功能，这也是技术的最初起源。从原始人类的主观能动性来看，技术可分成人类主动发明创造的和人类从自然中获取并掌握的两种不同维度，前者主要指石制、骨制、木制等生产工具及陶器用具；后者主要指自然之火的保存与运用（图 4.13）。

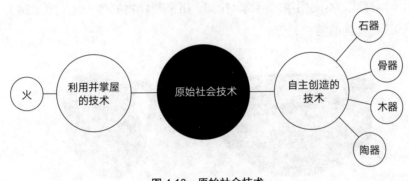

图 4.13　原始社会技术

1. 原始人类主动发明的技术

人类社会发展的历史表明，任何技术的生产力都依赖于现有的原材料及参与其中的人数，材料是人类生存发展的物质基础，每一种重要材料的出现，都把人类改造自然的能力提升至一个新高度。石制工具是人类掌握的第一种最基本的材料加工技术，可以作为人类发展史上第一个技术创造的标志。早期的石器工具都是直接从石块中挑选出来的，具有天然形态；后来原始人类掌握了以石击石的手法来打制石器工具，初期打制的石器造型简单，形态各异，并未形成固定的规律；人类在同大自然进行的斗争中积累了经验，打制石器的技术也有了改进，锤石技术、预制石核技术、刀片技术[①]等打制石器的技术出现，使得石器的造型多样化，功能多元化，人们可以制作出更多种类的常规性工具，比如尖状器、雕刻器、石球等；随着技术的发展，原始人类掌握了磨制石器的技术，通过磨制石器美化石器工具的形式，这一时期石器的制作开始定型化、规则化，越来越表现出"人的参与"。此外，原始社会石器工具也由单一工具走向复合工具，如工具装上木柄可以更方便地使用，在使用中发挥更大的用处。原始弓箭作为原始社会复合工具的典型代表，它的出现标志着人类第一次将简单的工具改革成复合工具。原始弓箭就是由石、木、骨三种材料复合组成的工具，它作为一种复杂的生产工具被广泛地运用在采集狩猎活动中，提升了狩猎的成功率，后来也成为战争的主要武器。恩格斯曾给予弓箭很高的评价，他说："弓箭对于蒙昧时代，正如铁剑对于野蛮时代和火器对于文明时代一样，乃是决定性的武器。"[②]

---

① 辛格. 技术史·第 1 卷. 远古至古代帝国衰落 [M]. 王前，孙希忠，等译. 上海：上海科技教育出版社，2004：84-85.

② 李仰松. 中国原始社会生产工具试探 [J]. 考古，1980（6）：515-520.

陶器的发明是人类文明的重要进程，陶器的出现代表了原始文化一次质的飞跃。在此之前，一切的造物形式都停留在物理形态上的改变，如石器工具的打造、装饰品的制作，陶器的发明改变了材料的属性，代表人类首次认识到物质的化学变化，具有划时代的意义。陶器的出现加强了人类定居的稳定性，丰富了人们的物质生活，为满足不同的需求，原始先民生产了不同样式、不同用途的器物，比如，用来装食物的钵、碗（图4.14），盛水的壶、罐（图4.15），煮食物的甑、釜等。

图 4.14　鱼纹彩陶盆　　　　　　图 4.15　三角纹彩陶大耳罐

2. 原始人类从自然中获取并掌握的技术

人类社会早期有一段"茹毛饮血"的时代，这一时期，人类还没有学会利用火这一自然力，只能吃生食，没有取暖之法。在不断的劳动实践中，随着原始人类使用自然能源的范围不断扩大，他们发现了火，并开始学会保存火种、人工取火，利用火来改善自己的生活。可以说人类征服和使用火这一自然力是人类进化史上的伟大进步，原始取火的方式对于人类进化的价值不亚于蒸汽机、电子计算机的发明。恩格斯曾说："就世界性的解放作用而言，摩擦生火还是超过了蒸汽机，因为摩擦生火第一次使人支配了一种自然力，从而最终把人和动物界分开。"[1] 人类对火的控制与利用对人类社会的发展起了很大的作用，不仅促进了物质资源的利用、新发明的产生，同时也丰富了人类的精神世界。原始人类用火主要有四种用途，即取暖、照明、烤制食物、驱赶野兽，火的使用增强了人类与自然斗争的能力。此外，火的使用也帮助原始人类合作，人们在遇到危难时，火会成为一种求救的信号，原始人类成群外出打猎时，会遇到凶猛的野兽，火光与浓烟会把更多的人召集过来一起围猎。直到现在，人们在遇到危险时也会用火作为信号互相联络。

原始社会中的信息技术是十分简单的，主要依靠手势、声音、肢体动作来表达和传递信息。依据现代研究所进行的考古推断，人类开始用口头语言进行简单交流大约发生在9万年以前或10万年以前[2]，大约在3.5万年以前开始使用口头语言交流个体经验，传递并分享生活的知识。语言作为人类的标志，成了人与人之间交流传播的工具。语言不仅可以

---

① 何平. 从利用自然之火到人工取火：火的发明及其意义 [J]. 云南消防，1996（1）：30-31.
② 具体年限的划分分别依据菲利浦·列伯曼以及罗伯特·费恩的研究理论。

将群居中的个体经验传递给所有成员，而且很容易进行经验与知识的积累，提高群居整体的认识自然与改造自然的水平。人类相互之间的交流之所以借助口头语言为主要信息交流载体，是因为口头语言提供了一个更有效的方式来收集、处理和传播信息，可以帮助当时的人类借助口头语言将他们的经验和记忆一代代地传递下来。口语是人类最原始的交流工具，作为一种最原始形态的交流形式，它和原始社会人类的生活状况是一致的。当时的人类活动范围和交流对象都十分有限，不可能脱离部落氏族而独立生活，在这样一个有限的活动交流范围内，口语虽然比较简单，传递距离短，可记录性也很差，只能进行小规模近距离的交流，但已经能够符合当时人类生存的需要。

随着时间的推移，人类以自身的肢体语言和口头语言来传递信息，逐渐发展至发掘与改造自然界的工具以记录与传递信息，使得信息能够有更远的传递范围。这种技术具有一定的持久性。大约在 3 万年以前，文字尚未产生，原始社会的人类开始在洞穴、石头与墙壁上刻画简单的图形和符号以储存信息与交流信息，这些图形

图 4.16　最早期的人类图形与符号

和符号是一种原始的语言，是文字出现前的"文字"（图 4.16）。在全世界各地的山崖上、林壑间遗留下的大量岩画就是先民们表达自己感情、交流信息的产物。这些图案是原始人类生活、生产关系、观念、信仰的写照，主要服务于当时人类的生活与生产。当时岩画上的标记、图形不仅用于记事、记物、记数、记景，同时也有一定的象征意义，反映了先民的宗教巫术、习俗文化、崇拜文化及心愿祈祷等。这些符号虽然不具有普遍性，表达信息的能力非常有限而且以帮助当时的人类祷告天神的目的居多，但是相比于肢体语言和口头语言能够记录传递更多的信息。人类在大约 5000 年前，开始尝试在陶器或泥版上刻画各种图像符号，以记录当时的历史信息。

原始社会的人类的许多重要发明，蕴含着当时信息技术领域的创新性意义，当时的设计结果主要是为了衣、食、住[①]。比如木器、石斧等器物，可以记录当时社会的许多信息并且不受时空限制地代代传承下去，凝聚着当时人类丰富的想象力与创造力。这些实物形态的信息技术构成了原始社会人类信息交流、信息传播与信息存储的基础，与人类的需求紧密地结合在一起。

---

① 崛池秀人.生活方式设计图 [M].李小青，译.北京：国际文化出版社公司，2000：33.

4.3.2 农业社会中的"技"

社会生产的发展与变化，首先体现在生产工具的变化上，从原始社会到农业社会，人们的生产工具发生了翻天覆地的变化。我国农业社会时期生产工具主要是金属农具，铁犁牛耕是农业社会时期主要的生产方式。这一时期，农业生产技术主要是建立在直观经验上[1]，即生产者通过直观感受认识农作物、畜禽的生长特性及其与自然环境的关系，并以此摸索农业生产的技术方法，这一时期的耕作技术、耕作经验、生产工具等对现在农业生产也有一定的参考价值。

农业社会时期我国出现了许多与技术相关的书籍，这些书籍记录了当时关于农业生产、手工艺制造等方面的技术，并对后世产生了很深的影响。比如，出于《周礼》的《考工记》，这部著作记述了齐国官营手工业各个工种的设计规范和制造工艺，总结了我国古代工艺制作的科学经验，是我国目前所见的最早的手工艺文献著作。明代宋应星编著的《天工开物》是世界上第一部关于农业和手工业生产的综合性著作，也是我国古代一部综合性的科学技术著作，它记录了机械、陶瓷、火药、兵器等生产技术，被外国学者称为"中国17世纪的工艺百科全书"。这本著作传入欧洲，并被翻译成多种语言，给西方的农业生产效率带来了很大的提升，直到20世纪，欧美学者依旧在翻译《天工开物》。此外我国古代还有总结建筑的装饰与结构的《营造法式》、记录漆器工艺的《髹饰录》等。农业社会时期的西方也出现了许多有关农业生产技术的书籍，比如，伊本·巴萨尔（Ibn Bassam）的著作《农苑》、伊本·阿瓦姆（Ibn al-Awwam）的著作《农书》及努韦理（al-Nuwairi）所著的《文苑观止》等。

在农业社会里，人类所接触的世界范围变得广阔，认识与改造自然的社会经验也更加丰富。社会里存在的各式各样的信息越来越多，已经大大地超越了人类自身所能承载的信息处理能力。人类开始思考和研究各种能够充分扩展和延伸操控信息活动的技术，如何更好地发展信息技术就成了农业社会时期的主要任务之一。比如，我国西周时期的"结绳记事""烽火狼烟"等经典故事都表达了信息储存与交流的最原始的通信方法，利用视觉、听觉等技术条件来传递一定的信息。

文字的出现则具有更重要的意义，是人类文明开始的重要标志。文字的发明及符号的产生，不仅满足了人们生活中的实际交流和沟通的需求，而且影响到人们的世界观，为人类探索自然和自身的原理提供了有效的工具和研究手段。文字起源于图画，当原始先民发现图形符号可以代表语言概念时，便进入了文字创造的第一阶段，最早的楔形文字出现于公元前3000年的美索不达米亚平原，古埃及人则发明了象形文字和拼音字母。在公元前1600年前后，中国商代时期的黄河流域出现了刻在兽骨或龟甲上的文字——甲骨文，开

---

① 董恺忱，范楚玉. 中国科学技术史·农学卷 [M]. 北京：科学出版社，2000：导言 2.

启了中华文明的伟大历程。文字的发明象征着人类文明史掀开了新的一页，使得人类的经验、记忆等信息能够以文字的方式记录并进行远距离、长时间的传播，突破了原始社会中的口头语言的信息传播方式（图 4.17）。文字是信息的直接载体，文字的出现使得人类的社会文明可以准确地积累和记载。

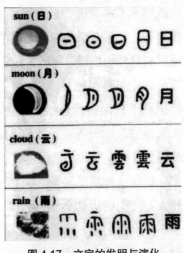

图 4.17　文字的发明与演化

1. 造纸术

记载文字的物质材料是信息传播的间接载体，使得信息的传播能够世代延续。随着人类认识自然的能力增强，各国都有与自然环境相适应的书写材料，古埃及人用天然生长的纸草来作为书写材料；古巴比伦人用泥砖来书写文字；在古代欧洲，羊皮为主要的书写材料（图 4.18），在那时制作一部《圣经》至少需要 300 多张羊皮；在古代中国，造纸术尚未发明以前，人类开始将文字刻写在甲骨、石鼓、竹简、木牍、帛书乃至漆木、织物、黄纸等载体上，以便于信息的移动、运送与传播。这些书写材料虽然可以记录文字，传播信息，但它们有的材质较重、体积较大，不利于系统的保存；有的材料则造价过于昂贵，普通人用不起，不是理想的书写材料。

图 4.18　《圣经》手抄书

埃及在第十二王朝（约公元前 1991 年—前 1788 年）时期，就已经有了古埃及人开始学习用纸草书写文字进行通信的记载。在大约公元前 2 世纪，中国发明了纸张，有力地促进了世界文明的进步。当时的纸品质粗糙，纤维分布不均匀。从技术的来源来看，造纸术起源于处理蚕丝的过程，人类在养蚕制丝的过程中受到了启发，于是纸作为丝织品的副产品被发明出来。秦汉时期，人们发现了制作麻料衣服的副产品即植物纤维纸[①]。1957 年，考古学家在西安灞桥附近的一座西汉古墓中发现了铜镜、铜剑等陪葬品，其中墓中的铜镜上附着纸的残片，经鉴定其原料主要是大麻纤维，且年代不晚于汉武帝（公元前 140 年—80 年），是世界上最早的纸张，专家们将它命名为"灞桥纸"，现陈列在陕西历史博物馆中。到了公元 105 年，中国东汉时期的蔡伦改进了造纸术，研制出了用树皮、废麻头、烂渔网及破布为原料的植物纤维纸，使造纸原料来源更广泛，大大提升了纸的数量和质量，从此纸张开始被广泛应用于书写。东汉之后，在蔡伦改进的造纸术基础之上，

---

① 吴国盛. 科学的历程 [M]. 长沙：湖南科学技术出版社，2018：489.

造纸技术不断改进升级，开辟了我国唐、宋手工造纸的全盛时期。唐代的造纸原料扩大到藤和桑皮，并出现了多种名贵的纸张，如北方的桑皮纸、四川的蜀纸等[①]。到了宋朝，纸的原材料来源更广泛，包括竹、稻、麦草等。元、明、清时期，我国的造纸技术已经十分发达，纸的用途与种类也呈多样化。宋代苏易简的《纸谱》、明代宋应星的《天工开物》等书中都记载了我国古代造纸的工序与技艺。造纸术在公元 7 世纪经过朝鲜传入日本，随后传入阿拉伯、欧洲等地。直到 16 世纪，纸张才流传于全世界，成为记载和传播信息的主要载体。

纸是一种质量轻便、价格便宜且方便信息记载的载体，纸的发明对于世界文明的传播和人们之间的信息交流起到了巨大的促进和推动作用。在当时的农业社会，信息载体主要是手抄书，包括丝织品（帛书）、竹简和纸张的手抄传播方式，这种传播方式的缺点在于效率低、规模小、成本高，使得信息难以大规模复制，而且这些材料并不十分牢固，加上价格比较昂贵，因此当时的信息流通量比较有限。

2. 印刷术

在农业社会中后期，随着人们记录和传递信息的能力不断加强，出现了早期的印刷术。它开始于中国隋唐年间的雕版印刷术，这是一种用木板雕刻文字图画，把墨刷在图画或文字的雕版上面，再铺上纸张进行印刷的复制技术。由此产生了唐代的官报《邸报》，这是中国最早的报纸，也是世界上现存最古老的报纸。雕版印刷术一版可以印几百甚至上千部书，对文化传播交流有很大的促进作用，但要耗费大量的人力与物力，且难以修改，一旦已刻好的版上出现了错误，就要重新雕刻一个新的版。宋朝庆历年间，毕昇在雕版印刷术的基础上发明了活字印刷术，印刷技术取得了突破性进展。宋朝的毕昇发明的"活字印刷术"运用黏土为原料烧制素烧的活字进行活字版的快速印刷，被公认为是信息传播技术史上一次伟大的革命[②]。逐渐得以完善的印刷术被先后传到朝鲜、日本以及中亚、西亚和欧洲各国。活字印刷术弥补了雕版印刷术费时费力的缺点，只要准备好足够的泥活字，就可以随时排版、随时拆版，大大加快了制版时间，此外，活字占用面积较小，易于保存和管理。随着社会的发展，活字印刷技术也得到了革新，元代农学家王祯在毕昇的基础上创造了木活字印刷术，改进了活字材料和排字技术，用木活字取代泥活字，克服了泥活字"难于使墨，率多印坏，所以不能久行"的缺点。此外，他还发明了"转轮排字盘"，将木活字按照古代韵书的分类方式放入转盘中，按韵取字，改进了拣字的技术，大大提升了拣字的速度（图 4.19）。他用两年多的时间创制了 3 万多字的木活字，首先试印了《旌德县志》，该书 6 万多字，不到一个月就印刷了百部，可见印刷速度之快。

---

① 吴国盛. 科学的历程 [M]. 长沙：湖南科学技术出版社，2018：491.
② 朱强. 新传媒技术概论 [M]. 杭州：浙江大学出版社，2008：7.

14 世纪末期，欧洲开始使用木板印刷圣像和宗教书籍，德国铁匠古登堡（Gutenberg）发明了木制印刷机和铅合金活字印刷术（图 4.20）。这是一种全新意义上的印刷工艺，代表了西方现代印刷术的源起。1455 年，古登堡印刷了《四十二行圣经》，这是世界上现存最早的用现代印刷术印刷的印刷品，标志着现代印刷术的批量化生产的实现。古登堡机器印刷术产生之前，口耳相传、手工抄录是欧洲人信息传播的主要手段，在这种背景下，书籍不具备大量印刷和广泛传播的条件，仅在少数人中传阅。古登堡印刷术产生之后，批量印刷成为可能，印刷

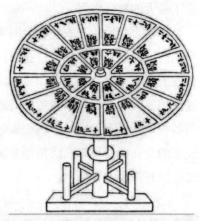

图 4.19　《王祯农书》中的木活字排列图

商开始进行大规模印刷书籍，使得市面上流通的书籍数量也大幅度增加，越来越多的人能接触到书籍，获得知识。这也促使有共同兴趣爱好的人聚集起来，形成社群，进行文化的学习与传播。这也是麦克卢汉父子在《媒介定律》一书中所说的"印刷术的出现使得口头传统中的部落再现，在一个社群中彼此熟悉并达成共识"[1]（图 4.21）。

图 4.20　古登堡发明的木制印刷机和铅合金活字

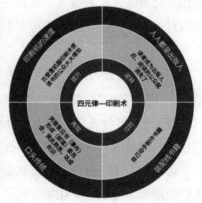

图 4.21　四元律：印刷术[2]

造纸术使传播变得更加便捷与便宜，让更多人能接触到文字，印刷术的产生与普及使面向大众的知识生产和传播成为可能，为知识的传播、交流创造提供了有利的条件。知识的传播促使识字人群不断扩大，从而极大地提高了人们对信息的需求，促进信息生产与创新，推动了信息传播载体的革新与发展。此外，知识的普及也为工业革命培养了有知识的劳动力。从社会科学技术史的角度而言，欧洲的文艺复兴瓦解了中世纪的封建制度，印刷术就是这一时期的代表性发明之一，它是一种科学复兴的重要手段，为社会的文明发展

① 黄雅丽. 古登堡机器印刷术引发的系列变革研究 [D]. 北京：北京印刷学院，2019.
② 林文刚. 媒介环境学：思想沿革与多维视野 [M]. 何道宽，译. 北京：北京大学出版社，2007：189.

提供了强大的杠杆作用。

总体而言，原始及农业社会时期的信息技术水平较低，对于社会发展的促进作用尚未完全显现。在这一时期，信息技术的发展仍较为缓慢，科学仍处于孕育期。在各种技术的缓慢发展过程中，造纸术和印刷术的发明可谓最具有代表性，人类借助造纸术和印刷术的普遍应用，最终找到了信息传播的理想载体与手段。人们开始记录、表达、传授、交流知识与各种信息，直接推动了辉煌而灿烂的古代文明在一定区域内甚至世界范围的传播。汗牛充栋的文化典籍得以广泛传播并流传至今，对于社会的知识、思想、宗教等各方面信息的传播具有强大的影响力。

4.4 原始及农业社会的"品"

4.4.1 原始社会中的"品"

在文字尚未产生的原始社会，人类会通过各种方式来进行信息传播与交流，原始社会的"品"主要是指人与人之间面对面的肢体动作交流、口语交流、符号交流等信息交互形式。面对面的信息交流方式，表明人与人在进行交互时共同处在一个物理空间中，处在这一空间的人可以对他人与周边环境产生相互影响，这也意味着人们在面对面信息交互时会产生在场感。

"在场感"是指主体间进行面对面、短距离的交流互动时，一个真实的人在特定的空间所获得的感受。在场对信息交流主体来说是一种存在状态，"在"是指交流主体真实存在，"场"是指交流的空间与场景。主体可以用语言和非语言形式进行在场交流互动，其中非语言形式包括面部表情、肢体动作等，这种交流方式与文字语言、符号传播不同，后者使身体离场，切断了主体间身体的直接联系，解放了身体，延伸了人的交流距离，但同时也增加了人们的理解学习成本。在场交流虽然在交流距离上有所限制，但它能增加主体间的直接联系，通过语言与非语言两种形式，主体间可以获得临场反馈，可以直观地感受到对方所表达的感情，使信息交流更加准确与及时。

1. 肢体语言

在人类社会发展中，肢体语言比声音语言出现得更早，是人类最古老的语言形式。原始社会初期，人类语言器官尚不发达，文字与语言均未出现，原始先民们当时为了生存，在交流生产知识、繁衍后代时常通过肢体动作进行彼此间的交流，所以肢体语言是当时最主要的信息交流手段。当肢体动作成为人类群体约定俗成的信息交流符号时，人们就会在日常生活中使用它。原始舞蹈就是由肢体动作衍生而成的，是日常生活中的肢体语言规范化的产物。原始社会时期舞蹈存在的意义不仅仅具有观赏性，更多的是其社会功能性。原始时期，舞蹈通常是一种集体性的全民活动，可以创造社会共同体的认同，通过集体舞蹈可以分享劳动的喜悦、庆祝狩猎的成功、抒发自己的情感，从而增加氏族的凝聚力。此外，舞蹈与原始社会时期的生殖繁衍密不可分，在信息不发达的原始社会，男女想要更多地了解对方，舞蹈是一种非常重要的方式。

原始社会时期的狩猎也能体现出人与人之间的肢体交流，狩猎是原始社会的人类主要的生产活动之一，必须以群体为单位进行。在捕捉的过程中，人们需要汇集野兽的信息，交流成功经验并决定狩猎的方案；在围攻、威胁与扑杀的过程中，紧张的动作与震耳欲聋的呐喊声既是人类联系的信号，又能起到对动物的威慑作用。人类从最早的以肢体互动来表达情感，到后期学会用手势符号来简单传递交流外界的信息，形成了最早期的人与人之间的信息传播，如图 4.22 所示。

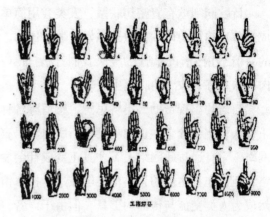

图 4.22 原始人类运用手势符号传递信息

2. 口头语言

口语的产生是古猿人进化到人类的最根本标志，也为后来的文字、数字和各种符号的出现打下了基础。口语传播对于原始社会的人类有着深远的意义，它实质上是当时的人们一项主要的社会活动，进而形成了口语传播的文化。在此之前人类只能通过自身的肢体动作和简单的面部表情，模糊地描述自身所希望表达的信息。口语传播是原始社会中主要的信息交互方式，增强了人类认识、适应并改造自然的能力，提高了人类的情感、记忆和思维水平。

语言的产生也丰富了原始艺术的形式，同原始舞蹈等其他的原始艺术一样，随着原始人类的社会实践的积累与生产劳动的发展，原始诗歌、音乐、神话传说等艺术形式也逐渐产生。由于原始时代没有文字，所以当时出现的艺术创作只能通过口耳相传的方式流传给后世。马克思说："任何神话都是用想象和借助想象以征服自然力，支配自然力，把自然力加以形象化。"[①]原始社会生产力的低下，使人们在面对强大的自然风险时感到束手无策，所以他们只能靠想象去解释自己不理解的自然现象，将自然人格化，希望在神话故事中征服自然，战胜自然。前文所提到的原始人类认为他们的祖先来源于自然界的植物或动物，就是当时流传于全世界的图腾神话。

原始音乐是原始人类基本的艺术活动，是社会实践的反映，与劳动实践是密不可分的。

---

① 林耀华.原始社会史 [M].北京：中华书局，1984：432.

随着人类劳动的发展，逐渐形成了统一节奏的号子与叫喊来互相传递信息，这就是原始音乐的雏形。它与原始诗歌、舞蹈有密切的关系，是先民们对自然界声音的模仿，也是人们交流互动的形式之一。原始音乐中的歌词往往是一句号子或是简单重复的一句话，简单的节奏与歌词便构成了原始音乐。原始部落在庆祝丰收、战斗胜利、举行节庆仪式等快乐场合时会用喜乐；族人去世的悲伤场合也有"哭歌""丧歌"等。

诗歌同唱歌有着密切联系，人类会用简单形象的语言表达自己的情感，这种语句发展成有节奏韵律的诗歌，便是原始诗歌。比如，南美洲的博托库多人在黄昏以后回忆起白天的事情，往往信口咏唱："今天我们打猎打得好，我们打死了一只野兽，我们现在有吃的了，肉的味儿好，浓酒的味儿更好。"[①]

口语的出现帮助人类将思想、感情等各种信息进行自由的表达与传播，标志着人类真正进入了文明社会。正如哈贝马斯所说，语言本身可以被理解为一个把主体联系在一起的网络，只有通过此网络人类才真正变成社会意义上的主体。虽然这个网络是抽象意义的网络，但是作为主体的人类却能够在这个技术情景下的网络里了解他人并建构自我。口语虽然成为人类交流与传播的工具，但由于声音符号保存性、记录性差，转瞬即逝，仅限于近距离人与人之间的交流，信息传播范围受限。

3. 符号语言

在文字发明之前，原始先民除了通过肢体动作和口耳相传来表达思想、进行交流，也会以符号表达的形式来进行信息交互。符号是人们共同约定用来指称一定对象的标志物，一方面作为一种象征物，用来指代其他事物；另一方面，作为一种载体，承载着交流双方想要传递的信息。皮尔斯认为符号学视角下的大众文化所包含的领域颇为广泛，除了日常交流的言语，符号还可以是其他事物，它可以由文字或表象构成：不仅是写下的言辞，还可以是艺术作品、舞蹈动作等，这些都可以称为符号载体。这种使用符号交流的形式随着人类的经验与智慧的发展而发展。从原始社会记事方式演变中可以看出原始人类的符号语言。原始记事方法主要可以分为实物记事、符号记事及图画记事[②]。

实物记事就是指通过实物来记录数字或表达自己的思想，用来记录的实物可以理解为符号，实物记事最简单的形式就是用来计数。随着社会的发展，以实物来记录的方式无法表达人们日益复杂的思想，在实物记事的基础上，原始先民又发明了在实物上作标记符号，来进行信息交流，这就是符号记事。符号记事主要分为标记、结绳与木刻三种形式。原始社会时期路标是最普遍、常用的标记。结绳记事是以绳结形式表示和记录数字或方位，是原始人普遍使用的记事方法。《周易·系辞》中记载"上古结绳而治"，《春秋左传集解》云："古者无文字，其有约誓之事，事大大其绳，事小小其绳，结之多少，随物众寡，各执以

---

① 林耀华. 原始社会史 [M]. 北京：中华书局，1984：434.

② 汪宁生. 从原始记事到文字发明 [J]. 考古学报，1981（1）：1-44，147-148.

相考，亦足以相治也。"都表明结绳记事在社会生活中的运用情况。契刻记事也是原始社会时期较为普遍的符号记事方法，考古发现，在大汶口、仰韶、良渚、马家窑等文化遗址中发现了带有刻画符号的陶器。20世纪50年代，考古学家在陕西西安的半坡遗址中发现了距今6000余年的陶器刻画的符号，被统称为"半坡陶符"（图4.23）。这些符号有些是在陶器烧成前刻好的，有的则是在烧成后期刻画上去的。这些符号有竖、横、斜、竖钩、丁字形等不同的形状，这种陶器出土地点较广泛，在甘肃半山、陕西临潼姜寨等地均发现了类似的符号，这也证明这些符号是当时人们普遍使用的，具有一定的意义。

随着原始人类思维的提升，人们的表达形式与手法上也在不断地提升与发展。从符号记事发展到图画记事，图画记事提升了信息传播的准确性，是人类思维能力发展到更高阶的产物。分布于世界各地的岩石、岩刻的图案，都是原始人民为记载与传递信息所绘，每一件在岩石上刻出或画出的图像都是人给人、一代给一代的书简，是人类远祖的声音[①]。绘画内容包括狩猎、生殖崇拜、战争等话题。比如，我国北方阴山乌拉特中旗发现的"猎鹿"岩画，整幅画凸显了鹿的地位，鹿既是被猎杀的对象，也是人们尊崇的对象，虽然它身中数箭，却仍旧屹立不动，体现了远古先民对野鹿存在尊崇之情。由于远古人民对自然界繁殖能力持有向往之情，以"生殖崇拜"为主题的岩画也普遍存在。比如，20世纪80年代在新疆发现的大型"生殖崇拜"岩画，画面中有数百名人物形象，有男有女，特征鲜明，画面整体表现出当地原始人民祈求生殖、繁育人口的愿望（图4.24）。

图 4.23　半坡陶符

图 4.24　新疆康家石门子岩画

4.4.2　农业社会中的"品"

以农业工具、铁工具、实用器皿、陶具等为代表的人造物的出现，代表了农业社会生产力水平的极大提高。而农业社会时期的科学技术发展水平的进步，同样在人类的信息交互方式的发展中得到很多体现。人类对信息交互的诉求是客观存在的。农业社会时期，通信科技尚不发达，交通也不够便利，面对面交流仍是当时主要的信息交互方式，人类享受

---

① 张荣升. 非洲岩石艺术 [M]. 上海：上海人民美术出版社，1982：60.

身在其中的临场感。在客观条件的限制下,人与人之间想要传递信息,特别是远距离交流是非常费时费力的事情,这种情况下,人们创造了许多行之有效的方法。

1. 超越距离的传播

历史著名典故"烽火戏诸侯"中,周幽王为博褒姒一笑,点燃边关告急的烽火台,戏弄了诸侯,这里提及的烽火台就是当时传递信息的设施。在古代,烽火台在军事活动中起着非常重要的作用,在边防重地,隔一段距离设置一个烽火台,当发现敌情时,就会点燃烽火台,逐台传递,将信息传递下去。烽火台传播速度快,须臾百里,能实现较远距离传播(图4.25)。杜甫在《春望》中写出"烽火连三月,家书抵万金",描绘了当时烽火台连绵的烟火已经延续了半年多,家信难得,一封家书抵得上万两黄金,也表达烽火台是我国古代社会传递信息的方式,透过烽火台的状况可以感受到战争的情况。

飞鸽传书也是农业社会时期传递信息的方法(图4.26)。在交通不发达的农业社会,飞鸽传书使远距离的信息传递交流更加方便快捷,扩大了交流的距离范围,节省了人力与物力。飞鸽传书在家书传达、军事通信等方面有很大的用处,在世界战争史中,飞鸽参战的案例不计其数。比如,汉高祖刘邦被楚霸王项羽所围时,就是利用飞鸽传书引来援兵脱险;凯撒大帝在征服高卢的战争中就多次使用飞鸽来传递军情;滑铁卢战役的结果就是由信鸽传递到罗瑟希尔德斯的。除了利用烽火、信鸽来传递信息,农业社会时期还利用击鼓、哨声、天灯、鸡毛等来传递消息,如在战争中"闻鼓声而进"、击鼓鸣冤、鸡毛文书等。

图4.25　烽火狼烟

图4.26　飞鸽传书

2. 时空分离的传播

时空分离的传播是指传播的信息不受时间与空间的限制,可以实现跨时空的传播。由于农业社会时期信息技术不发达,当时人类实现跨时空的信息传播主要以民间传说、谚语、典故为传播载体,这种传播主要通过人与人之间口耳相传实现,不受时间与空间的限制,受众范围较广,传播成本较低,拓展了信息交互的范围。在我国古代,民间传说、传闻故事是人们茶余饭后的谈资,故事内容涉及范围广,奇闻怪事、才子佳人、公案故事等无所不包。我们如今所熟知的"牛郎织女""一醉千日"等典故在古代社会中广为流传。此外,古代文人也会通过题壁的形式来分享自己所见所闻、所思所悟，题壁也是当时社会跨时空信息传播的主要方式（图 4.27）。比如，苏轼在游庐山时触景生情，写出脍炙人口的《题西林壁》，辛弃疾所写的《菩萨蛮·书江西造口壁》《丑奴儿·书博山道中壁》等，都是古人题壁的证据。就载体而言，题壁不仅可以在各种墙壁上，栏杆、树干等凡是能写文字之处都可以作为题壁的载体。除了题壁这种手段，当时还有题扇、题画等形式传递信息与抒发情感。

图 4.27　甘肃陇南成县城东南约 4 公里的凤凰山大云寺的《李叔政题壁》

3. 基于纸面的信息传播

麦克卢汉曾经指出："新的传播媒体的出现本身就会给人类社会带来某种信息，并引发社会的某种变革。"[1] 造纸术与印刷术的发明使得人类延伸了视觉能力，推动了当时社会生产力的发展，逐步形成了社会的印刷文化，代表着物质信息时代的到来。社会中的一部分人分化出来专门从事信息的传播工作，知识、思想与各式各样的信息开始快速而广泛地在人群中普及，成了一种划时代的力量。从设计发展史的角度来看，一般认为现代设计起源于公元 1750 年前后的工业革命，但是发生于农业社会时期的"古代设计"，同样也有着独特的价值。

印刷技术的改良极大地提高了书籍出版与发行的速度，印刷产量的剧增降低了书籍印刷的成本，产生了更大的读者群。印刷技术的进步使得社会开始出现庞大的出版工业，书籍、报纸与杂志等出版物迅速普及，成为人们获取信息的基本渠道，是第一种真正意义上的大众信息传播载体。这些出版物的共同特点是通过印刷在纸张上的图片、文字、色彩、版面等传递信息，具有很强的可保存性与便携性，所载信息可以反复阅读并传阅。可以说，造纸术与印刷术的发明在世界文明史和信息技术史上具有十分重要的意义。

造纸术和印刷术增强了人类对于事物信息的理解和整体把握能力。基于印刷术的信息交互方式虽然无法使信息输出者和接收者产生面对面的时间同步对等互动，但已经将信息传播从时间与空间的固有限制中解放出来，既可以长时间保存信息又可以跨越空间上的传送限制，赋予了信息大量复制的可能。以农业社会时期司马迁《史记》的印刷与传播为例，《史记》成书于汉武帝征和二年，是中国历史上第一部纪传体通史，它的传播对国内外文化有着很大的影响。据《汉书·司马迁传》记载"迁既死后，其书稍出"，这也表明《史记》

---

① 吴文虎. 传播学概论 [M]. 武汉：武汉大学出版社，2002：190.

一书是在司马迁死后开始慢慢流传的，在当时传播的范围有限。魏晋南北朝时期，由于雕版印刷术还未出现，这一时期人们想要获得知识只能通过手抄的方式来满足文化传播的需求，"有限的经济承受能力和欠发达的书籍传播技术，使《史记》很难广泛流传。抄书既是得书的重要方式，也是读书的重要方式，虽然此方式无比笨拙，但是所得无比踏实"[①]。人们对《史记》的手工抄录使得它的传播范围较之前得到延伸。直到隋唐年间，造纸术、雕版印刷术都为《史记》的传播提供了技术基础。同时唐朝是"古代东亚汉文化圈"形成

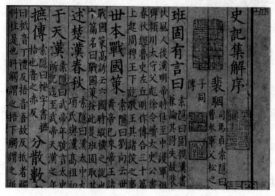

图 4.28　宋刻《史记》

的成熟时期，这一时期出现了较为稳定的、"以中国为中心包括当今中国、日本、朝鲜、韩国在内的东亚文化圈"[②]，为《史记》的域外传播带来了新的机遇。宋元明清时期，以印刷术为主的文化传播还在进一步升级完善，刻板字体、图书颜色、纸张材料等都不再单一，在古代《史记》文献中我们可以看到当时社会技术的进步与工艺的完善（图 4.28）。

在原始及农业社会时期，信息交互方式的发展由面对面的信息交互方式逐渐演进为基于文字书写行为产生的面对面分离之形式，信息交互方式的演进使得信息的发送者和接收者不再需要在同一时间、地点来完成信息交互行为[③]。继文字以后，信息交互方式的后续发展延伸了信息发送者和接收者在时间、空间特征上分离的趋势，并以更加多元化的方式存在。虽然农业社会时期的信息交互方式比较单一，并有着强烈的地域特色，但它为人类享受精神生活和进行社会文化传播提供了必要的物质基础条件，为世界科学文化的发展起到了巨大的促进作用，因此必须对于农业社会中的"品"所象征的历史意义予以高度肯定。

① 陈纪然. 汉唐间《史记》的传布与研读 [J]. 学术交流，2006（6）：161-164.
② 李梅花. 东亚文化圈形成浅析 [J]. 延边大学学报（社会科学版），2000（3）：89-92.
③ 波斯特. 信息方式：后结构主义与社会语境 [M]. 范静哗，译. 北京：商务印书馆，2000：123.

第 5 章

工业社会的信息交互设计

5.1 工业社会的 "境"

5.1.1 工业社会的产生

工业社会一般是指以工业生产为经济主导因素的社会，以大型机器的使用和自然能源的消耗为核心，由专业化社会大生产占据经济的主导地位。工业社会是在农业社会聚积的物质和精神财富的基础之上发展而来的社会阶段，以乡村和农业为主的经济体制转向了以城市和工业为主体的经济体制。劳动者用机器生产代替了手工劳动，使得人类能够从繁重而机械的体力劳动中解放出来，在生产工具中增添了新的组成要素，包括动力机、传动机和工作机。社会生产模式从小作坊式手工业转向了机械式大工业，机器轰鸣的工业化进程引发了社会生产力与生产关系的巨大变革，规模化生产是工业社会生产方式的最大特征（图 5.1）。工业社会的深入发展，使得人类生产活动的规模逐渐扩张，社会生产力水平有了巨大的提高。

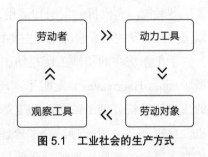

图 5.1　工业社会的生产方式

工业社会的产生起源于工业革命。人们普遍认为工业革命始于 18 世纪中叶的英国，詹姆斯·瓦特（James Watt）发明了蒸汽发动机这一标志性事件象征着人类工业文明的开始，是人类从农业社会迈向工业社会的标志。工业革命是以工业生产方式为基础的，是一种机械化、电气化、自动化、标准化的大生产模式，其中核心的生产要素为资本、有形资产和劳动[①]。

在工业社会时期，工业迅速取代了农业成为社会经济活动的支柱性产业，人类文明从此进入了工业文明时代。工业革命的产生导致了一系列的社会变化：一是工业机械化成为工业社会的主要特征，从生产方式上实现了从手工工具到机械化的转变；二是导致了生产关系的变化，蒸汽机技术引起的产业技术革命迫使工厂工人和广大社会生产者沦为了雇佣劳动者，大批农民和手工业者沦为无产者；三是蒸汽动力技术的产生、完善与普及应用，推动了整个社会层面的工业生产机械化进程，促进了纺织工业、机器制造业、钢铁冶炼工业、冶金工业、煤炭工业、交通运输业、染料工业、采矿业等社会工业部门的高速发展，并进而引起了一连串的技术革命[②]。工业社会是以工业为经济主导成分的社会模式，标准化、规模化、系列化是工业社会的最大特点。工业社会的到来是对于社会生产力及生产关系的巨大解放，具有划时代的意义。

5.1.2　工业革命的进程

工业革命的产生促进了人类社会从农业社会向着工业社会的转变，其本质是对人类脑力或体力带来了巨大解放与拓展。工业革命以机器取代人力、以大规模的工厂生产取代个体作坊手工生产，无论是在生产力上还是生产关系上都发生了巨大的变革。机器的发明和使用，提高了社会劳动生产率，加快了工业发展的速度，同时也极大地改变了人类的生活方式。工业革命使人类历史进入了一个全新的时期。在工业社会时期，一共经历了三次技术革命。

1. 从手工作坊到机械化

工业革命初期，生产过程不再使用手工劳动，而是逐渐转向由蒸汽机推动的工作机以及机器系统。蒸汽机的发明和运用，推动了工业革命的进程。工业社会的生产方式首先是以蒸汽机的发明和普遍应用为主要特征的第一次技术革命，实现了社会生产方式的机械化。

手工作坊中的纺纱工厂是纺织业中最早机械化的行业。1765 年，詹姆斯·哈格雷夫斯（James Hargreaves）发明了"珍妮"纺纱机；1769 年，阿克莱特（Arkwright）发明的水力纺纱机开创了革命性的变革。1770 年，詹姆斯·哈格雷夫斯发明了珍妮多轴纺纱机。1779 年，克里普顿结合"珍妮"纺纱机和水力机的长处发明了自动骡机，这极大地提高了纺纱的速度，棉纱过剩使得社会出现了新的不平衡。1785 年，艾德蒙·卡特莱特（Edmund Cartwright）发明了自动织布机，使得生产效率有了几十倍的飞跃并初步完成了社会纺织工业的机械化进程。这些发明使得传统的家庭式、作坊式的生产方式退出历史舞台，并逐步向集约化工厂生产方向发展。

---

① 孔伟. 信息技术视域中的社会生产方式 [D]. 北京：中共中央党校，2004.
② 汪泽英. 技术发展多元驱动力研究 [D]. 北京：中国社会科学院研究生院，2002.

　　起初，机器是在风力与水力的作用下驱动的。但由于自然力受到地理、季节变化等因素影响而效力受限，遇枯水季节、无风等天气时机器无法工作，所以迫切需要有新的动力，否则生产就只能在一个相对狭窄的领域内完成，无法实现彻底的机械化。瓦特的蒸汽机作为一种机器，第一次给能源带来了实质性的变化，即从自然力变为机器驱动力。工作机的技术发展需要为其提供强大的动力，瓦特的蒸汽机应运而生。1763 年，瓦特进一步改进蒸汽机，并于 1769 年注册了他所发明改进的新蒸汽机，使蒸汽机达到更为先进的水平，如图 5.2 所示，把过去只能抽水的机器变为万能的动力机，并广泛地用于英国的工矿产业，从此工业产业进入了以蒸汽机为主动力的时代。由于蒸汽机在纺织、采矿、化工、交通运输、冶金、机械制造等行业的大面积推广应用带来的技术革新，最终形成了以蒸汽动力机为核心的工业社会生产技术体系，技术革命转化为社会的产业革命。

　　蒸汽机的发明与使用象征着工业革命的正式开始，促进了社会机械化大生产的进程。这次技术革命以纺织机械的发展变革为背景，以蒸汽机的发明与广泛应用为标志，最终实现了生产方式从手工作坊式生产到机械化大生产的社会化变革。

图 5.2　瓦特蒸汽机的形态样式

2. 从机械化到电气化

　　19 世纪以前，人们对于电的了解是极其有限的。进入 19 世纪，由于社会生产的发展需求日益增长，蒸汽动力已远远不能满足需要，迫切需要新的动力技术。到 19 世纪下半叶，物理学家对电磁运动规律的研究，为电能的利用提供了契机，进而发生了第二次技术革命。这次以电力技术为主导、工业电气化为主要特征的技术革命是在机械化的基础上，实现了生产方式的电气化，使得能量能够在全球范围内安全地进行传输。

　　第二次技术革命，以电力与化学两大领域的革新为特征。所谓电力革命指的是新兴的电能开始作为一种主要的能量形式支配着社会经济生活。电能的突出优点在于：它是一种易于传输的工业动力，同时，它又是极为有效可靠的信息载体。因此，电力革命主要体现在动力传输与信息传输两个方面。与动力传输系统相关联，出现了大型发电机、高压输电网、各种各样的电动机和照明电灯，电力使人类获得了一种新的、适应性更强的动力，它可以传输到数百公里之外，使得工厂的布局进一步分散化。与信息传输相关联，出现了电报、电话和无线电通信，通过电缆传送编码信息，可以将人声转换为电子脉冲，从而发明了电话和收音机[1]。

---

① 吴国盛. 科学的历程 [M]. 长沙：湖南科学技术出版社，2018：1655-1656.

早在 18 世纪就有部分科学家研究静电，为机械能转化为电能奠定了科学基础。自从富兰克林在 1753 年发明避雷针以来，电学就诞生了。1799 年伏特研制出伏达电池，得到了持续的电流，并应用于电解水中，开创了电流应用。奥斯特在 1820 年利用伏达电池发现了电流的电流磁效应，并发明了电动机，将电能和机械能相结合。法拉第最终实现了机械能和电能的互相转换，他于 1821 年制成第一台电动机，随即在 1831 年又制造出第一台发电机，揭开了电气时代的序幕，为人类后来的火力发电、水力发电开辟了道路。与此同时，法拉第提出的"第一定律"和"第二定律"为电化学工业的发展提供了理论支持，其对电、磁、热、光等物理量的关联、转换和应用研究也为第二次工业革命奠定了坚实的理论基础①。1867 年，西门子运用法拉第基础理论，以电磁铁取代永久磁铁，制造出大型自馈发电机，成为新时代能量的象征（图 5.3）。法拉第的科学理论与西门子的工业制造相结合，最终开创了人类电气时代②。

图 5.3　西门子发明的大功率发电机

这次技术革命使得科学技术对于社会发展的巨大影响力凸显得淋漓尽致。在第一次技术革命中，科学原理的重要性对于生产经验只是起着辅助性作用。此次的技术革命是在电磁学理论研究基础上深入进行应用研究才得以完成的，并且它从科学理论的提出到转化为电力技术的物质成果只经历了十几年，与之前的理论到技术的应用的时间周期相比是一个巨大的飞跃。第二次技术革命与实际的社会生产情况结合，形成了以电力技术为核心的技术生产体系。它使工业社会从蒸汽时代进入电气时代，生产方式由原来单一的机械化过渡到机械化结合电气化并存③。

3. 从电气化到自动化

在工业社会后期，发生了第三次技术革命。以电子技术为主导技术、以自动化为主要特征的第三次技术革命在机械化、电气化的基础上，实现了生产方式的自动化，在技术层面上将一部分的脑力劳动工作交给电子设备，进一步推动了工业社会的发展变革。第三次技术革命的核心内容是实现生产的自动控制，将由机器来代替人进行控制的部分职能。第三次技术革命兴起于 20 世纪中叶，从电子管时代、晶体管时代、集成电路时代以及大规模集成电路时代，一直延伸到如今的智能计算机时代。社会生产因此次技术革命形成了以电子技术为核心的技术生产体系，生产方式在此前的机械化、电气化的基础上初步实现了

①② 杨述明. 人类社会演进的逻辑与趋势：智能社会与工业社会共进 [J]. 理论月刊，2020（9）：46-59.
③ 孔伟. 信息技术视域中的社会生产方式 [D]. 北京：中共中央党校，2004.

自动化。

4. 总结

工业社会时期共发生了三次技术革命，以蒸汽机为代表的第一次技术革命和以电动机为代表的第二次技术革命，以及工业社会后期的第三次技术革命，由此经历了从机械化时代到电气化时代再到自动化时代的转变。概括而言，这三次技术革命不仅飞速提高了工业社会的生产力，而且也带动了人类生产方式的变革。生产过程中的组织形式得以改变，生产规模不再局限于传统手工业具有的地域界限，经济发展与信息交流范围真正开始全球化，其演进的进程与脉络如图 5.4 所示。工业革命给人类带来工业文明，对人类社会的物质生活与精神生活产生了深刻的影响。

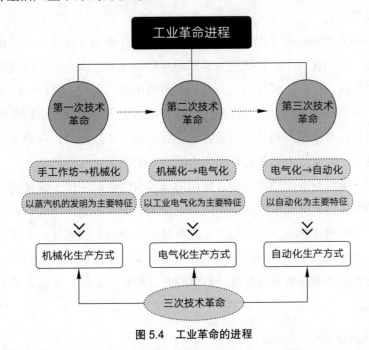

图 5.4　工业革命的进程

值得一提的是，工业社会的到来打破了人与自然和谐并存的农业社会文明，确立了人类主宰一切、人类征服自然的价值观念。这种社会观念使得社会生产者的主观能动性有了很大的提高，社会生产力和生产效率相比原始及农业社会早已不可同日而语。但是，机械化大工业的出现使得社会开发自然资源的规模和速度空前扩大，特别是对于石油、煤炭这类不可再生的自然能源的广泛使用造成了严重的环境污染。自然界的诸多生产资源被过量掠夺，许多环境被不可逆地人为破坏，许多负面影响也随之而来。工业社会的到来给人类带来史无前例的社会生产力的增长，同时也给人类赖以生存的自然界环境带来了毁灭性的后果[1]。

---

[1]　鲁雁.从工业社会到生态社会：产业结构演进研究 [D].长春：吉林大学，2011.

5.2 〉工业社会的"人"

5.2.1 "人"因素的发展

1.社会属性的增强

随着科学技术的发展，当社会生产方式发展到机器大工业生产阶段时，社会生产关系的自然属性逐渐转淡，社会属性则越来越强。人类在科学技术的帮助下，社会的活动范围逐渐扩大，人们不断地尝试社会生产力在全新的领域进行深度与广度的整体发展，其中的根本原因就是科学技术的发展使人与自然的关系发生了根本性的变革。正如马克思所说："现代自然科学和现代工业一起变革了整个自然界，结束了人们对于自然界的幼稚态度和其他的幼稚行为。"[①]

工业社会中的人类角色有了很大的改变，主要体现在劳动者在生产中的地位、角色与作用发生了转移。人们脱离了单纯依赖自然环境生存的状态，成为生产过程中对于生产工具的发动者与操作者。生产工具作为人与劳动对象的中介，生产工具的不断发展使人类不仅突破了自身的人类机能限制，而且突破了自然资源对于人类生存发展的天然限制，人与自然的关系不再仅仅是依附与被依附的关系。在实际的生产过程与产业分工中，人不再处于绝对的核心地位，取而代之的是具有强大功能并不断完善的机器工具。

工业社会对于能源有着强烈的需求，能源的开采与广泛利用使工业社会的交通及通信技术有了极大的发展，人类逐渐突破了时间与空间的限制。人类活动的空间地域范围扩展到全球，全球性市场初步形成，远远超越了农业社会时期人们的想象。人际交往也慢慢超越了地区与国家的地理约束，开始同整个世界发生联系。不同地域的人们开始进行各种交流，包括语言的交流、商品贸易的交流、资源的开发与利用交流，更涵盖了不同社会文明之间的文化交流。

2.个体意识的提高

工业社会的产生促进了资本主义的飞速发展，市场经济将整个社会都归纳进入市场体系之中，市场成为推动社会发展的那只"看不见的手"。市场经济使得利益主体处于普遍平等的地位，个人、群体、社会组织都成为市场经济中的商品生产者、传播者、消费者。可以说，市场经济的发展使得社会主体——"人"的个体意识普遍增强。

个体意识的增强体现在人们意识形态开始变化，思维模式开始变化，对于法律意识、民主意识有了更多关注。人们开始对于人类自身的权利（如平等权、人格权、自由权等）提出了实际的要求。在欧美国家，广大民众以群体民主的形式不断建立与完善公平、公正、

---

① 马克思恩格斯全集，第七卷上册 [M].北京：人民出版社，1965：241.

正义的社会机制。通过历史的发展以及生产经验的积累，人们发现依靠自己的劳动就可以
创造属于自己的财富。由此一来，"努力劳动，创造利益，满足生活享乐所需"就成了工
业社会时期人们的不懈追求，成为贯穿工业社会生产和人们日常生活的主线。

3. 社会关系的复杂化

工业社会生产关系必然要求尽快实现工业生产现代化，以提高生产效率、降低劳动成
本。这种需求导致劳动力人口的流动性显著加强，一方面体现在劳动力人口在社会各经济
组成部门之间的流动，另一方面也体现在地区与地区之间的流动。流动性的加强是为了将
社会生产资源更合理地利用，从而满足资本家对于利益的追求。以工业革命发源地英国为
例：早期的英国城市化进程是与英国工业现代化进程同步发展的，短短几十年间，英国大
量的人口从乡村搬至城市，从农业人口转向工业人口。伴随着这种流动性进程的是城市阶
层的形成，以及人们的生活方式随着生产方式的变化发生的剧烈变化[①]。

随着城镇化进程的深入，社会人群的阶层开始剧烈地分化，贫富差距开始进一步拉开。
包括占有资本不同所形成的阶级关系、利益不同所形成的阶级关系、由行业不同所形成的
业缘关系等最终形成了不同的人类群体。群体之间充满了矛盾、冲突和竞争关系，社会关
系随着工业社会发展的深入愈加复杂。

工业社会进入高级阶段后，社会制度民主化水平的提高，城市的过度扩张，社会分工
的极度精细化，社会流动性、个体自主意识的持续增强，也进一步加剧了人类社会关系的
复杂性和多变性。社会关系的复杂性现象的产生，是因为人类已经摆脱了原始及农业社会
中以自然资源为主的生产模式，强调对于物质与能量的机械式大生产、人与人的生产关系
协作。社会关系的复杂性特点将一直延续到工业社会之后的信息社会。

5.2.2　不同设计思潮下"人"的变化

1. 人的行为

工业革命后，科学技术不断进步，促进了社会生产力的发展，而新能源以及新动力的
发展带来了新材料的运用。人们可以利用更先进的技术、更高效的方法来达到自己的设计
目的。

19 世纪中期，大多数工厂的工作条件都很有限。相比手工业者创造的产品，许多工
业化工厂生产出来的产品质量很差。因此，工艺美术运动更看重传统手工加工。工艺美术
时期的人们注重手工艺的培养，反对机械化大批量生产，他们通过手工制作出美的作品。
人们在购买产品时，会更加注重产品的装饰。当时的设计师在产品的装饰运用上，会尽可

---

① 　海军. 现代设计的日常生活批判 [D]. 北京：中央美术学院，2007.

能多地用到哥特式风格和其他中世纪装饰风格，他们推崇自然主义的装饰纹样。但是工艺美术运动提倡自然主义的装饰却带来了昂贵的价格，使它的大多数产品并不能真正地为社会普通民众所享有，无法普及大众。之后的现代主义设计运动与"装饰艺术运动"同时兴起，这一运动对人们的生活方式产生了巨大的影响，促进了整个工业社会的发展。在这个时期，功能主义特征明显。受到包豪斯的影响，人们把产品的功能放在首要位置，在多数情况下忽略了形式。在工业社会后期，发生了国际主义设计运动，战后欧洲的设计观念和美国的市场结合后，形成了国际主义。这一时期，随着技术的迅速发展，人们的物质生活水平不断提升。

2. 人的心理

随着不同时期设计运动的发展，人的自我意识、自我表达发生了变化。在工艺美术运动时期，随着工业革命的开始，社会生产方式发生了变革，工业化生产方式取代了传统手工作坊成为主流。整个社会的审美水准普遍下降，导致了设计缺乏思想准则，各种传统风格杂陈，装饰华而不实。在 1851 年的英国水晶宫博览会中，参展的大部分产品显示出工业产品的粗制滥造，人们对此产生了厌恶情绪。到了新艺术运动时期，随着各国经济的迅速发展，财富不断增加，人们的消费需求逐渐扩大，这一时期的人完全放弃了传统的装饰风格，开创了全新的自然风格。在装饰艺术运动中，造型方面的设计多采用几何形状或折线进行装饰，色彩设计强调运用鲜艳的纯色、对比色和金属色，造成强烈、华美的视觉印象。在这一时期，人们会更加偏向于色彩鲜艳的装饰，以炫丽夺目甚至金碧辉煌的效果，来满足自身的心理需求，彰显个性。

到了现代主义时期，人们重视节约消费开支，在购买商品时会更多地考虑经济效益，讲究产品功能的实用性。包豪斯打破了将"纯粹艺术"与"实用艺术"截然分割的局面。包豪斯认为功能就是美，从而忽视了民族文化传统的作用，导致设计风格较为单调，缺乏多元化，无法满足人们内心精神的需求。在国际主义时期，出现了有计划的废止制度，产品采用流线型设计，即"样式设计"，把产品的外观造型作为促销的重要手段。人们的购买欲望增强，愿意每几年更换一次产品，这刺激了用户消费需求，带动了经济的增长。流线型风格是一种走向未来的标志，它能够迎合大众审美，这给 20 世纪 30 年代大萧条中的人们带来了一种希望和解脱。与现代主义刻板的几何形式语言相比，流线型的有机形态易于理解和接受，在情感上的价值超过了它在功能上的价值，符合人们的情感化体验。

20 世纪 60 年代，西方现代设计的发展速度相当快。美国的消费主义泛滥，对环境、安全等方面产生了严重的负面影响。随着城市的扩张，全民从公共交通开始转向使用私人汽车出行，这耗费了大量能源，对环境造成了严重污染。针对这种局面，帕帕纳克出版了《为真实的世界设计》一书，书中提出了设计伦理观念。在当时的工业社会，人们受到这一观念的影响，从设计本身形成的社会体系层面思考设计的主要意义，在设计时开始考虑当下的物质活动是否会对周围的环境造成破坏，以及是否以促进生态平衡、保护自然资源为目的。帕帕纳克的理论进一步深化了设计思考的内容，推动了设计观念的发展。在这个阶段也出现了很多人性化的设计，丰富了人们的情感体验。如斯堪的纳维亚的设计，既注意产品的实用功能，又强调设计中的人文因素，避免过于刻板和严肃的几何形式，从而产生了一种富有"人情味"的现代美学，受到人们的普遍欢迎[①]。此外，还有波音飞机的设计，解决了一系列的舒适度、安全性问题。比如波音 707 型客机的设计（图 5.5），利用了大量的人体工程学研究资料，通过大批设计师、工程人员的研究和设计，最终生产出当时世界上最舒适、最安全的先进喷气式民航客机[②]。

图 5.5　波音 707 型客机

3. 工业社会的人与设计的关系

工业社会中的设计对象是机械化、工业化的产品。由于技术的限制，用户对于产品的关注还没有达到个性化的可自定义内容和互动使用体验的要求，人与产品的关系没有发生根本性转变，设计内容也没有实质性的变化。在工业社会，由于用户使用产品的体验不同，所以在这一过程中所扮演的角色并不平等。这一时期的用户进行信息可感知的方式较为单一，无法满足多样化的需求。工业产品只是基本满足了人们的生活需求，并不能很好地与用户产生情感共鸣。当时人们多关注产品的功能，很多工业产品都停留在功能与造型层面，设计师在设计产品的过程中受限于技术，很多时候没有充分考虑到人与产品之间的互动问题。当时由于客观生产技术条件的限制，产品的交互性不够。而且这一时期还没有出现相对成熟的软件，很多产品都停留在硬件本身，导致设计还存在很多不足，因此工业社会时期的设计还有较大的提升空间。

5.3　工业社会的"技"

工业社会时期，科学技术的快速发展对于人们的信息活动也产生了巨大的影响。电子技术开始得到不断发明与应用，进而形成了人体感官之外的声音信息系统和影像信息系统，信息交互活动的方式和范围在科学技术的推动作用下得到了巨大发展。麦克卢汉曾经指出："每一种媒介的产生都重新创造了一种感知世界和认识世界的新方式，因而也改变了人与人、人与社会的关系。"在工业社会，由于新的信息技术不断地被发明与普及，信

① 何人可. 工业设计史 [M]. 5 版. 北京：高等教育出版社，2019：137.

② 王受之. 世界现代设计史 [M]. 2 版. 北京：中国青年出版社，2015：255.

息的传递与互动就变得更加快捷，人们的生活方式和对信息的认知行为都发生了巨大的变化，从而推动着社会的持续性进步。

5.3.1 摄影技术与电影技术

1. 摄影技术

早在2000多年以前，中国古人就发现了自然界中小孔成像的现象及原理。文艺复兴时期的欧洲，社会上出现了专供绘画成像用的暗箱，硝酸银等物质具有感光性能的特点也被人们发现并进行利用。法国人尼埃普斯在1826年将某种沥青进行熔化处理后均匀涂抹在金属板上，通过暗箱曝光的方式获得了一张街景的照片。法国画家达盖尔于1837年发明了"银版摄影法"（图5.6）。当时，银版摄影法的技术并不成熟，一张照片的拍摄时间需要半小时左右的曝光过程。1839年，路易斯·达盖尔（Louis Daguerre）与石版印刷工约瑟夫·涅普斯（Joseph Nicpce）合作，最后由达盖尔完善的摄影术，使得视觉图像的传达和表现迅速拓展。英国人阿彻尔于1851年发明了"湿版摄影术"（图5.7），使摄影时间缩短至几秒钟，从而使摄影技术迈进了现代摄影术的时代。1881年，摄影师弗雷德里克·E.艾夫斯（Friderick E.Ives）发明了照相铜版印刷法，并将其应用于商业生产，使摄影进入了广告设计之中，成为今天照相设计的基础[①]。

图5.6　达盖尔以银版摄影法拍摄的巴黎第三区圣殿大道　　图5.7　阿彻尔于1851年发明了"湿版摄影术"

工业社会的摄影术所使用的主要载体工具是使用胶卷的照相机，将原始信息记录在胶卷上并在照片冲印后期利用感光材料完成照片的成像过程。美国人乔治·伊斯曼于1888年发明了世界上第一台胶卷照相机"柯达胶卷相机"，柯达公司随后开始大量生产世界上最早的以硝化纤维素为基片的胶卷。135型照相机和双镜头反光120相机也在20世纪初期相继问世。随后，全自动的傻瓜式照相机、一次成像照相机等开始在社会范围内迅速普

---

① 尹定邦. 设计学概论（全新版）[M]. 长沙：湖南科学技术出版社，2016：43-44.

及，为人类的日常生活带来许多乐趣。作为工业社会时期发明的一项信息技术，摄影技术可以以真实的图示形式记录人类的日常活动信息以及自然界的变化过程，还可以长久地保存，这些特点使摄影技术在社会范围内快速发展与普及，突破了只能依靠文字、符号、印刷等传统手段进行信息记录的局限性。

2. 电影技术

电影技术与摄影技术在本质上都可以进行真实的图像记录。不同之处在于摄影技术的记录结果是静态的图片，而电影技术的记录结果则是动态的视频，可以真实地记录社会发展的影像过程。电影作为综合性的艺术设计形式，自 19 世纪末问世以来，在图像、声音、色彩等方面都有很大的进步。

英国医生罗吉特在 1824 年发现了视觉暂留现象，即人眼睛里的物像能在物体消失后继续存留短暂的时间。根据这一原理，不连续的画面快速变动时可以在人眼中形成连续的景象。爱迪生首先发明了能够利用胶片进行连续拍摄的摄影机。1889 年，爱迪生开始研制电影机，他首先仔细地研究了视觉暂留现象，并考察了法国人此前根据暂留原理制作的动画片，很好地理解了电影放映机的基本原理。1894 年，爱迪生用电灯光和电动机将动画投射到屏幕上 [1]。法国的卢米埃尔兄弟于 1895 年研制成了电影放映机，标志着电影技术的诞生（图 5.8）。最早的电影是黑白效果的无声电影，随着电影技术的逐步发展，在 20 世纪前叶，电影逐渐发展为有声的彩色电影。

图 5.8 卢米埃尔兄弟与电影放映机

电影技术的发明使得人类掌握了一种全新的信息传播媒体，如今的电影已经是大家喜闻乐见的一种常见的艺术形式与娱乐形式。电影能够带给人类关于美的享受，拓展人类的思维空间，使得信息的传播与表达更加多元化。

5.3.2 电报、电话与无线电技术

1. 电报技术

最早将电作为一种信息传播工具的是电报。电报的出现使通信与邮政区分开来，也宣告了"瞬间通信"时代的来临。起初，电报所产生的反响是乐观、进步的，它能够使人们之间的沟通、思想和感情的交流更为容易，更好地团结不同地区的人们。安培在奥斯特发现电流的磁效应时，曾制作过一种电报，他用 26 根导线连接两处 26 个相对应的字母，发

① 吴国盛. 科学的历程 [M]. 长沙：湖南科学技术出版社，2018：1691.

图 5.9　莫尔斯发明的第一台电报机

报端控制电流的开关，收报端的每个字母旁各有一个小磁针，可以感应出连接该字母的导线是否通电。最初的电报就是通过这种电磁方式来完成信息传递工作的[①]。

在电报的发展过程中，美国物理学家亨利做出了相当多的贡献。当时的电报所面临的主要问题为电流太弱，很难将信息准确传递到较远的距离。亨利创造性地提出在线路的中间加装电源，采用接力的方式传送信息。在此之后，美国画家 S. F. 莫尔斯（S.F. Morse）又对其进行了改进[②]。

1836 年，莫尔斯在深入研究和总结前人经验的基础上，提出采用"接通"和"断开"电路的方法，借助于点和空白的不同组合来表示各种字母、标点符号和数字，从而将简单的电磁脉冲转化成短距离往返传送信息讯号的电报机（图 5.9）。莫尔斯不仅发明了电报机，同时还发明了利用电报的一整套系统，包括电气系统、输入莫尔斯密码的机械系统等。从此，电报由实验阶段进入实用阶段。由于电报通信明显的优越性，各国开始广泛使用[③]。世界上最早的通讯社——法国的哈瓦斯通讯社在 1845 年就开始使用电报线路进行新闻节目的传送。1846 年第一家电报公司在英国成立，此后不久，欧洲各大城市都创办了各自的电报公司。1847 年，在英吉利海峡中，英国和法国合作完成了第一条海底电缆铺设，连接了两国间的电报通信，加强了彼此间的沟通。1856 年，英美两国在大西洋底铺就了更长的海底电缆，彼此之间也建立了电报通信网[④]。

电报是利用电流来传递信息的，从而极大地加快了信息传递的速度，其问世之后在西方世界范围内迅速普及。电报的发明可谓开启了电子信息时代的序幕。电报是第一种用来连接世界的信息技术系统，电报的发明使得快速远距离通信成为现实，并对工业社会的发展产生了意义深远的影响，后人常用"维多利亚时代的互联网"来形容这一伟大发明。但电报技术的缺点在于电报系统非常复杂，以至于仅有少数人能够安装并掌握使用原理。另外，在使用过程中，电报系统能够响应用户的按键输入，但是在使用过程中几乎不存在任何的用户感知特征。

2. 电话技术

在莫尔斯电报发明后的几十年里，无数科学家尝试直接用电流传递语音。相比于电报

①② 吴国盛. 科学的历程 [M]. 长沙：湖南科学技术出版社，2018：1697.

③ 吴国盛. 科学的历程 [M]. 长沙：湖南科学技术出版社，2018：1699.

④ 吴国盛. 科学的历程 [M]. 长沙：湖南科学技术出版社，2018：1703.

所发送和接收的都是"1"和"0"的不同电码组合，实现声电转换和电声转换的技术则要困难许多。电报发明之后，英国物理学家惠斯通于 1860 年提出了"电话"的概念，即通过电流传播人的声音和语言。紧接着第二年，德国青年教师赖斯发明了一个电话装置。他用猪肠做发话器的振动膜，薄膜上附一块金属小片。当薄膜随着声音振动时，金属片就不断地和另一个触片接触，从而使电路随声音节奏而开闭。发话器是一个缠有线圈的钩针，钩针被放在共鸣箱中，当断断续续的电流通过线圈驱动钩针发出声音时，共鸣箱把声音加以放大。这个装置反映出说话的节奏，成为电话发明的第一次尝试[①]。

电话的真正发明者是美国发明家贝尔。贝尔和电气工程师沃特森经过无数次失败的实验之后，终于利用电磁感应的原理，通过铁片、导线、磁铁的相连将电流信号和人类语音信息实现了技术对接，贝尔利用电流原理于 1876 年研制发明了世界上第一台电话机。1878 年，在相距 300 公里的波士顿和纽约之间进行了首次长途电话实验，并获得了成功，后来他成立了著名的贝尔电话公司[②]（图 5.10）。电话的发明为用户之间双向直接实时地进行语音通信提供了技术支持，极大地延伸了人类听与说的信息传播能力。电话的发明在世界科技史上也占据着重要地位。

图 5.10　亚历山大·贝尔发明了电话机

3. 无线电技术

电报和电话的发明大大加快了信息传播的速度，但是两者的相同点在于都是通过导线内传输电流，在信息交流范围上有着较大的局限性。有线电报与电话依靠固定线路连接，成本较高，机动性较差。在不能够铺设线路的原始森林、沙漠、沼泽和海上等环境中，有线通信无法发挥作用，基于此，无线通信的设想也就被顺理成章地提了出来[③]。

无线电技术的发明使得人类摆脱了信息传播需要依赖导线的方式，成为人类信息传播史上的又一次飞跃。无线电的技术原理是电磁波理论的实际应用。19 世纪上半叶，科学家们对于电磁学有了较深入的研究，发现了电磁现象的诸多规律和特点。英国物理学家 J.C. 麦克斯韦（J.C.Maxwell）于 1865 年创立了一套电磁理论来预言电磁波的存在，表明电磁波和光具有相同的性质，它们均可以有效传播。德国青年物理学家 H. R. 赫兹（H.R.Hertz）在 1888 年利用电波环进行了一系列实验，结果发现了电磁波是存在的，从而证明了麦克斯韦的电磁理论。这一实验在科学界引起轩然大波，成为近代科学技术史上的

① 吴国盛. 科学的历程 [M]. 长沙：湖南科学技术出版社，2018：1705.
② 杨述明. 人类社会演进的逻辑与趋势：智能社会与工业社会共进 [J]. 理论月刊，2020（9）：46-59.
③ 吴国盛. 科学的历程 [M]. 长沙：湖南科学技术出版社，2018：1718.

图 5.11 马可尼于 1895 年发明了无线电技术

一个重要里程碑，是无线电的诞生和电子技术发展的基石[①]。1895 年，意大利人马可尼（Marconi）发明了无线电传送和接收方法，在布里斯托尔海峡进行了无线电通信实验并取得了巨大的成功，从此世界进入了无线电通信的新时代（图 5.11）。事实证明，无线电报通信技术具有很高的实际应用价值，因为它为全球范围的远距离信息通信提供了稳定且可靠的技术。

　　无线电技术并不需要铺设昂贵的地面通信线路和海底电缆，就能够将信息瞬间传送到遥远的地方，因而很快受到了社会大众的热烈欢迎。无线电技术被广泛运用到新闻、军事、商业等领域，许多海上救险船只也纷纷安装了无线电报通信设备，并在实际过程中发挥了巨大的作用。无线电技术只能传送信息的内容，而不能传送信息的表现形式，因而后来发明的传真机可视为无线电技术的升级。传真机可以扫描读取来自纸上的信息，随后将其转化为信号通过电话线输送到另一端的传真机，并最终将信号还原为纸上的图像。传真机既能传送内容，也能传输形式，因而得到了更加广泛的应用。

5.3.3 广播与电视技术

1. 广播技术

　　广播通过无线电波或导线传送声音、图像，主要为大众提供信息和娱乐服务。广播在内容上从早期以广告为中心，逐渐转变为以音乐、戏剧、新闻和时事评论等为中心，正式成为了大众传媒，主导着大众的喜怒哀乐[②]。从传播手段的角度而言，广播可分为两大类：通过无线电波传送节目的，称为无线广播；通过导线传送节目的，称为有线广播。从传播载体的角度而言，广播也可以分为两大类：仅仅传送声音的，称为声音广播；可以传送声音和图像等信息的，称为电视广播，即俗称的电视。

　　无线广播是通过无线电波传送信息的广播形式，在世界范围内得到了极为广泛的应用，人们常说的广播指的就是无线广播。无线广播在诞生之初的快速发展得益于商业运作的推动，多数电台亦为商业电台，但无线广播的进一步发展却逐渐脱离了早期商业用途的范畴，转而成为改变公众生活方式的契机[③]。1898 年，丹麦科学家珀尔森（Poulsen）发明

① 杨述明. 人类社会演进的逻辑与趋势：智能社会与工业社会共进 [J]. 理论月刊，2020（9）：46-59.
② 吴国盛. 科学的历程 [M]. 长沙：湖南科学技术出版社，2018：2137.
③ 吴国盛. 科学的历程 [M]. 长沙：湖南科学技术出版社，2018：2135-2136.

了磁性录音技术，利用铁的剩磁性质来记录声音，他于 1899 年在巴黎博览会上进行第一次演示并取得了很大的成功，为录音机的发明打下了坚实的基础。1906 年，美国人哈特森发明了一种电动扩音器，通过电子信号来传送声音，并进行了世界上第一次无线广播（图 5.12）。世界第一座广播电台是加拿大的雷吉纳市政府于 1920 年设立的 CKCK 电台，它的成功试播引领了广播电台的发展方向。广播的发明是科学家

图 5.12 哈特森向公众的有声广播在美国成功试验

和无线电爱好者经过无数次探索和实验的结果，之后更朝着效率和质量更高的数字化广播发展，调频广播、数字广播、卫星广播应运而生。

广播作为最早出现的电子大众信息传媒，在人类社会生活中有着举足轻重的影响。作为一种听觉媒体，广播利用声音符号诉诸人的听觉，传播速度快，时效性强，具有很好的亲和力。它采用了点对面的声音信息传播方式，将各种信息通过听觉传达到人们的耳畔。广播传送范围广泛，接收设备轻便且便于携带，方便用户随时随地进行收听，这对推动社会的文明进程，促进文化信息的传播，提高人们的信息感知水平等都具有重要意义。广播的不足之处在于听众对于广播节目的参与性较弱，无法控制广播信息的进程和收听时间，一般表现为听众单向而被动地接收广播信息。

2. 电视技术

电视是利用电子技术传输图像和声音的现代媒体，兼具报纸、电影和广播的功能。早在电报时代，电视的基本原理就已经被提出，即把图像分解成像素，再把像素转换为电信号，电信号传送到远方后通过接收机把它还原为图像[1]。

电视虽不像电影那样具有大画面，但却能借助电波在瞬息之间把图像与声音广泛地传送出去，很自然地渗透到大众生活之中，其影响力之大超越了其他各种信息传播媒体。英国物理学家欧文·威廉·罗金利用电子射束管制造了早期的电视实用模型，可以显示出简单的电视图像。1926 年，英国工程师约翰·贝尔德（John Baird）成功组装了世界上第一台电视机，应用机械扫描方式在伦敦与纽约之间传送了物体的轮廓信息并接收显示了画面图像，因此，贝尔德也被世人称为"电视之父"（图 5.13）。世界上最早的电视台于 1936 年由英国广播公司建立。1941 年美国的全国广播公司、哥伦比亚广播公司也分别开办电视信息服务。1950 年，彩色电视节目在欧美国家开始面向大众进行播出，到了 1957 年，

---

[1] 吴国盛. 科学的历程 [M]. 长沙：湖南科学技术出版社，2018：2137-2138.

图 5.13　约翰·贝尔德和他发明的机械电视

苏联发射了人类历史上的第一颗人造卫星"旅行者一号"，它可以在世界范围内传送电视广播信号。到如今，世界范围内几乎所有的国家都已经开办了电视台，进行电视节目的全时段播出。随着信息技术的进步，电视技术的发展从黑白电视到彩色电视，从地面传播到卫星传播，从无线电视到有线电视，从模拟电视到数字电视。

电视技术是工业社会时期信息技术发展的标志性成果。不到百年的时间，电视已成为覆盖面最广、影响力最强、最大众化的信息媒体。电视传播技术声像并茂，将基于视觉、听觉等多种信息综合整体地展现在每一个信息受众面前。电视是视听合一的信息传播载体，同时诉诸听觉和视觉的综合感知，可以让人们更真实和立体地感受信息的特征，从而造就了电视最具影响力的第一媒体地位。可以说，电视技术对人类获取信息的方式产生了广泛而深入的影响。

广播和电视都属于为大众服务的信息传播媒体，都利用电波作为信息传播的技术手段，具有传播范围广、传播速度快等特点。录音机、录像机、光盘机大量出现，FM 广播台、无线电广播公司、电视广播台如雨后春笋般地开始"点对面"的各种信息的传播。短波收音机、彩色电视机早已经是千家万户的必备产品。广播和电视技术的发明对于信息的传播堪称具有革命性的影响，其普及性和时效性超过了工业社会时期任何其他信息传播载体，其社会影响力在当今依然巨大。

5.3.4　工业社会技术特点总结

在工业社会，科学技术代表的是社会第一生产力，其价值得到了充分的体现，在 19 世纪中叶以前，科学与技术是相互分离的关系，并未发生直接的联系。科学与技术彼此在社会中独立发挥着作用，均有着自身独特的文化传统，而它们的发展往往是独立的。技术的进步往往依靠传统技艺的提高和改进，只能凭借经验摸索前进；科学的进步也常常是在实践之后，总结和概括人们的生产技术活动过程中积累起来的经验成果。因此，常出现这样的情况：在科学理论上还没有摸清原理的东西，在技术上却可以实现它；而科学上已发现的东西，在技术上却不能实现。在 19 世纪中叶以后，科学与技术开始互相融合，科学理论的确立为技术的发展创造基础，而技术的发展从实践层面印证科学理论的正确性，同时为科学理论的再发展提供物质条件和研究基础。

科学技术的发展提高了工业社会的生产力水平，生产要素的发展得以更新与完善，生产规模不断扩大，并深刻影响到人们的消费水平和消费结构，从根本上改变了人与自然、人与人、人与社会的关系。工业社会时期，社会的科学技术水平发生了极大的进步。技术所表现出的极其强势的综合价值，已经远远超出人类的预期。人类在信息的获取、传输、存储、显示、识别和处理能力方面有了极大的进步；人们已经非常擅长于利用信息进行各种决策、控制、组织和协调等应用，整个社会出现了机械化、电子化、自动化的技术潮流。

需要指出的是，工业社会时期的科学技术带给社会的影响主要体现在整合人与人、工具与工具、人与工具的关系，最终提高了人对自然的认识与改造能力。但是科学技术自身并不可能直接形成人与自然事物的沟通，更不可能直接体现在人对自然事物的改造上。

5.4 〉工业社会的"品"

5.4.1　基于传播学的信息传播模式

信息的传播是社会发展的催化剂，对于社会的发展有着重要的影响[①]。信息传播无论采取何种形式，其目的都是将消息、想法或感触传给其他人，从而让传播双方具有彼此关于事物认知的了解，最后建立共同性。信息交互方式的实现是基于有效的信息传播基础之上的。

从传播学的理论视角展开探讨，将更加有助于客观准确地理解工业社会时期的信息交互方式。传播学是研究人类社会信息传播现象、行为及其规律的人文社会科学，它是人类一切信息交流活动的理论基础，其研究对象主要是人类的社会信息活动领域[②]。传播（communication）一词与社区（community）一词有着紧密的联系，没有传播就不会有社区；同样，如果没有社区也就不会有传播。从词源学而言，传播的意义除了包括传递、输送、沟通信息，还包含着信息的分享、交流之含义。在传播学领域，文字、图像、网络等随着人类社会实践活动的产生而发展得来的技术，对于传播学的发展起到了重要的基础作用。可以发现，信息的传播是一种具备社会性、共同性的人类信息交流的活动与行为，是人与人之间一切信息的传递和分享过程，是信息交互设计产生的基础。

传播学领域里有几种具有代表性的传播模式。美国学者拉斯韦尔（Lasswell）对人类社会的信息传播活动进行了深入的分析研究，于 1948 年提出了著名的拉斯韦尔公式，即"5W"模式：传播者是谁（who）？传播内容是什么（what）？通过何种传播渠道（which）？传播对象是谁（whom）？传播效果如何（what effect）？"5W"（图 5.14）元素延伸了具体的传播学五个主要研究对象，即控制研究、内容分析、媒体研究、受众研究和效果研究，

---

① 张凌浩. 符号学产品设计方法 [M]. 北京：中国建筑工业出版社，2011：71.

② 周庆山. 传播学概论 [M]. 北京：北京大学出版社，2004：1.

对传播学的发展产生了极为深远的影响。但拉斯韦尔公式中的信息流动是直线而单向的，其中忽视了反馈要素，没有重视信息传播的双向性与复杂性。

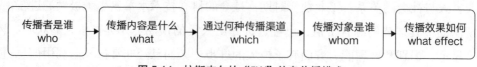

图 5.14　拉斯韦尔的"5W"信息传播模式

1949 年，信息论的创始人香农（Shannon）和威弗（Weaver）在《通信的数学理论》一书中提出了基于信息理论的传播模型（图 5.15）。这种信息过程是单向模式，在传播过程中加入了"噪声"以解释一般的信息传播过程。"噪声"概念的引入是这一理论模式下的最大特色，它指的是一切传播者意图之外的、对正常信息传递的干扰。克服噪声的解决方法是重复某些重要的信息，一般称之为"冗余"，冗余信息的出现使得一定时间内所能传递的有效信息有所减少。香农 - 威弗模式的不足之处在于其忽视了信息传播过程中信息传播者和信息受传者之间的角色互动关系中的心理因素，这一特点也是传播学领域的直线传播理论模式所共有的。

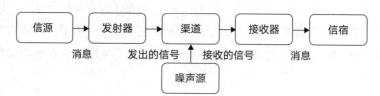

图 5.15　香农 - 威弗的噪声信息传播模式

1954 年，威尔伯·施拉姆（Wilbur Schramm）提出了施拉姆的信息循环传播模式（图 5.16），在信息双向性的基础上重点强调了信息传播过程中的反馈性与循环性。施拉姆认为信息传播是双向并且永无止境的，并且信息所产生的反馈会被传播双方所共享。施拉姆特别强调，只有双方在一定的共同经验范围内，才能实现真正有效的信息交流。相对于传统的直线传播模式，施拉姆模式更加突出了信息传播双方角色的互相转化，并且注意到了信息传播中的心理因素的复杂性。施拉姆模式的出现突破了传播学领域信息直线单向传播模式一统天下的局面。

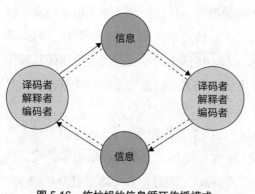

图 5.16　施拉姆的信息循环传播模式

1958 年，美国社会学家德弗勒提出了互动信息传播模式，即大众传播双循环模式（图 5.17）。互动信息传播模式的基本观点是大众传播构成了社会系统的一个有机组成部分，进一步地在传播学与社会学的交叉领域对信息传播模式进行了系统分析。德弗勒的互动模式的最大特点在于强调了传播模式中整体与部分、部分与部分之间的有机联系。既然社会是一个整体，那么进行信息传播的活动必然要受到社会整体以及其他各要素之间的影响，组成社会系统的政治、文化、经济等各要素都必然会对最终的信息传播结果起到一定的影响。每一个信息要素既是信息的接收者，也是信息的传送者，而噪声可以出现于传播过程中的每个环节。德弗勒的互动模式从一个更加宏观的角度突出了信息传播的双向性，被认为是反映真实的信息传播过程的一个比较完整的模式。

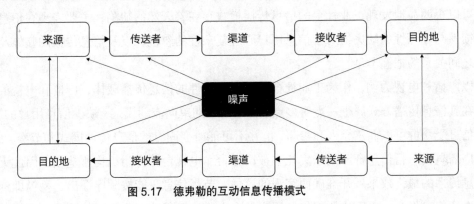

图 5.17　德弗勒的互动信息传播模式

从拉斯韦尔模式、香农 - 威弗模式、施拉姆模式到德弗勒模式（表 5.1），可以看到随着信息反馈、信息互动以及信息双方共同经验等传播要素的融入，信息传播的理论模型更加符合信息传播的实际特点，而这些对于信息交互设计研究同样具有重要的启示作用。

表 5.1　信息传播模式的比较以及对信息交互方式的启示

	拉斯韦尔模式	香农 - 威弗模式	施拉姆模式	德弗勒模式
差异	线性模式；传播过程分为传者、受者、信息、媒介、效果 "5W" 模式；单向缺乏互动	线性模式；媒介分为三种：译码者、解释者、编码者；无法看到各要素间的关系	双向传播；信息会产生反馈；更加强调传受双方相互转化	双向传播；强调整体与部分，部分与部分之间的有机联系；强调社会整体要素的影响
对信息交互方式的启示	信息交互设计也有设计师、用户、产品信息、产品感知组成的传播过程	信息交互方式的过程也会受 "噪声"——环境和社会文化背景的影响	强调了信息交互双方应有相同的知识范围。不同人的因素会对方式结果产生重要影响	强调了社会语境的各个组成要素对于信息交互方式的重要影响

从信息传播的诸多理论模式的分析可以看出，工业社会时期的信息传播的质量和效率取得了很大进步，在情感层面和技术层面对于信息用户有很大的影响，其传播广度与深度相比农业社会有了极大提高（图 5.18）。但不足之处在于非目标性、单向性、区域化的局限，实现了"传"但仍欠缺"达"。

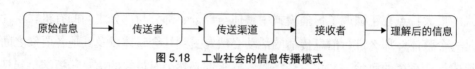

图 5.18　工业社会的信息传播模式

工业社会的信息传播虽然在技术层面实现了很大的进步，但是信息的单向性传播仍占绝大多数，信息传播的过程在时间和空间上是分离的，在顺序上有先后主次，并且存在一定程度的时间成本。以施拉姆的信息循环传播模式和德弗勒的互动信息传播模式来进行分析，可以很明显地发现工业社会的信息传播模式存在着天然的缺陷；主要表现在信息传播的反馈性与循环性的缺失，对于信息用户心理复杂性的忽视，以及信息传播的整体与组成要素之间关系的把握不足。

以广播和电视为例，作为工业社会里最具代表性的信息传播载体，广播和电视的不足表现在其信息传播方式属于一点对多点、自上而下的单向流动模式，缺少信息用户的反馈。即使信息受众群可以偶尔介入和参与，也并不可能改变固有的信息传播模式和节奏。此外，由于广播电视节目信息资源的采集几乎被广播台、电视台等专门机构所垄断，因此无法对于信息传播的最终效果展开准确而客观的评估。节目信息只能按顺序播出，稍纵即逝；不能够进行信息保存，也无法依据信息用户的个人需求进行信息的收听、收看、点播。从信息传播的理论视角来看，这就造成了信息发送者对于信息用户的解码效果缺少理解，忽视了信息传播过程的循环性与信息用户的心理因素关注，因此并不能真正达到双向互动的信息传播最佳效果。

5.4.2　工业社会信息传播产品设计

1. 照相机

照相机作为工业社会摄影术所使用的主要载体，能够将胶卷中记录下的原始信息进行成像并输出为照片。在工业社会中后期，照相机的设计特点主要表现为便携化。工艺美术运动和新艺术运动对于产品的设计产生了广泛的影响，但是照相机的设计并未受到太大的冲击，因为它本身就是工业化的产物[①]。人们日益增长的需求促进了照相机大批量设计生产，随着经济发展和人民生活水平的提高，人们对照相机的要求也越来越高，除了便于携带、操作简单等，还要考虑到具体的功能以及外观色彩造型等。因此相机在保证用户便捷操作、简单易学的同时，其机械装置要制作得坚固耐用，还需要一个美观的外部造型。到了工业社会中后期，照相机的设计已十分成熟。利用专业镜头组合技术能够整合相机各部分的设计，促进相机从各部件活动和模块化组合逐渐向一体化方向发展，这使得其功能得到了很大的提升。这一时期还经历了两次世界大战，由于战争对于摄影的迫切需求，使得

---

① 方学兵，金丽丽. 照相机的发展及设计风格的流变 [J]. 创意与设计，2010（6）：90-92.

相机在精密制造方面有了很大提高，同时也促进了人机工程学、电子和自动化技术的发展。在战场中，照相机可以辅助作战拍摄。照相机本身不能阻止战争，但其拍出的照片可以揭露战争，将拍摄记录的信息通过照片的形式保存下来，传播给更多的人看到，帮助后人了解历史的真相。在这一方面相机的贡献相当大，这也拓宽了相机的用途。

战后相机的发展过程，可以分为工业相机和民用相机两个发展方向。工业相机依然保留着较大的体积，许多零部件和大量接口裸露在外，许多符号和数字的标尺刻在了相机上，展现出功能的严密性和稳定性，同时能够帮助用户更好地理解信息，方便其操作。例如"机器美学"的工业化相机（图 5.19），该相机在结构上采用了许多插接和榫合的方式，布满各种操作按钮，通过按钮和手柄的形态设计来阐释操作方式。巨大的暗盒和复杂的镜头凸显出了功能主义和"高科技"主义的风格，在色彩上多运用黑白等简约风格色彩，追求工业造型语言，表达出人们对于"机器美学"的强烈愿望[1]。

在现代主义设计的影响下，民用相机开始向便携、价廉以及高性能的方向发展，其设计风格逐渐趋向国际主义风格。1936 年，美国设计师提格设计出了柯达便携式照相机，这种相机偏重时尚，机身和皮腔采用各种色彩的镀镍金属饰条进行装饰，并附有一个带丝绸衬里的盒子。随后柯达小型手持式相机于 1936 年诞生，它的设计简单，操作方便，其壳体上的横向金属条纹看似只是起到装饰性作用，其实它们凸于铸模成型后的机壳上是为了限制涂漆面积、降低开裂脱皮的风险[2]（图 5.20）。为了便于携带，减轻重量以及降低成本，各种新型材料被广泛应用到相机的设计中，这极大地推动了相机的设计质量的提升。

图 5.19 "机器美学"的工业化相机　　图 5.20 提格于 1936 年设计的柯达 135 相机

2. 电话

电话主要是由送话器和受话器构成的装置，它能够将声音变成电信号，再将电信号变成声音。电话的出现最早可追溯到 1876 年，贝尔在这一年申请了电话专利权，并且发明了世界上第一台电话机（图 5.21）。早期的电话交换是由人工来实现，当时所有的电话线都集中在一个中心枢纽上，用户先挂通中心，再由中心的接线生负责接通用户要与之通

①② 方学兵，金丽丽. 照相机的发展及设计风格的流变 [J]. 创意与设计，2010（6）：90-92.

图 5.21 贝尔于 1876 年发明的第一台电话机

话的一方，通话完毕再由接线生切断他们之间的连线。这种电话交换方式效率较慢，且缺乏保密性，接错线路、久等不通以及用户被接线员遗忘等现象会时常发生[①]。因此，随着电话用户的增多，手工电话交换方式已经无法满足人们的需求。美国人斯特罗格在 1889 年发明了"自动拨号电话"，并取得了一项自动电话交换的技术专利。这种自动电话的原理是，将通话对方的电话号码按顺序输入电话线，每一个电话号码产生一个电流脉冲，而电流脉冲驱动电话局里的选择器进行工作。经过与电话号码位数相同次数的选择之后，在发话者与受话者之间接通线路[②]。

在前人的基础之上，德雷夫斯开始完善电话的设计（图 5.22）。他于 1930 年开始为贝尔设计电话机，设计出 100 多种电话机。在设计过程中，德雷夫斯坚持考虑产品的舒适性以及功能性问题，认为仅凭臆想的外观设计是行不通的，因而坚持与贝尔的工程师合作，"从内到外"地进行设计。由于当时电话服务尚未受到市场的压力，这就要求电话机应具备一种不会很快过时的形式、良好的使用性能和低廉的使用成本[③]。当时电话机的突出性特征为人性化设计。电话的设计结合了当时最先进的通信技术，将电话的听筒和话筒集成在手柄上。手柄的设计最大限度地满足了使用者的需求，手柄上话筒到听筒的距离充分考虑了人脸的形状，电话中各个部件元素的设计都符合人体工程学规范。后来随着技术的发展，通过运用新的材料，使得电话形态更具有亲和力，电话机的重量也得到了很好的控制。例如西门子公司于 1936 年设计的 W38 型电话机（图 5.23），这种电话机 1939 年被德国帝国邮局验收并作为标准电话机，并先后被挪威、英国等国广泛采用，其关键部位造型直到1960 年以后才得以改变[④]。

图 5.22 德雷夫斯于 20 世纪 30 年代设计的电话机

图 5.23 西门子公司于 1936 年设计的 W38 型电话机

① 吴国盛.科学的历程[M].长沙：湖南科学技术出版社，2018：1711.
② 吴国盛.科学的历程[M].长沙：湖南科学技术出版社，2018：1713.
③ 何人可.工业设计史[M].5版.北京：高等教育出版社，2019：146.
④ 何人可.工业设计史[M].5版.北京：高等教育出版社，2019：149.

3. 收音机

在工业社会时期，广播打破了空间距离，将娱乐引入了家庭，收音机由此成为家庭娱乐的中心。作为接收广播的电器，收音机走进了人们的日常生活，极大地丰富了人们的生活体验，为人们增添了生活乐趣。

收音机的设计经历了一系列的发展演变。最初的收音机在造型的设计上显得很笨重，使用木材作为材质，功能性单一。当时收音机的接收器、调谐器以及扬声器是相互分离的，需要用户自行组装。例如 1927 年的"阿尔法"收音机是一件纯技术性产品，几乎没有设计意识。其视觉上的特征是突出于简朴的木盒之上的两只真空管，需外接扬声器[①]（图 5.24）。随着无线电广播的普及与技术的进步，收音机的外形也得到针对性的设计。收音机在构造上有了一些简单的音量、声调和调谐旋钮，方便调节音频及音量。

到了 20 世纪 30 年代，很多厂商都开始把收音机设计成适合居家使用的家具，以适应家庭的环境。这一时期的收音机采用传统家具的式样，收音机设备还可以装入其他家具中，组合起来使用。收音机在造型上追求与家具相和谐，除了有收音作用，还可以当家具来使用。例如 1936—1937 年间生产的"T644W"型收音机，它采用了胡桃木贴面的机壳，是典型的家具型收音机；其设计十分重视形式和材料的外观质量，扬声器与其余机件并排布置，加强了水平线条[②]（图 5.25）。此外，收音机开始向一体化方向发展，收音机外观采用了流行的艺术装饰风格。再后来，收音机的设计又受到流线型风格的影响，收音机在造型设计方面有了大幅度的提升，外观采用流动圆润的线条来展现，与之前方正的造型产生了鲜明的对比。这种流线型风格体现出产品的现代感，暗示产品属于未来，这种设计风格也更受人们的欢迎。在工业社会后期，收音机的设计偏向于功能主义，机身朴实无华，装饰较少，且功能按键清晰简洁。收音机具有一定的社会意义，既有实用功能，又起到象征性作用。

图 5.24　"阿尔法"收音机

图 5.25　"T644W"型收音机

---

①② 何人可. 工业设计史 [M]. 5 版. 北京：高等教育出版社，2019：110.

图 5.26 罗维设计的微型按钮电视机

图 5.27 1954 年，第一台彩色电视机

图 5.28 罗宾·戴于 1957 年
设计的电视机

4. 电视机

在工业社会，电视机是传输图像和声音的电子产品，电视机的发展经历了由黑白电视机向彩色电视机的转变。电视机是电视接收机的简称，它的作用是将电视台发出的高频电视信号经过选择、放大、解调等一系列的加工变换，使图像在屏幕上重现，伴音由扬声器重放。按荧光屏重现的颜色分类，可分为黑白电视机和彩色电视机。黑白电视机仅能重现被摄景物亮度差别，呈现出黑白图像；而彩色电视机不仅能重现被摄景物的亮度差别，还能还原出被摄影景物的色调和色饱和度，呈现出彩色图像 [1]。

1925 年，贝尔德在英国展示了一种非常实用的电视装置。这台电视机基本上是用废料制成的，然而这些质量很差的材料经过有效处理，仍能够产生图像，这一装置成为现代电视机的雏形。在贝尔德发明了可以映射图像的电视装置后，此项技术很快就得到了快速的发展。1939年第一台黑白电视机在美国诞生。到了 20 世纪 50 年代，电视机开始普及。1948 年，罗维设计了微型按钮电视机，他简化了早期型号的控制键，采用了一种更适于家庭环境的机身，其标志清晰，外观也很简洁（图 5.26）。1953年，美国 RCA 公司设定了全美彩电标准，并于 1954 年推出了第一台彩色电视，这为电视的发展奠定了坚实的基础（图 5.27）。后来，设计师罗宾·戴将当代主义风格应用到家用电器设计中，于 1957 年设计出一款新型电视机（图 5.28）。

电视机能够接收利用电波传输来的影像和声音，并将这些信息通过屏幕生动地展现给观众，用户通过观看电视节目了解到最近发生的新闻事件，大幅度提升了信息的传播速度。电视机是具有视听功能的产品，在其发展过程中，"听"的功能一度被忽视。然而，由于人们对于生活的高品质需求，很快促使电视机的设计中须既重"视"，又重"听"，即设计要达到高画质和高音质的要求。当时的电视机更多的是传递信息，其功能上表现为视听，满足了基本使用需求，但是与使用者的互动不足，用户深层次的需求没有得到满足。

---

① 朱贵宪. 电视机发展简史 [J]. 甘肃农业，2004（2）：60.

5.4.3　工业社会信息传播路径的交互属性

工业社会通过传统大众媒体进行信息传播，相比于农业社会，信息传播的环境得到了改善，信息传播的载体发生了转变。传统的大众信息传播媒体，在一定程度上贴近了大众的心理特点，但是并没有很好地融合技术与人文艺术，信息内容的存储空间受到限制，不具备图像、文字、声音并茂的立体化表现等特点。工业社会的信息传播模式为传统的线性单向传播。信息传播过程是信息发起者通过传统媒介向信息用户进行信息单向传递的过程，在这一过程中更多的是让信息得到有效传播，实现信息发起者与信息用户之间的沟通交流。由于在这一过程中并没有实现双向及多向的互动，所以"互"没有很好地体现。信息用户很被动地接收信息，而不是主动参与信息传播，不能自由地根据个人意愿接收信息与传递信息。

如果从工业社会中信息产品的角度来看"交互"一词，其中的"交"可以理解为沟通交流，强调信息的传播；而"互"更加注重人与产品之间的互动，强调行为方式。工业社会时期的产品大多是以触觉、视觉等途径来实现其功能，从"互"的层面上来说，这一时期产品的功能还不具备复合化的特点，因此用户缺少多感官途径，包括视觉感知、听觉感知、嗅觉感知、触觉感知、味觉感知以及运动感知等来与产品互动。在工业社会，还没有出现视觉、听觉等软件信息的互动应用，产品硬件的材质、色彩、结构也比较单一，且当时的工业产品相对缺少交互、动态的形式，所以产品交互性程度普遍偏低，产品的可用性与易用性也不能很好地体现出来。

因此，如果从"交互"的字面含义对工业社会的信息传播进行解读，那么结论会更加直观：在工业社会的信息传播模式里，"交"的含义得到了明显的体现，但是"互"的含义体现尚较为缺乏。

5.5　工业社会与原始及农业社会之对比

5.5.1　社会生产关系层面的演进

历史社会形态的演进有着本质的规律特点，不同的社会时期体现了人类不同的对于认识自然、改造自然的过程与成果上。原始及农业社会时期，人类生产活动主要集中在对自然物质的采集与利用，是一个单向式的生产过程。土地为最重要的生产资料，社会以"家""户"为单位组织生产，进行分散的个体经营。

工业社会是以大规模工业化生产为经济主导成分的社会历史形态，是农业社会之后的社会发展阶段。与农业社会相比，其在人口结构、经济条件、社会教育、民主法治以及社会意识形态、思维模式、生活方式等层面都有着巨大的变化（表 5.2）。进入工业社会时期，社会生产是大规模、批量化生产制造的模式，是标准化的流水作业并形成了循环式的生产过程；以城市为主要聚集地的集中式生产制造提高了生产效率并降低了生产成本。以大机器的技术系统的使用和能源的消耗为核心的专业化社会大生产模式成为工业社会主流，并逐渐取代了传统的农业、手工业生产，田园式自然经济被瓦解，自给自足的农业和小规模的工场劳动被逐步淘汰。社会分工的规模不断扩大，产品的种类与功能得到极大的拓展，生产关系的社会化属性程度日益提高。由于社会生产过程中对于不同技术、专业化知识的要求，单个家庭或个人只能从事整个生产流程链中的一个环节（或若干环节）的工作，这导致物质资料生产过程逐渐脱离家庭，而转移到固定的生产场所。从 18 世纪到 20 世纪，英国、美国、法国、日本等发达国家先后完成工业革命从而进入工业社会时期。随着工业社会的到来，工业和制造业的从业人口超过了传统意义上的农业人口，规模化生产的需要促进城市居民数量逐渐超过农村居民。人类对于社会的认识和实践的重点从物质逐渐转向了能源与动力，能量与物质资源在工业社会时期较好地融合起来，代表着人类对于物质与能量的需求提升到了一个新的高度。

表 5.2　工业社会与原始及农业社会的生产关系对比

项目	原始及农业社会	工业社会
生产工具	手工、农用工具	大机器
劳动资源	物质	物质、能量
生产方式	手工作坊式的小生产	城市化、批量化的大规模生产
生产力性质	原始及农业社会生产力	工业社会生产力

　　社会生产力水平是社会历史发展演进的本质力量和决定力量。工业社会的到来代表着人类认识自然、改造自然水平的划时代变革。工业社会时期的科学技术比较发达，生产效率全面提高，人们的生活条件相比原始及农业社会时期有了根本改善。工业革命为社会带来了新的技术、新的文化范式和经验形式，传统的生产方式与人们的生活方式开始剧烈转变。工业社会的到来，使得资本主义价值观开始成为主流，政治体制形态从雏形迈向了相对成熟的阶段，社会文明与生产力层面均产生了新的格局。掌握了科学技术知识的劳动者开始成为社会发展的主导力量[①]。

5.5.2　信息交互方式的演进

　　在工业革命对于社会的巨大影响下，各种工业品开始迅速地被生产、量产，人类极大地提高了对于物质世界的认识与改造能力。社会的工业化发展进程取得了非凡的成就，使

---

① 海军. 现代设计的日常生活批判 [D]. 北京：中央美术学院，2007.

得人类可以充分地享受工业社会的时代红利，各式各样的机器有效地节约了人类的体力，促进了社会生产力的发展。而工业社会的信息技术的巨大变革也同样推动了信息交互方式的发展。

在工业社会，人类在以往进行信息双向交互过程中所面临的信息不确定性、地域局限性、低效率性得到了很大程度的改善，信息传播的价值与重要性越来越得以显现。电话、电报、广播及电视等这些足以载入人类文明史的伟大发明缩短了人与人之间的距离，加快了社会的运行节奏，提高了人们信息沟通的效率。电话代表了人类的听觉能力范围的延伸，广播与电视则代表了人类的听觉、视觉能力范围的扩展；各种新的信息技术载体不断地发明与普及应用，帮助信息交互方式的发展更加丰富而多元。以电子设备作为信息媒介的信息交互方式逐渐成为社会的主流，其具有很鲜明的准确、高效特点，工业社会的主流信息交互方式已经基本不再受到时间、空间等传统因素的限制。

电子媒介的发展对于工业社会的信息传播方式有着极大的影响，形成了全新的社会消费形态和社会主流文化，使得工业社会的信息交互方式与原始及农业社会截然不同。工业社会带来了一种大工业生产的概念和模式，它的最大特点是在特定的时间和地点允许的范围之内，利用批量化的方式进行大规模流水线生产，这种特点也影响了社会信息交互方式的发展。在工业社会的信息交互方式中，原有的面对面形式的信息交流与传播过程中的细节与互动性，很大程度上被直线式的电子信息传播模式所影响。用户的可参与程度有不断下降的趋势，个人的情感体验及感知因素常常被有意无意地忽视，用户感知信息的过程不再平衡。比如：广播只能"只闻其声"；电话只是通过语音的形式从听觉层面来帮助用户感知信息，位于电话一端的人常常"指手画脚"，不由自主地运用肢体语言试图让对方明白自己的想法，进行"见不着面的交谈"；电视虽然"有声有色"，有着极强的视觉与听觉综合信息表现能力，但是电视既存在频道限制又大多为节目的独白性顺序表演，观众少了触觉的模仿，最终需要全部的感官去综合性思考和回味，从而弥补与强化个人的认知需求[①]。

就整体而言，在工业社会的信息交互方式里，虽然信息的表达形式以及用户在信息传播过程中的单方面感知需求在技术层面有了很大的提高，但是就进行信息交互的个体而言，对于信息的整体性综合把握需求并未得到充分的满足。就信息交互设计的理论体系而言，在工业社会时期，信息设计的完成度要领先于交互设计与感知设计；"有交无互""有知无感"可能是工业社会的信息交互设计特点的形象概括。

---

① 胡飞. 问道设计 [M]. 北京：中国建筑工业出版社，2011：111.

第6章

信息社会的信息交互设计

6.1 信息社会的"境"

6.1.1 信息社会的产生

20 世纪中叶，世界范围内爆发了第三次科学技术革命，即信息技术革命，其以信息论为代表，从通信技术角度来研究信息，奠定了信息科学的基础。20 世纪五六十年代的公共计算机浪潮催生了信息技术的电子化传播模式，被历史性地载入世界科技发展史。20 世纪七八十年代的个人计算机浪潮，延续了信息技术从模拟化信息到数字化信息的发展趋势，更多的信息为个人所获得并体现出重要价值。20 世纪 90 年代和 21 世纪初期的互联网逐渐深入人们的生活中，互联网通过局域网、广域网等网络技术工具为信息载体，将大量孤立的数据和计算机的信息处理能力进行了信息资源的整合。从信息技术的发展趋势来看，当今的社会也许正迎来信息技术革命的新一轮浪潮；移动互联网的应用，普适计算时代的来临，各种高度发达的信息技术设备给人们的生活带来了更加宽广的信息应用空间，现实环境中的任何物体都可以连接入物联网并进行识别、控制。信息技术革命的产生预示着构建在现代科学基础上的信息获取、传递、处理、存储的技术已经逐步成熟，并迈入了面向社会的广泛应用阶段。信息技术革命给人们生活和工作所带来的改变已经深入社会的每一个角落，人们日常工作、休闲娱乐和信息交流的方式无时无刻不被信息技术革命所影响，它的本质是利用信息技术资源创制先进的信息工具，最终拓展人类社会生产实践的能力和改造社会的能力。

可以说，信息技术革命的产生也代表了信息社会的到来。从社会学的角度而言，信息社会是以信息技术的飞速发展和广泛应用为主要标志的社会形态。在信息社会里，各种信息迅速被积累、传播、存储，信息所具有的价值得到了充分的发挥，为人类社会创造了财富并一定程度上改善了人们的生存环境[①]。信息社会代表着人类文明的全新转型，本质是以用户为目标的专业信息技术运用。若从科技、经济、政治、文化等多角度进行考究，信息社会是对传统的社会形态系统性、综合性、决定性且不可逆的变革；信息社会里的社会既有关系也经历着天翻地覆的变化，社会运转的节奏非常快速，且变化的步伐比历史上任何社会形态都要迅速。将世界上第一台计算机的发明视作一个起点，社会的信息量开始迅猛增加，信息传播与应用的速度与程度都以几何级数增长；信息在社会生产、分配及消费等层面产生了新的模式，这都代表着信息社会与过去的传统社会在本质特点上的极大变化。正是由于信息及其相关活动对于人类社会带来的综合性全方位变革，导致了信息社会开始呈现出不同于以往工业社会的诸多特征。在工业社会，人们将社会发展与机械化生产方式紧密相连；而到了信息社会，信息成为最主要的社会生产的基本资源。信息技术革命给人类历史社会带来了全方位、综合性的深刻变革，"信息社会"作为全新的人类社会文明体制也因此诞生了。

信息社会的产生代表着人类已经从追求机械性能的大规模生产时代，转向了一个数字化、网络化的时代，一个以加工、传递和分布信息为信息活动目标的时代[②]。对于信息技术的应用与研究已经成为信息社会中生产组织发展最主要的来源与动力，信息及其相关活动在社会的经济、政治和社会事务中占据着越来越重要的主导地位。以美国为例，美国作为世界上第一台计算机和互联网的诞生地，拥有世界顶尖的信息技术并聚集了来自全世界范围的高级专业信息人才群体。在信息社会的头几十年里，美国的信息业在世界上处于持续领先地位，使美国在全球经济一体化的发展过程中存在十分显著的战略优势。无论是在社会产业结构调整和社会经济增长方面，还是在互联网大众化与商业化应用领域，信息业的强劲发展势头都体现出强大的影响力，信息业的快速发展已经成为美国社会发展的强力引擎，为美国国家综合实力的不断增强提供了有力保障。1977 年，美国信息经济学家波拉特在其著作《信息经济》中，首次采用农业、工业、服务业、信息业的四大产业分类，客观而准确地分析了美国社会经济结构的变化。依据波拉特的理论，信息业包括：政府或非信息企业为了需求而进行的信息活动；向市场提供信息产品和信息服务，并以信息商品形式进行出售的信息提供活动，包括计算机、电话、通信设备等信息工具的制造业等。全新的四分类法相比于传统的三分类法具有更加科学而合理的特点，而且有力地印证了信息业给社会发展所带来的强大推动力。

针对信息社会的产生与发展，西方许多著名学者和研究机构也纷纷发表了旗帜鲜明的研究观点。1973 年，哈佛大学社会学教授丹尼尔·贝尔（Daniel Bell）出版了著作《后工

---

① 王宏，陈小申. 数字技术与新媒体传播 [M]. 北京：中国传媒大学出版社，2010：11.
② 王佳. 信息场的开拓：未来后信息社会交互设计 [M]. 北京：清华大学出版社，2011：239.

业社会的来临》。贝尔从社会学理论角度旗帜鲜明地认为世界上并不存在所谓的"信息社会"。贝尔认为：前工业社会是关于"人与自然的斗争"；工业社会则是一种"利用能源将自然环境转化为技术环境"，是关于"人与人为自然（机器）的斗争"；后工业社会则是以信息为基础的智能技术对于科学活动以及其机构进行组织和管理的社会，是关于"人与人的斗争"①。贝尔认为后工业社会是工业社会的各种趋势的继续，是以知识为中轴的，以数字化信息为主要资源及链接途径的全球一体化社会。

1980 年，未来学家艾尔文·托夫勒（Alvin Toffler）出版了《第三次浪潮》，书中详尽地阐述了"第三次浪潮"对于社会发展带来的深刻变化，提出："我相信我们已处于在一个新的综合时代的边缘。"②法国著名记者和作家让 - 雅克·施内贝尔也出版了《世界面临挑战》一书并提出，信息是当今世界最重要而又取之不竭的资源，而自然资源与能源在地球上却是日趋枯竭的事实；最终他直接运用了"信息社会"的概念，从物质、能源与信息等社会基本组成要素的角度展开了深刻的探讨。1982 年，美国著名学者约翰·耐斯比特（John Naisbitt）出版了《大趋势》一书，共从十个方面论述了美国社会的发展大趋势。耐斯比特提出了许多重要的社会学观点，比如："知识生产力已经成为社会生产力、竞争力发展和经济成就的关键驱动力……知识已经成为社会最主要的工业，这个工业提供了社会经济生产所需的重要资源……信息社会是真实存在着的，是创造、生产和分配信息的社会"。耐斯比特指出，信息社会产生的具体时间从 1956 年至 1957 年，理由主要包括两点：一是在 1956 年，美国历史上从事信息技术工作、信息管理工作的白领的数量第一次明显地超过了从事体力生产的蓝领的数量；二是在 1957 年，苏联发射了世界上第一颗人造卫星，从而开创了卫星覆盖地球上空的全球通信时代。耐斯比特强调，世界已经从工业社会转变为信息社会，"地球村"真正成为现实；在信息社会发展过程中起决定作用的生产要素不是资本，价值的增长也不再仅仅是通过体力劳动，而是通过信息和知识。

从以上列举的研究观点中可以看出，虽然学者们对于"信息社会"究竟是一种区别于过去的全新社会形态，还是传统的工业社会在新时期的延续发展（即所谓的后工业社会）尚存有一定的分歧，但是学者们也普遍承认，随着计算机和互联网用户的不断增加，信息的应用途径变得越来越丰富、快捷，信息的价值得到了越来越多的体现，人们的生活由于信息技术的快速发展所产生巨大改变的事实却是为所有人公认的。笔者认为，信息社会的产生给传统社会带来了巨大的冲击，其改变不仅体现在经济层面，更多地体现在观念层面、文化层面、科技层面、政治层面等。从社会生产力发展的角度而言，社会的生产活动越来越多地趋向以开发和利用信息资源为目的，信息业逐渐取代了大规模生产的传统工业的优势地位，并且信息业成为社会经济活动支柱的趋势也是显而易见的。因此，笔者较为认同"信息社会是一种全新的社会形态"之观点。在本书的研究过程中，将适当忽略对于 20 世

---

① 贝尔. 后工业社会的来临 [M]. 北京：商务印书馆，1986：25.

② 托夫勒. 第三次浪潮 [M]. 黄明坚，译. 北京：中信出版社，2006：39.

纪中叶之后社会历史形态究竟应如何定义的学术分歧，而是基于"知识和信息是社会的决定性变量"[1] 这一观点，将此历史时期定义为"信息社会"，并着重从信息及其相关活动在社会中稳步递增的重要性地位进行信息交互设计的相关探讨。

6.1.2　信息社会的生产方式

信息技术革命给人类社会带来的最根本性变化体现在社会经济结构上，"信息经济"开始被社会大众广为认可。在国民经济总产值中，信息与知识相关产业的部门所创经济产值相比于其他部门所创经济产值已占有绝对优势，知识创新已成为推动社会发展的基本动力。信息社会象征着知识经济时代的到来，信息经济的繁荣与否并非直接取决于资源、资本、硬件数量、规模和变化数值，而是依赖于对知识和信息的有效积累和利用。信息经济有别于传统的物质经济与能源经济，是以对各式各样的信息的收集、存储、应用与转换为主要特征的经济模式。每个社会时期均有着不同的生产方式特点，信息社会同样有着与传统社会截然不同的生产方式（图 6.1）。

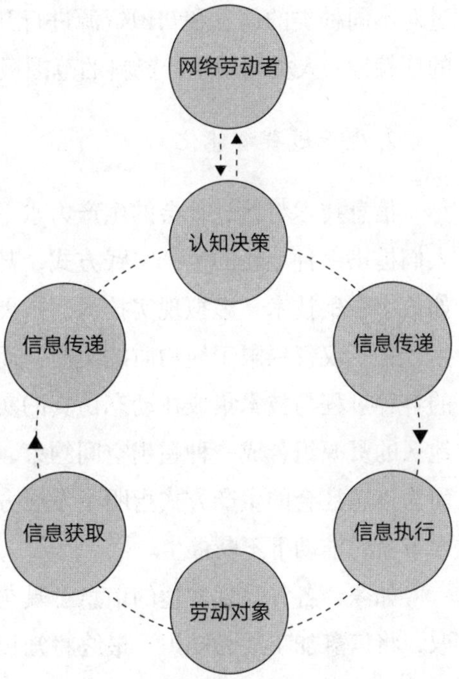

图 6.1　信息社会的生产方式

1. 生产资料信息化

信息和知识是信息社会生产的核心原料，信息社会的主要生产方式是信息的生产，知识作用于知识本身的活动成为社会生产力的主要来源[2]。信息生产的内容不断增加并成为一种重要的经济资源，为社会的发展创造了巨大的价值，并开始占据社会经济发展的主导地位。正如经济管理学者莱斯特·C. 瑟罗（Lester C. Thurow）（1999）在他的《创造财富》（*Building Wealth*）一书中提出"知识经济时代"的观念。经合组织在《以知识为基础的经济》报告中的研究显示，其主要成员国的国内生产总值（GDP）有 50% 以上是来自信息、通信、软件与计算机等高知识密集产业的贡献，从本质上改变了工业经济所依赖的土地与物质，使得知识成为新的推动生产力的要素。由于网络社会的崛起，经济的基础已转向无形的资本（知识、技能）；与此同时，生产资料的信息化促使社会产业部门数量逐渐增多，传统的农业、工业生产的自动化、智能化水平得到了很大提高，生产劳动的效率也随之有

① 贝尔.后工业社会的来临 [M].北京：商务印书馆，1986：51.

② 韦伯斯特.信息社会理论 [M].曹晋，译.北京：北京大学出版社，2011：151.

了巨大的提升，从而使得信息社会的生产力水平快速超越了传统的工业社会。随着计算机、5G、工业物联网等信息技术的不断发展，生产智能化比例不断增加，智慧城市框架以及各项智能化基础设施规划与配套建设越发完善。与此同时，随着全球工业互联网平台快速发展，企业也积极布局并持续带动前沿平台技术创新，推动市场应用快速开发部署、供需关系对接、资源配置，为助力制造业数字化转型与发展起到极大的帮助作用。

生产资料的信息化进程，可以帮助人们从传统的分配物质资源的限制中解放出来。通过对不同种类的信息和知识资源进行开发和应用，还可以减少人类经济活动对于物质资源的依赖性。人类利用生产资料的范围极大地向外扩展，社会经济的运行基础也将更加稳固。

2. 生产过程智能化

信息技术将信息社会的生产力水平提高到一种全新的智能化水平。信息技术的发展为人们提供一种全新的生产实践方式，甚至能虚拟并创造一些现实生活里不存在的东西。诸如数字孪生技术、虚拟现实技术、扩展现实技术、普适计算技术等发达的信息科技将社会生产并不仅仅局限于纯物质的生产，而是提供了一种虚拟化的生产空间，将产品制造相关的各种过程与技术集成在动态仿真的实体数字模型之上。信息技术的高效应用能够将各个地区的资源组合成一种超越空间约束、通过网络手段联系并能够集合应用的价值整体，从而为信息社会的生产方式指明了发展方向。一大批全新的信息产业将在不断发展的信息技术革命的推动下不断催生。

如今，各种高度发达的信息工具与技术可以按照人类所设定的目的进行信息的主动获取，将信息加工成为知识，最终将知识转换为智能策略和行为。生产过程的虚拟化使得社会生产力朝着更加信息化、智能化的方向发展，智能化的生产工具将更为广泛地普及与应用。全新的社会生产方式的产生，就会要求建立与之相适应的社会生产关系，进而形成信息化、智能化的社会上层建筑。

3. 生产范围全球化

在信息社会，资本与商品的生产、交换、消费和分配等各种社会经济活动在全球范围内迅猛发展，并给全球经济发展带来了巨大的影响力。信息技术革命的产生大大推进了社会生产、加工、经贸的全球化。信息工具的设计与制造借助互联网络实现了全球范围内的分工协作，传统的"劳动密集""资本密集"的生产方式逐渐升级为"技术密集""智能密集"的生产方式，生产范围全球化趋势已成为现实。

凭借先进的信息网络以及交通工具，社会生产范围以很快的速度从区域性转向全球性，市场经济模式下的资源配置和经济流通已成为社会共识。整体而言，生产资料可以来源于世界各地，生产过程可以在跨国跨地区之间无障碍进行，商品经济与贸易可以在全球范围内展开①。生产范围的全球化已经成为势不可挡的信息社会发展潮流，先进的信息技术突破了地域与时空的阻隔与界限。各种区域市场、国内市场和世界市场紧密地联结为一个整体，经济运行也更加顺畅，同时市场竞争也愈来愈激烈。

生产范围全球化代表着信息社会时代的生产方式特点的根本转变。全球经济模式的诞生与成熟，各国之间开始有了充足的商品和信息的流动，全球性市场经济已经接近于真正实现②。这种极为密切的全球范围内的整合性生产模式所具有的复杂性特征，以及所带来的社会冲击与挑战，也将成为研究信息社会生产方式发展的重要议题。

4. 生产方式人性化

传统的工业社会的生产方式使得普通劳动力跟随着机器的运转进行大批量的机械化生产，固定而僵化地在慢节奏中进行重复性的生产工作，劳动过程枯燥、单调。此外，工业社会的机械化大生产模式所产生的副作用也不断地破坏着人类的生存环境，生态平衡也遭到了极大的破坏。

信息社会的生产方式极大地提高了社会生产力的劳动效率，以半自动化、自动化机器辅助或替代员工进行各式各样复杂、重复的操作，使人们的劳动时间得以缩短，帮助人们从繁重的体力劳动过程中解放出来。同时，丰富的各类信息产品可以极大地满足人们的物质以及精神需求，信息产品不仅具有物质上的使用价值，还具有精神上的欣赏价值。信息社会的劳动力是社会财富的主要创造者，良好的教育使得信息劳动力具备理性地分析、思考、沟通并采取谋略性行动的能力。

信息技术革命极大地促进了社会文明的传播，从而唤醒了每一个社会公民的民主意识与民主观念，每一个人可以更好地表达所思所想。社会管理的组织结构由传统的金字塔式逐步迈向多点并存的网络式。此外，信息社会的生产过程是一个对环境无破坏的生产过程，可以更好地保持自然界的生态平衡。可以说，信息社会的生产方式的核心是为了实现人类自身的解放和更多地实现精神层面的追求，社会的发展终究是以人为核心的发展。

6.1.3　网络社会的崛起

"网络社会"是美国学者曼纽尔·卡斯特（Manuel Castells）最先提出的关于社会文明结构的社会学理论概念。作为一位实证型的社会学家，曼纽尔·卡斯特针对社会、政治和经济特征等要素进行关联性、系统性、理论性的研究；内容包含了信息技术革命、新经济、网络企业、工作与就业、文化、流动的空间等多个方面。曼纽尔·卡斯特的核心论点是："信息时代宣告因为网络的发展而塑造了一个新型社会的来临，网络比其他东西都更

---

① 孔伟. 信息技术视域中的社会生产方式 [D]. 北京：中共中央党校，2004.
② 弗里德曼. 世界是平的：21 世纪简史 [M]. 何帆，肖莹莹，郝正非，译. 长沙：湖南科学技术出版社，2006：8.

为重要。"①

网络社会是一种网络化的社会关系形态，是一个高度动态的、开放的系统，而互联网的诞生和应用是网络社会的基础。曼纽尔·卡斯特对于"网络社会"有着这样的解读："网络就是一组相互连接的节点，节点到底是什么，要依赖于具体的网络而言。网络是一个开放的结构，能够无限扩展。只要能够分享相同的沟通符码，就能整合入新的节点。而所有的节点，只要它们之间能够共享信息就能互相联系……一个以网络为基础的社会结构是高度活力的开放系统，在不影响平衡的前提下更易于创新。"② 卡斯特认为，信息主义是当今世界最重要的特征，带来了明显的社会变化。而社会本身就不断地处于恒定的变化之中③。

网络是一种数字化的媒介，传播的是数字化的信息，信息传播的途径是以互联网为主体构建的网络媒体。虚拟空间和现实空间会进一步地融合，而网络社会就是这样一种综合性的社会产物。网络社会的三个有机组成部分是信息互动、社会互动、生活互动，由此建立人与人之间的关系，形成社区化生活方式的平台。信息技术将围绕无处不在的网络推动一系列创新和发展。任何人在任何时候以及任何环境下，向任何一个人提供和接收信息已经成为现实。可以说，网络社会重构了人与信息的关系，正如亚瑟·戴森所说的那样："互联网并不仅仅是一个信息源，它是人们用来进行自我组织的一种方式。"④

麦克卢汉在《理解媒介：论人的延伸》一书中这样写道："在我们一般人的眼中，媒介仅仅是形式，是信息和知识内容的载体，媒介本身是空洞而静态的。但事实上，媒介对其所传达的信息和知识内容有着强烈的反作用，作为形式的媒介是积极的，对知识、信息有重大影响，并决定着信息的结构方式和清晰度。"⑤ 网络社会的形成与发展加速了信息朝向信息用户"人"主体的流动，网络社会重新定义和变革着人与社会的关系，其意义是革命性的。网络社会以全球经济为力量，彻底动摇了以固定空间范围为基础的民族国家或所有组织的既有形式。⑥ 从这个角度来看，网络社会的崛起可以看作一场人类文明形态转型的全新革命。

笔者认为，"信息社会"与"网络社会"的区别在于："信息社会"是一种社会形态，重点强调信息在社会中的角色，即信息的生产、处理与传递已经成为社会生产力与权力的基本来源。而"网络社会"是一种社会文明的记录形式，是对于现实生活的一种延伸与补充，重点强调信息社会形态中关于网络形式属性与网络化逻辑的重要性，已经渗入社会的主要活动领域并延伸到人们的日常生活的习惯与方式。现实社会满足了人们的物质与能量

---

① 韦伯斯特. 信息社会理论 [M]. 曹晋，译. 北京：北京大学出版社，2011：126.
② 卡斯特. 网络社会的崛起 [M]. 夏铸九，王志弘，等译. 北京：社会科学文献出版社，2006：435.
③ 凯利. 技术元素 [M]. 张行舟，余倩，周峰，等译. 北京：电子工业出版社，2012：12.
④ 戴森. 2.0 版：数字化时代的生活设计 [M]. 胡泳，范海燕，译. 海口：海南出版社，1998：52.
⑤ 麦克卢汉. 理解媒介：论人的延伸 [M]. 何道宽，译. 北京：商务印书馆，2000：中译本第一版序.
⑥ 卡斯特. 网络社会的崛起 [M]. 夏铸九，王志弘，等译. 北京：社会科学文献出版社，2006：3.

需求，网络社会满足了人们的精神与文化需求，现实社会与网络社会共同构成了当今人们所生活的环境。可以说，"信息社会"与"网络社会"既有着一定的紧密联系，又有着一定的区别。

网络社会里的视频、声音、图像、行为等各种信息都深深地扎根于现实社会中，因此形成了全新的社会关系。2006 年年底，美国《时代周刊》年度人物评选封面上没有摆放任何明星的照片，而是出现了一个大大的单词"You"以及一台个人计算机（图 6.2）。《时代周刊》对此评论道："社会正从机构向个人过渡，个人正在成为所谓'新数字时代民主社会'的公民。"2006 年的年度人物就是"你"，是互联网上信息内容的所有使用者和创造者；而正是每一个"你"最终构成了网络社会的系统本身。

图 6.2　美国《时代周刊》封面

6.1.4　网络社会的重要意义

网络社会的崛起代表着网络式信息传播时代的到来，展现了人类社会的全新文明形式与巨大的信息发展空间。数以亿计的个人计算机、手机等各种智能化终端设备借助于无所不在的互联网，将国家、城市和个人连接成一个巨大的网络。传统的实体物质产品被许多能够充分激发用户体验的数字媒体信息应用所替代，人们的日常生活背后所对应的是一个极其庞大且复杂到难以想象的数字化网络世界。以中国为例，中国互联网信息中心（China Internet Network Information Center，CNNIC）对中国互联网发展状况等多项统计调查数据揭示了我国互联网快速发展的现状。我国于 1997 年 11 月第一次发布的中国互联网发展状况统计报告显示，当时中国的互联网用户为 62 万。到了 2012 年 1 月，据第 29 次发布的报告，我国网民人数就已突破 5 亿，具体数量为 5.13 亿。截至 2021 年 6 月，我国互联网用户规模达 10.11 亿，较 2020 年 12 月增长 2175 万，互联网普及率高达 71.6%，随着越来越多的人开始使用网络，网络对整个人类社会产生了更加深远的影响，人类的生产、生活以及思维方式发生了巨大的改变。

网络社会包含了众多的人和大量相关的事物，是一个庞大的系统；每一个人或者事物都是网络社会系统的组成部分，它们共同构成了网络社会赖以发展的基础。网络社会的崛起，是人类社会发展与信息技术进步的成果与结晶。网络社会的快速发展带来了信息应用的全球化，各个国家都十分注重以网络为基础发展本国的信息经济产业，从而进一步推动了各个国家的社会进步与文明转型的进程。同时，网络社会的崛起也推动了信息社会产生新的社会管理制度，人类的行为方式、思维方式等精神层面属性都有一定的变化。可以说，网络社会的崛起带给人类的不只是信息技术手段与工具的丰富与提升，诸多个性化的思维创新、文化创新与技术创新开始真正地引领了时代发展的潮流。

网络社会充分地体现了当今社会"虚拟性"与"现实性"的错综复杂。"虚拟性"可以是虚幻的，常被理解成本质上没有被正式承认的一些事物；而"现实性"常被认为是在真实世界中存在的物质或状态。在网络社会的语境里，这两个看似矛盾的概念完美地融合与并存。人们在适应网络社会所带来的虚拟性的同时，人类自身存在的方式以及心理需求、角色意义也都在相应地变化，形成了"虚拟人"和"自然人"的双重人格。网络社会与现实社会有着许多区别（表6.1）。从思维方式上而言，网络社会突破了现实社会中的严格的阶层等级界限，所有的网民都是网络社会中的一个信息节点。在自由的信息传播与交流过程中，每个人实际上都处于一种自由而平等的交流语境里；这种高效的信息传播语境使得人们突破了现实生活中的种种局限，带来了具有更加愉悦体验的信息传播结果。从行为方式上而言，网络社会的时间和空间有着无限的扩展性和多元性，信息用户之间可以突破空间和地域的限制进行方便快捷的实时交流，"咫尺天涯"的愿景得以真正地实现。虚拟性与虚拟现实是对于网络社会研究的热点。美国学者尼古拉斯·米尔佐夫认为："虚拟是一种并非真实却看似真实的图像或空间。在这个时代里，这些虚拟的图像或空间包括赛博空间、互联网、电视、电话和虚拟现实等。"[①] 网络社会的虚拟性特征表现在三个方面：物体的虚拟、物性的虚拟和主体的虚拟。"在这个无中心、具有完全接近性和瞬时性的超空间里，现实的秩序和想象的秩序结合在一起，要么体验迷失方向、混乱、分解，要么有可能心甘情愿地解决无序，承认迷失方向和分解是种现实状态。"[②] 网络社会所创造的虚拟效果更加强调通过网络化的结构，虚拟环境与信息的使用者（受众者）是一种互动的关系，使用者可以通过某种方式置身于虚拟环境中并获得某种角色。对于虚拟性的强调，本意在于充分发掘人类的想象力，以突破已有现实存在的逻辑所设定的可能性，从而将更高的人文精神与社会发展进行交融。如何将人性中关于情感的交流、意志的沟通、欲望的表达通过信息交互设计灵活地转换并进行有效的互动，是对于当代设计师的一大挑战。

表6.1　网络社会与现实社会特点对比

类型	环境	形式	范围	特征
现实社会	时空限制	报刊、图表、广播、电视等	区域性	现实性居多、大众媒体为中心
网络社会	任意时空	网络超文本、数字媒体	全球性	虚拟性居多、处处是中心

---

① 米尔佐夫. 视觉文化导论 [M]. 倪伟，译. 南京：江苏人民出版社，2006：113.
② 莫利，罗宾斯. 认同的空间：全球媒介、电子世界景观与文化边界 [M]. 司艳，译. 南京：南京大学出版社，2001：101.

网络社会更加关注用户和用户之间的信息活动关系，对于信息制造和传播的关注转移到信息的应用，包括用户的交互行为，信息和信息载体之间的关系，不同地域特点的信息整体性等。网络社会是一个允许不同类型的人们共同存在并开展社会活动的公共空间，信息的交互使得人们可以维持旧的并开拓新的人际关系。广大的网络用户日渐因意识形态、价值观念与生活风格的不同而有分化的趋势。互联网络的感知性、虚拟性、交互性等特征满足了普通大众的这些新需求，进一步加速了现实世界与虚拟世界的融合。"作为一种历史趋势，信息时代的主要功能和方法均是围绕着网络所构建的，网络构成了我们新的社会形态，是支配和改变我们社会的力量源泉。"[①] 新的信息技术融合并汇集着多样化的专业性信息，网络社会正在逐渐演变为"融合"与"分裂"并存的碎片式社会。信息已经成为当今社会顺利运转的主要生产要素，而网络的数字信息流动构成了网络社会人际关系结构的基本线索。人类终于得以摆脱了几千年来自然界的天然束缚，真正能够自主地生活在一个完全的人文世界中，而这也象征着崭新的信息时代的开启。

马克·波斯特（Mark Poster）在他的《信息方式：后结构主义与社会语境》一书中曾提出："网络作为一种特殊的广延物体，一方面，它能够使得思维客体将其自身建构为一个第三者，处于能够认知并掌握广延物体的位置；另一方面，它没有其他广延物体所具有的固定性和种种局限，而是如同人的心智和精神那样，具有本质上的不确定性。"[②] 网络社会的崛起体现了整个人类社会以及社会文明发展的全新变化。网络社会既改变了人们过去对待信息的处理和使用方式，又改变了信息本身的存储和转换形式；既扩展了人与人之间交往的空间语境，又进一步调整了人与人、人与社会之间的关系。网络社会不仅是一种网络技术形式的语境呈现，更代表着一种精神与社会文明的延伸。可以说，网络社会是通过将技术、经济、用户心理与生态方面的社会进步和卡斯特一直提倡的"信息资本主义"的新思想相结合而实现的，真正地体现了"自由、平等、兼容、共享"的互联网精神。

6.1.5　社会文化性语境的起始

1. 信息社会文化语境的显现

从科学主义角度看信息化，最容易看到信息技术；从人的角度看信息化，则会发现信息文化。从信息社会发展历程来看，数字化对社会影响是全方位的；在文化领域，由于历史、民族、国家所造成的文化传承、艺术形式和艺术观念，逐步地被信息化解构和重组。信息技术与当前社会变迁过程间的互动，对于现有生活方式也产生了影响。曼纽尔·卡斯特（1989）认为，"社会结构在信息科技发展的冲击下，将造成流动空间的兴起。在这样

① 卡斯特.网络社会的崛起 [M].夏铸九，王志弘，等译.北京：社会科学文献出版社，2006：435.
② 波斯特.信息方式：后结构主义与社会语境 [M].范静晔，译.北京：商务印书馆，2000：50.

一个流动的空间之中，一种全球性且完全相互依赖的世界经济形态将会出现"。"人类的日常生活和活动，在很大程度上成为信息生产、传递、选择、使用的行为，这些行为受到其所处的信息文化环境的制约和影响，同时这些信息行为又构建着信息文化。"[①] 信息文化体现在物质基础、精神观念、制度规范、行为方式等几个方面，信息文化具有开放性、多元性、广泛参与性、选择性、变动性等特点。信息文化是信息设计基本价值的体现，决定着信息设计的价值观和发展方向。

随着以计算机及互联网为主要特征的信息社会的发展，社会的文化性语境特征已经成为对当代设计产生重要影响力的决定性因素。产品的设计已经由生产为主导转向了以用户为主导；在保证产品的功能性的基础上，如何通过产品的独特性、情感性、多元性满足信息用户的精神需求是当今设计更加关注的目标[②]。恰如清华大学李砚祖教授在《设计：在科学与艺术之间》所提到的："设计开始从有形转向无形；从物转向非物；从一个强调形式和功能的技术文化转向了一个非物质的和多元再现的人文文化。文化上的增值创造了产品的附加值，设计也成为推动文化发展的动力。"

信息社会的信息技术、生产实践、社会结构等基本组成要素有了非常明显的改变，作为上层建筑的社会意识形态、法律道德以及文化观念也相应发生了极大的变化[③]。事实上，信息社会并不能被简单地理解为是由各种信息技术造就的数字化产品所组成的，如何延续文化的传承才是人类社会中最有价值的东西。文化体现了人类对于物质与精神的双重要求，反映了包括生活观念、生活需求、生活方式等诸多与人类相关的要素。可以说，自古以来，社会文化性语境的重要性随着社会生产力水平的提高日益显现。以原始社会为例，虽然当时的社会生产力水平十分薄弱，人们都以群居的形式在一个较小的地域中生存，但已经产生了诸如语言、风俗、宗教、思维方式、生活习惯等产物，这实际上就是原始社会群居文化的一种具象体现。在社会生产力水平已有大幅提高的信息社会，由于人类基本的物质生存需求已经得到了较好的满足，人们开始更加崇尚精神文化需求的满足。

信息社会为人类汇聚了海量的信息和知识，各种文化的传播遍布了社会的每一个角落。从社会发展的层面来看，高度发达的信息技术为信息社会提供了更多的发展空间，这需要不断地发掘社会的文化内涵，在社会学角度的大视野下使设计目标与人文关怀相统一。在不断发展的社会语境中，用户的信息行为由于书写、电子媒介、网络媒介的应用产生信息交互过程的时空分离，用户的行为特点、价值观念无时无刻不在发生着改变，也因此形成了信息交互方式的多种形式。但在"全球化"语境中，现代文化呈现出高度的交互性、时空的重组性、全球文化的同质性、民族国家的超越性以及体系的多维性。"时空

① 董焱. 信息文化论：数字化生存状态冷思考 [M]. 北京：北京图书馆出版社，2003.
② 张凌浩. 符号学产品设计方法 [M]. 北京：中国建筑工业出版社，2011：251.
③ 杨向荣，姜文君. 传媒时代的文化转型与知识分子的角色转变 [J]. 湖南科技大学学报（社会科学版），2009（4）：29-32.

扩张"与"时空压缩"构成了全球化时代人们新的生活感受，全球化的影响将构筑起一个新的多维的人类社会交往体系。值得一提的是，各种信息的可无限复制性导致了许多人对于信息技术的盲目崇拜与追逐，这使得社会的文化性追求有了部分缺失。为解决信息技术发展与当代社会文化关系失衡的问题，更加需要以民族的深厚文化积淀为基础、以时代精神为指引、以人文关怀为目标，通过信息交互设计进一步挖掘、阐释其设计中的文化内涵。

信息技术革命所带来的社会影响不仅是社会发展和人类生存状态的一场巨变，更为人类存在的意义带来了一种全新的阐释思路，为弘扬与传播人文精神提供了一个全新的平台。在各式各样的信息传播过程中存在的不仅仅是科学、技术、艺术等信息本身，更蕴含着深层次的人文精神与科学理念。人类是一种处于智慧链顶端的生物，在任何时期都需要人文精神的滋润；信息交互设计不仅是连接文化与技术的桥梁，同样也是文化、产品与用户之间的桥梁。设计师必须在文化层面上保持同理心，积极探索为信息用户引入新的信息产品。在信息交互设计的过程中，如果重视对于文化因素的分析与理解，将有助于把握用户的心理特点，寻找社会的组成因素间的关联；最终将抽象的文化理念融入具体的设计中，从而创造出满足用户的物质需求与精神需求并且更具文化价值的信息产品。

如今的中国正处于文化与科技全面融合的全新时代，科技的进步催生着信息化文化的新形势、新生态。从科技层面来看，科技正从各个角度创生着全新的时代文化；信息技术的发展全面提高了社会文化传播的覆盖面，文化价值所内含的社会创新意义正在得到不断强调，互联网生态下的文化价值正在全面显现。从文化层面来看，文化的创造常常来源于技术表达方式的变革。最明显的例子体现在当代文化的创造者角色正在逐渐转向大众，如"用户创造内容"（use-generated-content，UGC）正在逐渐成为社会文化创作的主流现象。借助于智能手机、平板电脑等诸多智能设备的不断普及，传统互联网正逐步转向移动互联网，社会公众的广泛参与促进了文化创意、工业设计、数字内容产业、城市建设、现代农业等相关产业的融合。从全球范围看，传统制造业正在向科技型、智能型、创意型的高端制造业全新模式转型升级。"工业 4.0"新理念已经不再停留在纸面，它将给未来社会经济发展带来重大机遇。

2.典型案例："二零一九，最美的夜"bilibili 跨年晚会现象

最近几年，bilibili 网站（简称 B 站）备受国内年轻人青睐，并逐渐形成极具平台特色的弹幕互动方式与亚文化生态。"二零一九，最美的夜"bilibili 跨年晚会活动在网络上产生不同凡响的效果。2019 年，万众欢聚团圆年时，B 站策划了一期与其他各大卫视风格截然不同的晚会。观众可以在观看晚会节目时不断点赞并跟随节目进行互动，因此被《人民日报》评价为"最懂年轻人的晚会"，豆瓣给出 9.0 的高分评价。B 站跨年晚会不仅因此获得超乎想象的市场口碑，同时也获得巨大的经济利益。

不难发现，中国青年人普遍对层出不穷的热门歌曲串烧类节目存在审美疲劳，因为在观看节目时感觉到过分甜腻和疲惫。那么，为什么B站的首届晚会就能从各大卫视精心编排的晚会中脱颖而出，引来如潮般的好评呢？究其本质，正是B站确立的设计文化与精神文化需求相同，才使B站晚会获得如此成功。只有真正地从设计文化与精神文化认同维度来思考，才能设计出符合青年人需求的产品与内容。

B站现为国内领先的年轻人文化社区。根据数据公司QuestMobile发布的《QuestMobile2020年中90后人群洞察报告》显示，由于平台定位特点，B站平台备受国内90后年轻人喜爱。B站从一开始就定位为国内年轻人打造具有归属感的文化社区，从传统的受众思维转向为用户思维，迎合年轻人的喜好与需求，上至品牌战略下至元素设计均针对当前年轻人进行设计。B站为年轻人的小众爱好与潮流提供了互动平台，提供包括ACG、国风、说唱、游戏等各种类别的文化产品内容。以国风文化为例，根据B站于2022年5月发布的《bilibili年度国风数据报告》，截至2021年，B站国风爱好者人数超1.77亿，其中18~30岁的年轻人占比高达70%。同时B站也在极力为延续中国传统文化以及推动传统和多元文化发展做出更多贡献，采用新型的、年轻人更喜爱的可接受的方式进行展现与弘扬，这也是B站晚会成功举办的重要原因。总的来说，"二零一九，最美的夜"B站跨年晚会从节目策划、舞台营造、明星选择都更加符合年轻人需求。其优秀之处既包含对于经典文化的传承与发扬，同样也集现有前沿技术构成的创新系统于一身。

在中国传统文化与民族文化方面，晚会通过设计年轻人更易接受的节目形式，即中国传统文化和现代文化的创意结合，一方面弘扬了中国传统文化，让年轻人了解并喜爱上传统文化，另一方面又为中国传统文化赋予了新的生命力，使得中国传统文化更好地被保护与传承。如民乐大师方锦龙与虚拟偶像洛天依共同表演的节目，通过VR等前沿技术构建的独特舞台，并共同演奏中国民歌《茉莉花》（图6.3）；在《韵·界》节目中，方锦龙使用五弦琵琶、锯琴、尺八等多种中国传统民族乐器与乐团一起演奏了《十面埋伏》《沧海一声笑》《牧歌》等多首知名曲目，让不少观众感到惊喜，不仅展现出中国独一无二的传统文化魅力，而且也让观众产生强烈的民族文化自豪感。

在传统经典方面，晚会精心设计的经典曲目触动了大众内心深处的记忆，也满足了中青年人的精神文化需求。如《欢迎回到艾泽拉斯》节目中，将大家一下带入魔兽世界游戏中；《数码宝贝》《名侦探柯南》《头文字D》等极具纪念意义与话题性的节目，勾起观众的共同回忆，激发群体大量公共记忆符号共鸣。B站节目策划部门在设计时，精挑细选更能够满足群体认同的精神需求符号或产品，并通过精心设计呈现出更易产生用户与被策划内容间共鸣的节目。

在中国文化意识形态传承方面，晚会同样设计出年轻人更易接受的文化载体进行传播与弘扬，与当前主流的直接夸赞、歌颂的方式不同，让观众更近距离地感受前辈们的强烈的爱国主义精神、民族认同、国家认同。如《种花组合》节目，晚会塑造起当前年轻人对

图 6.3　方锦龙与百人乐团演奏经典曲目

于"中华"家园形象的同时引发观众的思考，从而进一步激发观众对于中华家园的认同感；由军心爱乐合唱团的退伍老兵和《亮剑》中的楚云飞角色扮演者张光北合作演唱的《中国军魂》《钢铁洪流进行曲》（图 6.4），引来无数网友集体弹幕好评，点燃年轻人的国家认同感与爱国主义情怀。

　　B 站晚会之所以获得不同凡响的效果，也脱离不开其在形式上、方式上、技术上的表达效果。在表演形式上，B 站在晚会视觉设定上就选择"音乐可视化"的思路，让观众有赏心悦目的节目观赏体验，达到"在舞台上用音乐和特效呈现经典作品"的效果（图 6.5）。美轮美奂的晚会表现形式加上 B 站特色的弹幕互动方式，使得青年人的精神文化需求的满

图 6.4《中国军魂》表演的弹幕

图 6.5　虚拟偶像洛天依与方锦龙老师共同表演

足感达到了极致。在表演技术实现上，B 站当晚晚会舞台设置达到大型晚会的标准，屏幕面积达到 3000 平方米，烟火、礼花、干冰、电子喷泉、升降机等设备一应俱全，屏幕背后则驻扎着一支 80 多人的管弦乐队。借助 AR 等前沿技术来丰富晚会的表现力，助力舞台效果的呈现，实现如虚拟偶像洛天依与方锦龙老师的完美的舞台表演，又或是周笔畅演唱的《流浪地球》推广曲，加上别开生面的舞台效果，让人宛如沉浸在科技感十足的宇宙星海，见之忘俗。

6.2 〉 信息社会的 "人"

6.2.1 "人"因素的全新发展

人类的生活方式具有复杂多变的特点，对于设计而言，往往需要在贯穿人类的整个生活方式中寻找设计的答案[①]。当历史社会形态发展到信息社会时期，消费者意识显得越发重要，市场被用户们更精细划分。每个人都是独立的行为个体，有着不同的个性、需求、爱好、价值观、世界观，用户的差异化与个性化的趋势在信息社会体现得十分明显[②]。信息社会的发展与信息技术的提高，使人类实现了生活水平的不断进步，造就了一种比较深层的个性化、独立化、平等化的生存模式，而网络文化的自由给人类带来了文化的平等和民主的快乐。马克·波斯特曾指出："计算机与通信时代的联姻，将使得普通大众可以比过去任何时候都更加接近目标，即所有时代所有地方的所有信息。"[③] 人们可以对自然界中的原始数据信息进行不同类型的选择并进行信息化处理，多角度地进行信息分析、转换、再加工，从而形成更有价值的信息产品。这种转换之后的全新信息组合和信息流可谓是信息本质的升华，对于人们思维层面的影响是原始状态下的原生信息所难以比拟的。

信息社会的到来使得人的本质有了全新的发展。信息技术革命不仅帮助人类有了更先进、更智能的生产工具，同时也将人际交往联系深化到了信息的新层次。人际交往本就是人类生存的基本需求之一，是社会发展和个体自我满足、自我认识、自我完善的必要条件和普遍条件；而人际交往的内容就是关于信息的传输与交流。传统意义上的人际交往是基于原有的血缘、地缘、业缘关系，主要方式是面对面的直接形式，范围较小、定时定点、单向面窄，交往的范围和空间均有较大的局限。信息社会的人际交往突破了传统的地域空间的限制与依赖，不仅有着现实的人际交往关系，同时还具备着间接性、符号性、虚拟性等特点，每一个人都可以在任何时间、任何地点，就任何内容和自己所联系的信息对象展开交流，组成了一对一、一对多、多对多、多对一的多元化交往形式。在信息社会里，信

① 曾曦. 法象明器占施知来：先秦鼎文化考论 [D]. 武汉：武汉理工大学，2010.
② 柳冠中. 设计方法论 [M]. 北京：高等教育出版社，2011：43.
③ 波斯特. 信息方式：后结构主义与社会语境 [M]. 范静哗，译. 北京：商务印书馆，2000：70.

息传播的速度得到提高，信息活动的范围得以拓宽；不同的价值观念、文化特征、风俗习惯在信息社会可以有更多机会交汇以及互相影响。可以说，信息技术的发展为每一个信息用户开阔了视野，延伸了信息的时间与空间，摆脱了地域与民族的局限，为人际交往提供了崭新的信息诠释空间和信息应用空间[①]。

信息社会的发展不仅影响到人们传统的世界观、价值观，同时人们的行为模式、认知方式、生存空间等诸多要素也发生了改变。信息社会的到来为人们提供了一个宽松、自由、平等的信息交流环境，便捷的信息技术环境可以高效、快捷地向每一个信息用户传播世界的文学艺术、最新的科技资讯、社会倡导的行为规范等。每一个人既可以是信息的接收者，又可以是信息的传播者与创造者，个体的创造性有了全新的演绎空间。

人们的生存空间在信息社会得到了重新定义。有别于传统的社会形态，信息社会的人们更多地依赖于网络，许多社会活动开始以网络化的方式进行。信息社会有着真实社会与虚拟社会并存的特点，网络空间的存在使得人们构建了一个全新的具有自我归属感的新社会结构，每一个人都可以自由地抒发自己的观点与情感。人们的日常工作、居家生活、休闲娱乐等诸多需求都可以通过网络完成。同时，获取信息渠道的多元化与深入化使得人们可以经常性地提高自身的认知水平、教育水平，实现人自身的全面发展。概括而言，信息技术革命帮助人类实现了视觉、听觉、触觉等感知因素的提升，促进了最广泛的人际交往，增进了人际的理解与沟通。信息社会的人类获得了一种前所未有的自由，可以将人的聪明才智发挥得淋漓尽致。

6.2.2　用户体验的提出与构建

1. 用户体验的提出

用户体验（user experience）最早是由设计师唐纳德·诺曼在 20 世纪 90 年代中期提出的概念[②]。1993 年，唐纳德·诺曼在担任苹果公司副总裁时，以"用户体验架构"（user experience architect）为标题，向全世界介绍了用户体验这个词，他认为用户体验"涵盖人对系统体验的所有方面，包括工业设计、图形、界面、物理交互等"。约瑟夫·派恩（Joseph Pine）与詹姆斯·吉尔摩（James Gilmore）在 1998 年的《哈佛商业评论》杂志上首先提出了"体验经济"的概念，进一步印证了关于用户体验的重要性。许多用户体验从业者和研究人员都讨论过用户体验的复杂性及定义的模糊性。用户体验与大量的概念有着密切联系，从传统可用性到美学、享乐主义、有效性及信息技术的使用，等等。关于"用户体验"的定义，设计界有一些比较有代表性的观点，诸如："一个产品的用户体验就是一切，但

---

① 孔伟. 信息技术视域中的社会生产方式 [D]. 北京：中共中央党校，2004.

② 诺曼. 设计心理学 [M]. 梅琼，译. 北京：中信出版社，2003：193.

它不是人与计算机交互的一切，而是影响任何工具之间的交互的一切，不管是软件、硬件、服务或者其他的任何工具"，"用户体验是指用户在操作或使用一件产品或一项服务时候的所做、所想、所感，涉及通过产品和服务提供给用户的理性价值和感性体验"[①]，等等。概括而言，用户体验是指在满足产品基本功能的基础之上，用户通过执行预先的任务来实现产品的功能，在与产品的整个交互过程中所产生的心理感受。这种心理感受有着明显的主观性与个体性，因而具有很大的不确定性和差异性[②]。

用户体验的理论基础来源于可用性工程学（usability engineering）。可用性的概念是指产品是否有效、高效、易学、好记、少错和令人满意的程度[③]。ISO 9241-11 国际标准对于"可用性"也作了如下定义：产品在特定使用环境下为特定用户用于特定用途时所具有的有效性（effectiveness）、效率（efficiency）和用户主观满意度（satisfaction）。"有效性"指使用机器完成特定任务的可能性；"效率"指用户完成任务的正确程度和完整程度与所花费的资源（如时间）的比值；"满意度"指在使用产品过程中，用户所感受到的主观满意和接受程度[④]。实际上，可用性工程学强调的是一种基于用户体验出发的产品设计思路，具有十分广泛的适用性。著名的设计公司 Semantic Studios 的总裁皮特·默维尔（Peter Morville）对于用户体验的评价提出一个理论上的要素模型，具有很好的参考价值，其中包括了可用性（usable）、有用性（useful）、可找到性（desirable）、价值性（valuable）、满意度（findable）、可靠性（credible）、可获得性（accessible）（图 6.6）。这个理论模型比较全面地对于用户体验的目标与相关要素做出了合理而丰富的诠释，具有很强的指导性与启发性。

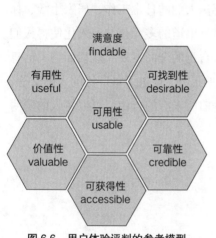

图 6.6　用户体验评判的参考模型

用户体验是研究"产品如何与外界发生联系并发挥作用"的，也就是研究人们如何接触和使用产品[⑤]。用户体验是为用户创造愉悦的心理感受的一种活动；在活动中，企业提供了舞台、商品则扮演了演出道具，场景性地围绕人类创造愉悦、值得回忆的活动[⑥]。只要产品让用户有所感受和印象，就可以定义用户经历了体验的过程。随着信息社会的到来，信息交互设计的核心从对于产品功能性因素的关注，逐渐转向对信息用户是否在产品使用过

① DANIEL L. Understanding user experience[J]. Web Techniques, 2000, 5(8): 42-43.
② 王效杰，占炜. 工业设计：趋势与策略 [M]. 北京：中国轻工业出版社，2009：85.
③ NIELSE J. Usability engineering [M]. San Diego: Academic Press, 1993.
④ 陈烨. 面向用户体验的网页界面优化设计方法研究 [D]. 重庆：重庆大学，2010.
⑤ 罗仕鉴，朱上上. 用户体验与产品创新设计 [M]. 北京：机械工业出版社，2010：4.
⑥ 派恩，吉尔摩. 体验经济 [M]. 夏业良，译. 北京：机械工业出版社，2002：序言.

程中获得愉悦、是否伴随着美好回忆等情感性因素的关注。对于设计师而言，应该着力从用户、产品和环境三个要素的互相影响与作用关系来为用户构建愉悦的用户体验。用户体验的构建核心在于研究并建立用户、产品和环境之间的自然匹配关系，通过为用户带来更美好、令人回味的体验实现用户与环境的和谐关系[①]（图 6.7）。

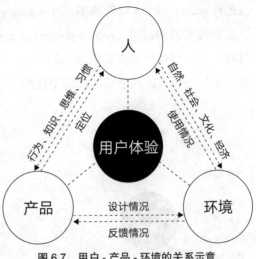

图 6.7　用户 - 产品 - 环境的关系示意

用户体验既是信息交互设计的目标之一，同时也是信息交互设计的结果呈现。对于用户来说，使用产品并感受愉快的用户体验的过程，不仅满足了他们的功能需求，同时在审美、满意度和愉悦度程度也都将有所积累。对于企业而言，为用户营造愉快的用户体验也将有力地促进企业的健康可持续发展。利用不同的手段与方法从而达成优良的用户体验无疑是当今全球化企业竞争与变革的一大趋势。有证据表明，提供积极的用户体验可以提高用户满意度和忠诚度，从而促进公司的商业成功。在用户体验从无到有、从低到高的实践过程中，对于用户体验的持续迭代与优化可以帮助设计团队解决用户体验构建方面的问题，并最终提高产品的用户体验质量。

2. 用户体验需求模型的提出

信息交互设计的更替与演化，本质上是被人类的需求所驱动着的。人类的需求在先，然后才有了对于信息技术的选择、改进、探索等后续过程。需求的先，既是时间的先，也是逻辑的先[②]。对于人类需求的创新既是生活方式的创新，也是社会文化的一种发展。在信息社会里，人类的需求决定了信息交互设计的发展方向，人类需求的创新就意味着创造了新的市场。对于用户需求的知识创新可谓是信息社会发展的一大核心要素。可以说，"人"始终是信息交互设计研究的中心，信息交互设计的核心主要体现在对于"人"的理解上。

信息社会的生产关系从以生产为主转向以消费为主，用户的精神、文化的体验需求开始凸显。每一个人关于体验的需求在每一个阶段都是不同的，它有着很强的主观性和不确定因素，但也可以归纳出一定的共性特征。对于人类需求的理解可以参考马斯洛所提出的人类需求理论。早在 1943 年，美国的人本主义社会心理学家亚伯拉罕·马斯洛（Abraham Maslow）就在《人类激励理论》中创新性地提出了人的五个层次的需求理论，他将人类的需求由低级到高级，阶梯式依次分为五个层次：生理需求（physiological need）、安全需求

---

① 代珊. 自然的设计：基于用户体验的网站界面设计应用研究 [D]. 武汉：武汉理工大学，2012.

② 柳冠中. 设计方法论 [M]. 北京：高等教育出版社，2011：37.

（safety need）、归属与爱的需求（belongingness and love need）、尊重需求（esteem need）以及自我实现的需求（self-actualization need）。可以说，人类的需求是一个递进与提高的过程，人总是被激励去实现自己的需求；当满足了较低层次的需求后，人们就会去追求更高层次的需求。这五个层次需求呈现出一种从初级阶段向中级、高级阶段的递进关系。

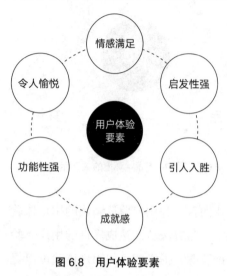

图 6.8　用户体验要素

传统的设计学理论认为，信息交互设计主要解决的是用户的感觉需求和交互需求，从而来满足用户的可用性需求。但是，随着信息技术的快速发展，情感需求、社会需求和自我需求同样也构成了信息交互设计中用户体验研究的重要组成部分。信息化产品的用户通过对于产品的接触和使用，产生相应的用户体验，从而决定了用户对产品的心理认知与评价程度。可以说，成功的用户体验所涉及的是一个非常复杂的动态系统，涵盖了"启发性强""引人入胜""成就感""功能性强""令人愉悦""情感满足"六大要素（图 6.8）。

3. 用户体验需求模型的实现

在信息社会，用户对于信息的获得需要依靠人与人、人与机器之间的信息交互活动来完成。一些信息是带有个性化的，仅对个人的经历、思想或观点产生影响；群体性的信息由少数有共同经历及感受的人共享；全局性的信息则相对普遍，因为它很大程度上依赖于人们参差不齐的理解力和对信息交流的共识。具体而言，用户应能在信息交互过程中对客体（他人或机器）所传达信息的内容和意义进行个性化的解读，不同类型的信息也意味着完全不同的用户体验。用户体验是产品用户在外界社会环境的作用下所体现的一种感觉，具有很大程度的主观性和不确定性。若想实现良好的用户体验，关键在于突出用户的主体和中心地位，本质是一种人性化的设计思路。基于马斯洛的需求层次理论为参考，从信息交互设计的角度进行理论延伸，本书尝试提出了"关于用户体验的五个需求层次"，即感知需求、交互需求、情感需求、社会需求、自我需求（图 6.9）。这五个需求层次同样是逐渐提高的。这就要求信息交互设计的过程依据用户体验的五个需求层次为参考，进行周密而客观的规划与实践，从而实现良好的用户体验结果。

感知需求体现着人类对于产品信息的第一感觉，包括视觉、听觉、触觉、嗅觉、味觉等。为了使信息化产品更具有体验价值，与产品相关的感官要素必须被设计师们重点关注、思考，以增加信息化产品的可感知性，创造良好的情感体验。

交互需求是用户在与信息化产品交互过程中产生的需求，包括完成的时间、效率等，属于可用性研究的范畴领域。交互需求所关注的是交互过程中是否顺利，用户是否可以准确、便捷、无差错地完成他们的需求任务。

　　情感需求是指人在操作产品过程中所产生的情感，主要强调的是产品的设计感、交互感、娱乐感和意义感等。情感需求与用户体验有着最直接的联系，"信息技术提供的使东西变得有趣的方法只有一种，就是使产品具备促使消费者产生某种体验的能力。"[①]情感是一个难以量化的感性事物，如何使得产品既有趣又具备吸引力，需要通过信息交互设计给予用户深刻的印象和情感共鸣来实现。

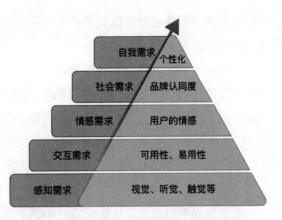

图 6.9　信息交互设计用户体验的五个需求层次

　　社会需求是指产品用户对于更高层次的一种追求，通常的表现形式为产品用户通过对某些品牌的追逐来实现社会对于自身价值的认可。比如苹果公司电子产品，得到了商务人士、时尚人士的狂热追求；其中原因除了这些产品具备强大的功能和炫酷的外形，还因为它们意味着独特的身份、地位、生活品位，其本质上是一种符号化的消费结果。

　　自我需求是指产品如何满足用户追逐并实现自我个性及价值的需要，是最高级的需求层次。在信息社会里，文化的多元化和个人 IP 的符号化已经是一种普遍的现象。对于信息交互设计而言，如何为产品用户进行个性化的专属设计，以满足并实现用户的自我需求是设计师们需要认真思考的设计课题。

　　4. 对用户情感的研究

　　早在 2004 年，唐纳德·诺曼在《情感化设计》一书中提出了"情感化设计"理论并指出传统工业产品的机械化毫无情感的特征已经不再符合信息社会的时代特点。诺曼把情感划分为了三个层次：本能水平（visceral）、行为水平（behavior）和反思水平（reflective），并提出了对应的设计目标。情感化设计的本质是以优良的功能满足用户，简便的方式吸引用户，丰富的情感打动用户。

　　情感化设计的研究目的在于感知用户的情感，最终通过设计升华用户的情感。对情感化设计的关注主要集中在信息产品设计中。通过产品的易用性和可用性的设计，在用户与产品的交互过程中产生正面的情感影响，从而帮助用户得到愉悦的情感体验。

　　（1）本能层

　　本能层水平的设计主要关注的是产品的外形、材质、色彩、触感给用户带来的第一本能感觉。人类的本能与生俱来，人的感知特点，如视觉、触觉、听觉、嗅觉、味觉等占据着天然的支配地位，并且具有普遍的一致性。设计师通过了解用户的共性与异性，从而进

---

① 派恩，吉尔摩. 体验经济 [M]. 夏业良，译. 北京：机械工业出版社，2002：19.

行符合人类感知特点的信息交互设计，带给用户们愉悦的第一印象。

（2）行为层

行为层水平的设计是本能层的延伸，主要关注的是产品的可用性和易用性。优秀的行为水平的设计必须满足四个方面的要求，即功能性、易懂性、可用性和物理感知。设计师首先必须正确掌握用户的认知基础，打造一致的用户认知与设计师认知，通过独特的设计语言、科学的使用索引、合理的产品逻辑、及时有效的产品反馈来向用户传递正确的信息，帮助用户在使用过程中正确理解产品、使用产品、享受产品。

（3）反思层

反思层水平的设计是情感化设计中的最高层，通过产品与社会文化语境相结合所产生的产品附加意义，给予产品用户以符号化的暗示；用户可以体会产品的别具一格，从而实现用户内心的认同感和成就感。反思设计来源于用户的内心，是一种更深层次的情感与自我意识。

根据对于诺曼所提出的"情感化设计"理论，本书从信息交互设计角度出发，从本能层、行为层和反思层三个不同层次分别梳理了信息交互设计方式所应满足的用户需求特点，用户体验应以何种形式显现，从而归纳出实际的设计过程中所应有的一些反思，力求最终实现信息交互设计与用户需求的情感共鸣（表 6.2）。

表 6.2　用户体验需求模式所对应的设计

层次	产品特点	用户体验	设计反思
本能层 visceral level	在产品易用的基础之上，赋予产品形式和样式的积极表现	提供给用户表现感官的刺激	了解用户生理因素，掌握预先设置层的概念
行为层 behavioral level	指引用户学习，并完成任务	用户从中获得成就感和愉悦感	明确用户潜意识里做出的行为举动
反思层 reflective level	在前两层的基础之上，结合用户的自身知识所造成的影响	建立产品与用户之间的关系，以增强用户黏性	注重用户脑部的真实感受，促进用户自身反省、概括和总结

6.2.3　"人"的负面影响与挑战

信息技术革命的深入也使得人类更加依赖于网络，信息用户的主体性、多样性也受到了信息技术条件的一定制约。每一个人都面临着"信息爆炸""信息鸿沟""信息茧房""信息安全威胁"等带来的信息化生存压力。可以说，信息技术革命虽然极大地促进了社会生产力的进步，但高科技的发展和应用并不必然导向人类生活的幸福与和谐。若没有善加使用，反而容易在现实生活中带来人际关系的冷漠化和自身心理的失衡。对于信息科技的掌握不均也加大了地区与地区之间、人与人之间的贫富差距，甚至进一步加深了社会分化的格局。

1. 信息爆炸与稀缺

"信息爆炸"作为一个术语在 20 世纪 60 年代初就已经出现，它是形容信息发展速度如爆炸一般席卷整个地球，是对信息快速增长的一种描述。当前时代信息量已经是呈几何级别的增加，不仅科学文献信息量迅速增长，社会生活新闻信息、娱乐信息、广告信息更是铺天盖地，导致个人接收的信息量严重超载。根据《QuestMobile2022 中国移动互联网春季大报告》数据显示，2022 年第一季度，移动互联网月活跃用户规模已达到 11.83 亿，月人均使用时长达到了 162.3 小时，月人均使用次数达到了 2637.1 次。

深究其产出内容，无用信息的比例大大增加。用户在查看信息时，经常会出现"同一个新闻信息在多个平台反复出现，报道内容、文字完全一致"的现象。不仅信息重复程度过高，而且经过多个媒体、平台加以"润色"，信息传达的准确性、真实性也会发生偏移与转变。娱乐媒体为赚取流量收益花费大量心思迎合用户，产出大量碎片化、洗脑化的娱乐内容信息，让用户潜移默化地沉迷其中，却无法借助这些信息知识为自己增值。信息的真实性、严谨度较以往大幅下降，信息主观化、娱乐化程度大幅度提高。

实际上，信息稀缺是相对的。当下用户对于信息传播媒介产品与平台的接受度越来越高，使用更加便利、快捷，但在信息爆炸情况下，大众对信息的需求不但客观存在而且与日俱增。平台为迎合用户需求，通过个性化推荐算法等技术来为用户精准推送更易接受的信息内容，并逐渐形成信息"茧房"现象，固化人们获取信息的路径与内容，致使用户接受信息的内容与形式逐渐趋向单一化。在这种情况下，人们由于信息需求无法得到满足会不断产生信息缺乏的饥渴感。大量无用的信息使得消息泛滥成灾，信息犯罪、信息污染等社会问题越来越突出，造成信息传输渠道拥堵，让使用者面对眼花缭乱的信息取舍不定，最终有可能直接放弃，造成强烈的无奈感、厌恶感，用户失望度也越来越高，社会信息不满程度上升不安定因素就会增加[①]。

2. 安全与隐私

虽然信息技术发展迅速，但当前社会仍然面临着许多问题，用户隐私安全问题无疑是人们关注的关键问题之一。当前，用户个人在互联网上的一言一行都被互联网企业掌握在手中，其中包括购物习惯、好友联络情况、阅读习惯、检索习惯，等等。即使是无害的数据，但被大量收集后，也会暴露个人隐私。人们面临的威胁并不仅限于个人隐私泄露，还在于基于大数据可以对用户状态和行为进行预测。

人们面临的威胁并不仅限于个人隐私泄露。与其他信息一样，大数据在存储、处理、

① 林芳. 略谈信息爆炸与信息稀缺 [J]. 图书馆论坛，1999（1）：80-81.

传输等过程中面临诸多安全风险，人们还有数据安全与隐私保护的需求。而实现大数据安全与隐私保护，较以往其他安全问题（如云计算中的数据安全等）更为棘手。在大数据的背景下，互联网企业既是数据的生产者，又是数据的存储者、管理者和使用者，因此，单纯通过技术手段限制商家对用户信息的使用，实现用户隐私保护是极其困难的事。大量事实表明，大数据未被妥善处理会对用户的隐私造成极大的侵害。因此，大众对去中心化的网络计算、存储与管理的呼声在近年也逐渐得以凸显。

不仅个人用户的隐私与安全面临挑战，整个国家的信息安全与隐私也受到了威胁。进入 21 世纪后，"信息安全"成为各国安全领域聚焦的重点。各国研究的内容也涉及方方面面：既有理论的研究，也有国家秘密、商业秘密和个人隐私保护的探讨；既有国家战略的策划，也有信息安全内容的管理；既有信息安全技术标准的制定，也有国际行为准则的起草。信息安全已成为全球总体安全和综合安全最重要的非传统安全领域之一。一方面，信息技术和产业高速发展，呈现出空前繁荣的景象；另一方面，危害信息安全的事件不断发生。如何保障信息与隐私安全，这在未来将会是比较严峻的挑战与亟待解决的课题。

随着网络社交的不断发展，网络压力、网络依赖、网络成瘾、网络暴力、网络欺凌等问题也在不断出现，给个人的身心健康造成了威胁。

就个人而言，在身体健康方面，长时间使用电子产品，使得用户的身体健康受到很大挑战。《QuestMobile2022 中国移动互联网春季大报告》显示，中国用户月人均移动互联网使用时长已长达 162.3 小时，平均每日接触电子产品的时间超过 5 小时。在心理健康方面，过度上网还会对用户特别是青少年的心理产生重大影响，并主要表现在情绪和人格上。在思想健康方面，互联网存在着一定的有害信息，会对用户的思想观念与道德层面产生影响。价值观上，学者们认为互联网为西方国家的文化渗透提供了良好的契机，同时各国文化一旦发生冲突，将会对用户特别是青少年的价值观产生影响，对用户思想方面、行为方面、心理方面、生活等方面造成不良影响。

就群体而言，一方面，网络社会发展使得各个群体之间的壁垒被打破，不同群体的用户之间也有了交流与破壁的桥梁；另一方面，网络社会也将不同群体之间差距清晰地展现出来，造成个人感受到强烈的社会压力，甚至是网络暴力。因为网络群体数量大、不受时空限制，所以网络暴力相较平时给人们的心理造成的伤害更为严重。

6.3 信息社会的"技"

6.3.1 信息技术助力信息社会发展

信息社会的到来为人们的信息活动带来了更多的可能性。身处信息社会里的每一个人感觉虚拟和真实的界限日渐模糊，对于愉悦的用户体验的渴望与日俱增。美国著名未来学家阿尔温·托夫勒就曾经指出："网络的建立与普及将彻底地改变人类生存及生活的模式，而控制与掌握网络的人就是人类未来命运的主宰。谁掌握了信息，控制了网络，谁就将拥有整个世界。"信息社会最突出的特征就是对于信息技术的广泛应用。信息技术所带来的巨大影响渗透到社会的各个领域，导致社会的生产关系、人们的生活方式正在发生着重大的变革。

美国传播学者丹尼斯·麦奎尔认为："真正的传播革命（communication revolution）所要求的不仅仅是信息传播方式的改变或者受众注意力在不同媒介之间分布上的变迁，它的发展最依赖的驱动力是技术（technology）。"[①] 当前，信息技术仍然处于高速发展的过程中，尤其体现在计算机技术、微电子技术、网络通信技术等领域。卡斯特在谈到"技术"时很明确地指出："事实上，社会能否掌握技术，特别是每个历史时期里所具有策略决定性的技术，也与社会本身发展轨迹密切相关。虽然技术就其本身而言并未决定历史演变与社会变迁，技术（或缺少技术）却体现了社会自我转化的能力，以及社会在总是充满冲突的过程里决定运用其技术潜能的方式。"[②] 信息技术的突飞猛进使得信息社会显示出鲜明的"信息化"特征。可以说，信息技术从来没有在以往任何一个社会形态中显示出如信息社会这般的重要性。

信息技术构成了建构信息社会的技术基础，并且极大地促进与推动了信息社会的发展。信息技术的产生与发展也遵循着"为用户服务"的规律。信息技术的本质是人类社会所具有的一种开放式演进的载体与标志，它既是人类进行自我创造、自我展现的过程，又是自然和人的创造物被再造与展现的过程。人类建构了技术，技术又印证了社会之所以能够不断进步的本质性力量。人性的广度与深度伴随着信息技术的进步过程不断得以显现。曼纽尔·卡斯特在其学者生涯里始终坚持着他的技术决定论原则，他认为："特定的生产力技术基础是社会生活的前提和决定性因素……信息技术革命是网络社会的奠基力量。"[③] 信息技术为人类提供了智慧和力量，使人类能更好地认识社会、改造社会。

信息社会的信息技术主要包括涉及信息控制的处理技术、获取技术、传播技术、存储技术等[④]。由于高度发达的信息技术的真实存在，信息社会对于自然界的改变程度远远超越了过去几千年间传统的社会形态对于自然界的改变程度，人类固有的生活方式与思维方式也深深地被影响、改变。固有的空间与时间的物质基础已经开始转化，并围绕着信息社会中真实与虚拟并存着的流动空间和时间重新组织；网络技术与通信技术的日新月异则加速了信息传播活动中的数字化进程，各式各样的信息相继被数字化、网络化，并在网络空间中进行有效的传播与互动。从信息交互设计的角度而言，一些信息技术本身就能够对于信

① 麦奎尔. 受众分析 [M]. 刘燕南，译. 北京：中国人民大学出版社，2006：156.

② 卡斯特. 网络社会的崛起 [M]. 夏铸九，王志弘，等译. 北京：社会科学文献出版社，2006：8.

③ 韦伯斯特. 信息社会理论 [M]. 曹晋，译. 北京：北京大学出版社，2011：152.

④ 孔伟. 信息技术视域中的社会生产方式 [D]. 北京：中共中央党校，2004.

息交互设计和交互方式会产生深远的影响，另外一些则需要与现有的技术进行结合，继而需要进行信息交互方式的创新。

6.3.2 信息社会初期的信息技术

1. 计算机的发明与应用

在 20 世纪中期，人类开始深入地研究与开发信息资源，并且将信息资源与传统的物质资源、能量资源相结合，发明出具备智能化、信息化、网络化特点的信息控制生产工具，随后与工业机械工具相结合构成了具有强大生产能力与较多信息成分的复合型生产工具。这就是计算机发明的由来。

计算机是一种能够按照事先存储的程序，自动、高速地进行大量数值计算和各种信息处理的现代化智能电子设备。通过计算机工具的辅助，人类对信息的认识水平有了很大提高。计算机的更新换代有着一定的周期，差不多每十年进行一次。一般认为，计算机的发明和应用代表着第一次信息技术革命的产生，也预示着信息社会的到来。

1946 年，世界上第一台通用式电子计算机 ENIAC 诞生于美国宾夕法尼亚大学，是以物理学家约翰·麦克利（John Mauchly）和工程师普利斯博·艾克特（Presper Eckert）为首的数十个工程技术人员和数学家共同创造的（图 6.10）。ENIAC 长 100 英尺（约 30.48米），宽 3 英尺（约 0.91 米），重约 30 吨，机器中约有 18800 只电子管、1500 个继电器、70000 只电阻和其他多种电气元件。ENIAC 运算速度非常快，每 200 微秒进行一次加减法运算，每 3 毫秒进行一次乘法运算，每 30 毫秒可以进行一次除法运算，相当于手工计算的 20 万倍，继电器计算机的 1000 倍。1950 年，EDVAC 被研制完成，它的进步性体现于两点：一是为了充分发挥电子元件的高速度而采用了二进制，二是程序指令作业可以通过"条件转移"的指令自动完成。EDVAC 方案是计算机发展史上一个划时代的里程碑。1951

年，EDVAC 方案的改进版 UNIVAC-I 问世，这是能够进行串行计算并同步控制的计算机，不仅可以进行科学计算，而且可以进行数据处理。在 20 世纪 50 年代后期，晶体管电子计算机和集成电路计算机相继问世。这些发明标志着第一代计算机的诞生，人们不得不去学习机器语言去使用它们。在与早期计算机进行信息交互的过程中，人们使用指示灯和穿孔纸为工具进行程序、数据等信息的输入与输出，而调试功能只能通过控制开关来完成。

图 6.10　世界上第一台通用式电子计算机 ENIAC

　　从 20 世纪 60 年代开始，工程师开始更加关注使用计算机的用户，并且尝试设计新的信息输入方式和计算机使用方法。作业控制语言及交互命令语言相继出现，用户可以使用命令语言、功能键和文本菜单等方式与计算机进行信息交互，鼠标的发明更为日后的计算机图形化用户界面奠定了坚实的基础。1965 年，特德·内尔森（Ted Nelson）首次提出并设计了 Xanadu 系统项目，目标是创建一个具有简单用户界面的计算机网络系统。虽然该项目当时并没有获得成功，但是超文本（hypertext）系统的概念获得了广泛认可并最终以信息载体形式出现在后来的互联网中。同年，虚拟现实理论被首次提出，这是一种全新的人机交互系统，能对用户产生视觉、听觉、触觉、嗅觉等的综合感官刺激，给人身临其境之感，并且能以自然的方式与计算生成的环境进行交互操作。1968 年，伊凡·萨瑟兰（Ivan Sutherland）设计了"达摩克利斯之剑"，这是一个头盔式显示器和头部及手部跟踪器并应用在之后的飞行模拟器中，被公认为是世界上第一个虚拟现实系统。1969 年，美国国防部高级研究计划署开发研制出阿帕网（ARPANET），这是如今风靡全球的互联网的前身；它实现了基于军事需要的局域网内的数据共享与信息交流功能，是人类第一次有了计算机与计算机之间的联网。计算机的发明极大地拓展了信息交互设计的发展深度与广度，诸如"人类因素学""人效工程学""认知心理学"等学科开始创建并产生一定的影响力。许多信息交互范式纷纷问世，如桌面隐喻、点击鼠标、剪切和粘贴、超链接等，并成为随后几十年中的信息交互设计的标准方式内容。

　　20 世纪 70 年代，计算机的发明与应用进入新的阶段。人机交互研究作为一个典型的交叉学科开始大规模兴起。超大规模集成电路的发明，使得电子计算机朝着小型化、微型化、低功耗、智能化、系统化的方向发展。计算机游戏业开始快速流行，如 1972 年出现了 Pong 游戏，1977 年出现了 Atari2600 游戏主机。这反映出了当时信息交互设计的一个发展趋势，即将关注点逐渐从计算机硬件转移到计算机运行的软件，尤其是针对普通用户所使用的软件上。1977 年，美国的苹果公司推出了 Apple-Ⅱ，这是为普通用户设计的个人计算机，它不要求用户具有电子技术或者编程知识。随后的 1978 年，美国的英特尔公司推出了 16 位的编号为 8086 的中央处理器，之后几年 80186、80286、386DX 等中央处理器相继问世。

　　20 世纪的 80 年代可谓是个人计算机的时代，许多人第一次拥有了自己的个人计算机，从此计算机应用从军事领域走进大众的日常生活。美国的 IBM 公司于 1981 年推出了首台个人计算机（personal computer）IBM5150，它以 Intel8088 作为中央处理器，并且为附属设备提供了扩展功能槽（图 6.11）。个人计算机设备及其计算能力的快速发展为更复杂软件的出现和运行提供了技术可能，为人类的社会生活带来革命性变化。

图 6.11　IBM 公司推出的首台个人计算机

计算机视频游戏开始广泛流行，象征着计算机发展中不断增加的复杂性和创造性特征，超级任天堂游戏机为普通大众带来了前所未有的图形计算能力和娱乐体验。20 世纪 80 年代中期，美国苹果公司与微软公司相继推出了服务于个人计算机的多窗口系统，预示着计算机的发展进入以 WIMP 为基础的图形用户界面时代。在计算机网络领域，TCP/IP 协议成了网络的标准协议，它是一组计算机通信协议的集合，是互联网运行的基本原理，是网际通信协议 IP 与可靠传输软件 TCP 的合称。TCP 与 IP 进行共同协同，相互配合并关联补充，两者的结合提供一种在互联网上传输数据的可靠的方法。TCP/IP 协议为公告牌系统（bulletin board system，BBS）的流行，为用户通过拨号调制解调器在远程计算机上留言和发送电子邮件提供了技术条件。通过 TCP/IP 协议，个人可以登录网络收发电子邮件，进行简单的信息交流，这预示着个人信息用户成为以计算机为载体的信息交互活动的主体。

到了 20 世纪 90 年代，计算机继续朝着智能化的方向发展，人们能够通过语音、图像、对话等自然化方式与计算机展开信息的双向互动。此时的计算机具有每秒超过百万次的运算速度，可以进行信息运算、信息存储、信息交流等工作，并且能够根据存储的知识进行简单的判断与推理；不仅代替了人们部分的脑力劳动，而且在某些方面扩展了人的智能，如 1997 年 5 月，世界第一国际象棋大师卡斯帕罗夫与 IBM 公司研制的"深蓝"（Deepblue）计算机博弈时，卡斯帕罗夫却以 2.5 比 3.5 战败，这一结局已经一方面说明计算机的无穷潜力[①]。

从 21 世纪开始至今，计算机的运用更加广泛，在运算速度、信息储存与信息交流上有了更多的发展与突破。同时计算机技术正朝着人工智能化、网络信息化、人性化等方向不断发展，在前沿行业快速推广，并在航空航天、军事医疗、卫星定位、教育生活、商业经营等方面得到普及与应用。

2. 互联网的诞生与应用

互联网（world wide web）于 1993 年正式宣告诞生，计算机设备的中央处理器进入奔腾时代，电子邮件开始迅速普及，搜索引擎、网络电话、视窗个人计算机操作系统（windows）等应用的发明层出不穷。1994 年，美国 Netscape 公司首次向全球推出基于商业用途的网络浏览器，任何人都能够自主地进行互联网站点信息的浏览与访问，互联网从此开始成为大众媒介并广泛应用于人与人之间的信息交互服务。"互联网是以技术来实现许多信息功能的一个平台"，可以说，互联网的出现加速了社会的运行节奏，改变了人和计算机设备以及信息之间的关系[②]。

互联网作为信息交互活动的一种新媒体，其双向互动的特点直接引发了传统传播领域的革命，成为继报刊、广播、电视之后最具潜力和发展前景的信息载体。互联网以交流与

① 吴国盛. 科学的历程 [M]. 长沙：湖南科学技术出版社，2018.
② SAFFER D. 交互设计指南 [M]. 陈军亮，陈媛嫄，李敏，等译. 北京：机械工业出版社，2010：15.

共享信息资源为目的，基于一些协议通过许多路由器和公共互联网所组成，是信息资源共享的平台。随着各种基于互联网的软件和信息服务的推出，互联网已经成为各种信息服务应用存在的平台，如电子邮件、IP 电话、P2P 下载、即时通信、网络杂志、网络电视等信息产品都可以看成互联网面向用户的信息服务方式。无论是在繁华的都市，还是在偏远的山村，互联网都无处不在，已经成为人类日常生活的一部分。互联网是人类社会从机械时代迈向信息时代的最重要的一环，它的历史意义可以堪比蒸汽机的发明于工业革命的重要性，现实生活中的大部分需求都可以以互联网为载体实现。

"每一种新媒介都是把一种旧的媒介作为自己的内容。语言作为最古老的媒介几乎存在于一切媒介中，文字则是语言的视觉化表达，书籍、杂志、报刊是文字的批量化生产，电报发送的是电子编码的文字，电话、广播传递的是语言，电影表达的是流动的视听艺术。而上述的一切都成为了互联网的内容，互联网是一切媒介的媒介。"[①] 快捷方便的信息通信、数以亿计的比特资源、强大的新媒体功能使得越来越多的人开始充分感受到互联网对于社会发展的巨大影响力。可以说，互联网的出现构建了全球信息传播与交互活动的巨大平台；互联网为人们提供了一个海量的信息源，甚至是一个丰富多彩、潜力无限的崭新生活空间。

互联网的出现给信息社会发展带来了新的机遇，深刻地影响了人类社会生活的方方面面。人类的生产方式、生活方式、工作方式和学习方式得以改变，信息的传递效率大大提高，空间的距离得以缩短，社会的各种资源得以共享，经济与消费需求持续增长，生产力水平不断地提高。人们交往的空间得到了虚拟层面的拓展，人与人、人与社会之间的关系也得以重新调整。从信息的角度而言，互联网改变了人们接收信息、处理信息和传递信息的方式，也改变了信息本身的产生和存在方式。可以说，互联网创造了一个人类社会的奇迹，互联网在人类的日常生活中迅速普及并且直接影响到信息社会里人类的交往模式。麻省理工学院的尼葛洛庞帝教授在他的著作《数字化生存》中所提到的那句名言"计算不再仅和计算机有关，而是将决定我们的生存"[②] 已经成为现实。正是由于互联网从技术角度成功实现了信息的双向与多向传递，信息交互设计也开始朝着更高的层级和更多的应用可能性快速发展。

6.3.3　当代信息社会的信息技术

1.数字化生存模式的实现

进入 21 世纪之后，借助于互联网、移动通信等信息技术的不断发展与成熟，信息社会的发展进入一个新的阶段。传统的大众信息传播模式的主导地位逐渐为个人间的信息双

---

① 莱文森.数字麦克卢汉：信息化新纪元指南 [M].何道宽，译.北京：社会科学文献出版社，2001：58.

② 尼葛洛庞帝.数字化生存 [M].胡泳，译.海口：海南出版社，1996：42.

向交流所取代，信息社会已经告别了最初的阶段。不断涌现的信息技术创新催生了不计其数的全新信息交互方式应用、新的信息类服务产品，信息活动和人类生活空前紧密地结合在了一起。

数字化计算是信息技术的一个重要特征。比特（bit）是计算机处理、存储、传输信息的基本单位，是由 1 和 0 所组成的二进制编码数字，是数字化计算中的基本构成元素。尼葛洛庞帝在他的著作《数字化生存》中提出，如果说物质时代世界的基本粒子是"原子"，那么构成信息社会新世界的基本粒子就是"比特"。互联网的发展呈现出智能化、多元化、个性化的特点，为多角度全方位的信息应用提供了广阔的空间；人们可以在网络上开展工作安排与休闲娱乐活动，比如即时通信、网络视频、网络直播、搜索引擎、网络新闻、网络音乐、网络游戏等各种应用已经深入人们生活的每个角落。

概括而言，信息社会的诸多信息技术已经极大地改变了传统的生产方式及人们的生活方式，包括社会关系、知识结构、经济和商业生活、政治、教育、传媒、医疗和娱乐等。

2. 互联网新技术的发展与应用

第二代互联网络 Web2.0 是相对于 2003 年以前的互联网模式之后的全新一代互联网应用的简称，即从 Web1.0 时期单纯借助网络浏览器浏览网页、网络聊天室、电子邮件，朝向着交互性更强、内容更丰富的 Web2.0 互联网模式发展。Web2.0 象征着信息化和交互性的设备、系统、服务、环境等都可以与用户进行信息交互而不受传统地域等因素的局限，所有的物体都会直接或间接地与网络进行连接。Web2.0 以其强大的技术和市场需求成为世界公共的通信平台，不仅为人们提供传统的信息服务，而且提供高质量的语音、视频和数据等个人专属意义的新媒体综合服务。Web2.0 以微博（microBlog）、博客（blog）、播客（podcasting）、P2P、社交网络（social networking services，SNS）、简易信息聚合（really simple syndication，RSS）、标签（tag）等应用为标志产品，它的特点是以用户的个性化为中心，将信息的共享性与交互性、私密性与大众性、广泛性与开放性紧密结合。相比于 Web1.0，Web2.0 更加强调网络中人与人之间的即时信息传播与后续的信息反馈，从而形成了一个更加紧密的信息循环模式。

手机的发展几乎贯穿了信息社会中的网络信息技术的发展与演进的全过程。以手机为代表的移动设备作为一种新的信息载体，在如今的信息社会得到了更加迅猛的发展。手机在大众中的应用最早出现于 20 世纪 90 年代。借助数字移动通信和移动互联网的融合，如今的手机早已超越简单的通话与短信功能，具备了彩信、收发电子邮件、娱乐游戏、视频电话、新闻及影视传播、广播收听等多媒体功能。由于手机具有高度的便携性、互动性、即时性、隐私性等特点，新闻、娱乐、社区等信息服务深受信息用户的喜欢，如今已被数十亿用户随身携带，具有很高的普及程度。截至 2021 年 6 月，中国国内的手机用户就已达到 10.07 亿。与报纸、广播、电视媒体相比，手机在信息交互活动中有许多优势，它打破了环境、时间和计算机终端设备的限制，帮助人们能够随时随地接收文字、语音、图片、视频等各类信息，从而实现了用户和信息的对等同步。手机是随着人类信息沟通的需求出现并且不断加以改进的，拓展了人与人的沟通能力。手机作为大众信息传播与交互中最具代表性的载体工具，使得信息交流速度不断加快，信息内容、信息范围与信息表现形式在深度与广度上不断拓展，推动了全新的信息传播与互动模式的产生。

当人们通过手机上网时，手机成了互联网的延伸，无线通信与有线网络的结合逐渐改变了普通的信息用户访问互联网的方式，标志着移动互联网时代正式到来。移动互联网作为桌面互联网的无线扩展形式，具有通过无线形式进行信息双向交互的可能，移动互联网使用量正在快速发展并大幅度超越桌面互联网使用量。相比于桌面互联网，移动互联网可以随时随地进行互联互通的特点带给人们更大的信息应用空间，语音通信和网络数据传输的效率和使用场合都更加方便快捷，帮助信息用户可以更加容易地接入互联网。通过移动互联网上网已成为如今大多数信息用户的生活习惯，并深刻地影响着信息社会中的信息交互方式的发展。依据中国互联网信息中心中国互联网络发展状况统计调查数据显示，2021 年上半年，我国网民使用手机上网的比例达到 99.6%，而使用台式电脑、笔记本电脑、电视和平板电脑上网的比例分别为 34.0%、30.8%、25.6% 和 24.9%。手机早已成为网民上网的第一大终端。截至 2021 年 6 月，三家基础电信企业 5G 手机终端连接数量达 3.65 亿户，随着 5G 的逐渐普及与 Wi-Fi6 的技术升级，基于手机等移动端设备的网络视频、移动支付、在线游戏、智能计算等诸多信息服务都让移动互联网更加深入信息用户的日常生活中。概括而言，手机已经集互联网、广播、电视与电话为一体，兼具信息的采集、发布、传送和接收功能。随着手机设备智能化程度的提高和移动互联网技术的进一步发展，未来的手机将朝向智能电脑手机、智能娱乐手机和智能商务手机等方向多元化发展。人们将能够更加自由方便地在任何地方获取信息资源，工作与生活间的界限将变得更加模糊，更加多样化的信息服务应用项目将不断出现。以手机为代表的移动设备所承载的不仅是人际的信息交流功能，而且包括了大众信息传播和娱乐功能，它们渗透到社会信息活动的各个层面，成为人们进行信息交互活动中最具代表性、普及程度最高的信息工具载体。

视频信息应用是互联网技术发展的另一重要突破口，以流媒体为代表的新一代多媒体视频技术显示出巨大的信息应用价值与潜力。基于数字传输技术和数字压缩处理技术，通过互联网传输的流媒体技术是一种全新的网络技术，可以在互联网上实时有序地传播影音内容的连续时基数据流，具有连续性、实时性的特点。网络带宽的不断增大和无线网络的应用，为流媒体技术的应用奠定了坚实的基础。流媒体技术在多媒体新闻发布、在线直播、网络广播、视频会议、远程教育等信息服务领域有着广阔的应用前景。

基于流媒体技术的信息应用不仅转变了传统互联网比较单一的内容表现形式，提高了传统影视媒体市场与宽带网络的应用融合，还产生了在线音乐、手机电视、卫星数字电视、IPTV 等面向用户提供互联网视频的信息应用服务，使得信息表现方式与服务方式产生了新的变化，信息化产品的种类得以极大地丰富。如今的信息社会正在走向多元化和多层化的发展道路，个性化、分群化的社会阶层已经初步形成，以信息用户为中心的地位已经确立。多元化的视频信息应用模式具有丰富的表现手段和极强的互动性，可以帮助大众更加自由地选择视频、音频节目以及进行多媒体信息的互动应用。

3. 人机交互技术的新发展

"人机交互"是指研究人与计算机如何进行通信以及两者之间相互影响的技术[①]，其实质是研究人与计算机如何沟通。人机交互的首要目的是发展和重塑人与计算机的关系，以传承实用性心理学的思维方式和计算机科学的传统；通过提供更为简捷有效的用户与计算机的交互方式，使得高度复杂的计算机系统更好地适应不同用户的需求。在人机交互领域，新技术的出现和发展逐步改变了人类与计算机的交互形式。虚拟现实技术、多通道人机交互技术与信息识别技术也成为人机交互领域的研究热点和发展趋势。

虚拟现实（virtual reality，VR）最早出现在 20 世纪 70 年代的麻省理工学院。虚拟现实技术是融合了人机交互、计算机图形学、人工智能、传感技术、仿真技术等多种技术为一体的综合集成技术，是一种由计算机生成的综合性模拟系统。虚拟现实技术能够模拟出与现实世界高度相似的逼真的虚拟世界，甚至可以在某些层面（如视觉、听觉等）给予用户更突出的感官体验，为用户的信息活动与信息欲望的满足提供了新的可能性（图 6.12）。尼葛洛庞帝在《数字化生存》中用"互动式多媒体"（interactive multimedia）一词来描述虚拟现实技术的图形界面。虚拟现实技术代表着计算机和用户之间的一种理想化的人机界

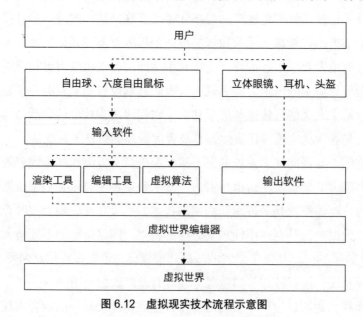

图 6.12 虚拟现实技术流程示意图

---

① 林迅. 新媒体艺术 [M]. 上海：上海交通大学出版社，2011：153.

面模式，可以使用户置身于一个虚拟的真实环境里，通过虚拟现实系统与用户进行即时的交流与沟通。用户可以借由传感设备对虚拟环境中的物体进行操作，通过肢体行为、动作手势等自主地提出信息命令，虚拟现实系统则依据这些信息进行反馈变化或改进，并即时给予用户二次信息反馈。虚拟现实技术在当今得到了更快速的发展，传统的人机交互模式正在升级为新一代高级的用户界面，交互性、沉浸性、感知性与构想性是其最主要特征。虚拟现实技术将是许多信息产品的核心技术，目前正广泛运用在培训、医疗、生产和娱乐等领域。

多通道人机交互技术的自由形式交互则是人机交互技术研究的最前沿领域（图 6.13）。多通道人机交互技术允许用户通过控制器或者手势就可以进行信息的自由输入，甚至人的身体动作也可以成为信息的输入，比如眼动仪测试技术、基于计算机图形学的人脸及手势识别技术、基于动态环境的身体识别技术等。多通道人机交互技术整合了人体的多种感觉和应用通道，依赖于各种最新的信息技术设备，在三维空间里可直接操纵并且允许精确的交互，充分体现了数字设备和信息交互方式的互补性。多通道人机交互技术加强了语音与声音通道的功能，双向性的交互操作风格更加贴近人类自然行为过程，使得交互过程更加具备灵活性、多元性的特点[①]。

图 6.13　多通道人机交互的场景应用

信息识别技术主要包含了传感技术、语音识别、语义识别、手势识别等。基于传感技术与手写识别的多重感应触摸式屏幕（multitouch touchscreen）的问世突破了传统单电感应的鼠标式计算机界面，已被广泛地应用在以 iPhone、iPad 为代表的通信产品上。而语音识别（包括语音识别、语音理解、语音合成）、手势识别（身体控制识别）是一种象征着自然式交互技术，利用人体的多感官通道实现了大量信息的高速通信。一旦信息识别技术发展得更加成熟与完善，传统的计算机鼠标和键盘等输入设备也许将彻底被淘汰。

以虚拟现实技术、多通道人机交互技术和信息识别技术为代表的人机交互技术的新发展，帮助信息用户在沉浸式、可感知性的虚拟环境中与计算机系统自由地进行多维度交互过程，并使信息用户得到了全新的体验。

4. 普适计算

在与信息交互设计领域具有紧密联系的计算机科学领域，普适计算（ubiquitous computing）开始快速发展并慢慢改变了人们的日常生活以及信息交互方式。普适计算又可以称为普存计算、普及计算，是一种强调和环境融为一体的计算方式；普适计算代表着

---

① 林迅. 新媒体艺术 [M]. 上海：上海交通大学出版社，2011：192.

从固定位置的计算机发展到无处不在的计算机的计算趋势。

在普适计算的世界里，人们能够在任何地点、任何时间、以任何方式进行信息资源的获取与处理。普适计算最早起源于 1988 年美国 Xerox PARC 实验室的一系列研究课题，该研究中心的马克·威瑟（Mark Weiser）首先提出了普适计算的概念。1991 年马克·威瑟在《科学美国人》（Scientific American）上发表文章《21 世纪的计算机》（The Computer for the 21st Century），正式提出了普适计算的概念，并将它描述为"使人们获取信息可以如此地深入、如此地合适、如此地自然，以至于我们使用的时候甚至连想都不用想"。IBM 公司于 1999 年也提出了普适计算的类似概念，IBM 称其为"pervasive computing"，即"无所不在的，随时随地可以进行计算"的一种方式。跟马克·威瑟的观点相似，IBM 同样特别强调计算资源普遍储存于环境中，人们可以随时随地获得所需的信息服务。普适计算有着十分广泛的含义，它所涉及的技术包括小型计算设备制造技术、移动通信技术、小型计算设备上的操作系统技术及软件技术等。普适计算是网络计算的自然延伸，它使得个人计算机以及其他体积较小的智能设备也可以连接入互联网中，帮助人们方便而即时地获得信息。

普适计算的核心思想在于小型、轻便、网络化的处理设备广泛分布在日常生活的每个场所，计算设备将不仅仅依赖命令行、图形界面进行人机交互，而会更加依靠天然的交互方式，计算设备的尺寸将缩小到毫米甚至纳米级。间断连接与轻量计算是普适计算最重要的两个特征。普适计算在信息社会有着广阔的应用与发展前景，充分降低了计算机设备使用的复杂程度，使人们的生活更加智能，信息交互过程更有效率。将普适计算融入人们的日常生活后，信息用户可以有选择地通过各种信息终端，以视觉、触觉和听觉等可感知方式进行信息的传递与管理，比如用户可选择在何种时候、何种环境、发生何种情况下，用何种方式接收信息，从而避免了一些繁琐的操作和接收毫无帮助的信息现象的发生。

在普适计算的世界里，科学家们以"无所不在的计算技术"的理念为基础，相继提出了"渗透性的计算技术""可穿戴的计算技术""虚拟环境所集成的技术"等智能应用（图 6.14）。比如，传感器和微处理器借助其强大的信息数据处理能力，在嵌入家电设备、汽车操控等产品之后就可以感知到环境信息以及用户们将要使用到的信息。无线传感器网络将在交通管理、数据计算等领域发挥重要的智能辅助作用。在智能计算设备无所不在的环境下，普适计算可以得到广泛的实现，这需要同时满足三个前提条件：第一，无论普适计算的使用模式是固定的还是可移动、有线的还是无线的，都要以具有持久在线的互联网接口作为基础；第二，不仅能够连接传统的大型计算机和个人计算机，各种手机、数字电视机、信息家电、智能硬件标签以及传感器等各种信息设备也能够被广泛地连接应用；第三，不仅能够对文本、图像和数据信息进行控制，还能够传输动态图像和声音等较为复杂的数据信息，人们可以实现随时随地的信息的接收与互动。

普适计算的本质是对人类感官及神经系统的延伸，是能够帮助人们自动地获取适合个

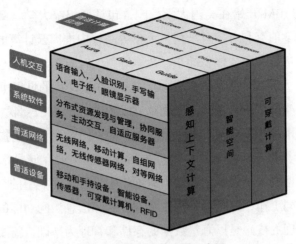

图 6.14　普适计算应用示意图

体需求信息的系统[①]。智能计算设备遍布在社会的每个角落之后，借助其强大的计算感知能力，普适计算使对于用户数据的收集达到前所未有的规模。普适计算将帮助信息交互方式的多元化发展更加深入。

5. 云计算与物联网

云计算（cloud computing）是当今信息技术发展的另一个热点。云计算是基于互联网的信息服务的增加、使用和交付模式，通常涉及借助互联网来提供动态易扩展且具备虚拟性特点的资源。云计算是网格计算（grid computing）、效用计算（utility computing）、并行计算（parallel computing）、网络存储（network storage technologies）、分布式计算（distributed computing）、虚拟化（virtualization）、负载均衡（load balance）等传统计算机和网络技术融合发展的产物。云计算的出现，意味着智能化、网络化的信息计算能力也能够作为一种信息化产品（商品）在社会上流通。

广义的"云计算"指的是信息服务的交付和使用模式，通过互联网为载体，依据用户需求以易扩展的方式获得信息用户所需的信息服务；这种信息服务可以与信息技术、软件、互联网相关，也可以通过其他方式实现（图 6.15）。2006 年 8 月 9 日，谷歌（Google）公司首席执行官埃里克·施密特（Eric Schmidt）在搜索引擎大会（SES San Jose 2006）上第一次提出"云计算"的概

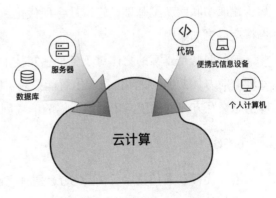

图 6.15　云计算应用示意图

---

① 梁峰. 交互广告学 [M]. 北京：清华大学出版社，2007：284.

念。随后，Google 与 IBM 开始在美国大学校园，包括斯坦福大学、麻省理工学院、卡内基梅隆大学、加州大学伯克利分校及马里兰大学等高校中推广云计算的计划。云计算的发展将会推动计算机结构的简化、体积缩小、成本降低，计算机的概念也会产生本质性的改变。"互联网是最大的云计算，它汇聚其他所有的云。在云计算的世界里，无论是你的工作，还是你的数据，都会被储存在网络里。"[1] 如今的云计算已经在云物联、云存储、云安全等领域得到了广泛的运用，并形成了几大主流阵营，为不同企业、市场提供服务。

云存储是从云计算概念延伸出的一个新的智能应用。云存储是指通过分布式文件系统、集群应用以及网格技术等智能化功能，将网络中大量不同类型的存储设备通过信息软件联合起来并进行协同工作，并且对外提供数据存储和信息访问功能的一个系统。进行充分的云计算运算和处理的核心是以海量数据的存储和管理为基础，需要配置大量的存储设备，这种需求的存在实现了云计算至云存储的延伸。云计算系统与云存储系统有着本质的一致性。云存储系统实质是一个以数据存储和信息管理为核心的云计算系统，它为信息社会的信息交互活动提供了强大的信息技术支持。

物联网（internet of things）是最新一代信息技术的重要组成部分，而云计算是物联网能够顺利运行的核心。物联网是指物物相连的互联网，是对于互联网的应用与拓展。物联网通过以红外感应器、射频识别（radio frequency identification，RFID）、激光扫描器、全球定位系统为代表的信息传感设备，在满足网络协议的基础上将任何实体物品与互联网相连接从而进行实体物品信息的控制与管理。物联网实现了物与物、人与物之间的信息传递与控制，它的核心和基础仍然是以互联网为本体，是在互联网基础上的对于具体物体的延伸和扩展。构建物联网的目的是实现信息系统对实体物品的智能化识别、定位、跟踪、监控和管理的智能化控制。2021 年 7 月，中国互联网协会发布了《中国互联网发展报告2021》，物联网市场规模达 1.7 万亿元。2021 年 9 月，工信部等 8 个部门印发《物联网新型基础设施建设三年行动计划（2021—2023 年）》，明确到 2023 年年底，在国内主要城市初步建成物联网新型基础设施，社会现代化治理、产业数字化转型和民生消费升级的基础也将变得更加稳固。

物联网既是真实的物体对于各种感知技术的广泛应用与沟通，同时其本身又具有智能处理的能力，能够对物体自身实施智能控制。物联网的发展，使得当今社会以用户为中心、以信息交互方式的实现与拓展为主体的信息创新应用更加凸显。

6. 5G

第五代移动通信技术（简称 5G）是具有高速率、低延时和大连接特点的新一代宽带移动通信技术。5G 相较 4G 移动通信提升了一个或以上的量级，在无线覆盖性能、传输

---

[1] 凯利. 技术元素 [M]. 张行舟，余倩，周峰，等译. 北京：电子工业出版社，2012：222.

时延、系统安全和用户体验方面得到了显著的提高，同时也是实现人机物互联的网络基础设施。

如今，各个国家都在积极布局 5G，各国通信基础设施正不断完善，平均下载速率逐渐提升，全球超级计算机在应用能力、软件水平等方面也越来越突出。较多国家已实现 5G 商用，并为企业、社会发展起到极大的拓展与帮助作用。截至 2020 年 5 月，中国开通的 5G 基站超过 20 万个，并以每周 1.5 万个的速度增长。5G 的成熟将会为未来物联网、生活云端、智能交互等提供必要条件。

与此同时，世界各国已开始投入下一代信息基础设施研发与建设。以中国、美国、日本等为代表的国家已布局 6G 的研发。卫星互联网、量子网络、更广泛的物联网领域的研发与建设也将作为重点战略方向，为加速社会各个领域行业转型升级提供必要条件。

6.4　信息社会的"品"

世界的每个角落都充满着各式各样的信息，人们生活在各种信息的传播与互动的过程中，我们已进入信息爆炸的时代。可以说，信息的广泛应用带给了人们生活的愉悦和便捷。但同时，信息应用的过程中，人们原有的生活方式被彻底地改变了，这也不可避免地带来了许多的惶恐和焦虑。从设计学的角度来看，产品是人们为了生存和发展的需要而实践创造出来的[①]，其作为人与物的信息交流媒介达成了人与人、人与物、人与环境的信息交流与互动。随着社会的发展与设计的进步，产品的发展趋向于通过信息的双向交流与用户情感表达，通过信息交互设计可以为产品用户提供所需求的信息与愉悦的情感体验，这已经从以苹果的 iPhone、iPad 为代表性的信息产品所取得的巨大成功中得到了明显的体现。

6.4.1　信息社会的信息交互模式

1. 信息传播数字化的兴起

人类的信息传播阶段，大致可以分为口语传播阶段、文字传播阶段、印刷传播阶段、电子传播阶段、网络传播阶段等，每一个阶段传播速度的提升都象征着信息技术的革命性进步。相比于以广播、电视为代表的传统大众传播体系，通过网络进行信息传播的普及性应用似乎预示着传统大众传播体系巅峰的逝去。计算机网络允许信息传播双方及多方充满个性化色彩的信息互动，如何"进入网络"就成了每个人能够参与社会日常生活的关键问题。一旦置身于网络，信息用户就能接触到各式各样的信息，并且在任何时间能够与任何人产生即时的信息互动。在信息社会，信息的累积速度远远超过了其他任何材料、物品，

① 张凌浩. 符号学产品设计方法 [M]. 北京：中国建筑工业出版社，2011：18.

其生长速度甚至快于同等规模的任何生物①。当今的世界范围内已经具有过百亿台计算机，几百万个子网接入互联网，网络用户已达数十亿。网络的意义不仅在于覆盖的规模和结构有多大，而是提供了一种与以往截然不同的信息传播的手段，呈现出对传统信息传播模式的一种取代趋向。

信息传播数字化可谓是信息社会信息传播模式的重要特点之一，为信息的储存、分析和再创造提供了可能性。信息传播数字化是指信息领域的数字媒体技术与数字信息传播科技朝向人类生活的各个领域全面融合和推进的过程，对于人类的信息交互活动有着极大的促进作用；它不仅改变了以往的信息传播格局，而且为社会大众提供了一个自由讨论公共事务、思想观点的信息活动空间。"信息的复制准确无误，传输瞬间可得，存储持久永恒，提取易如反掌"②正是信息传播数字化的真实写照。因为信息传播数字化带来的深刻影响，以往的传统媒体纷纷加快了与数字化的融合。报纸、杂志等传统出版印刷媒体的制作过程已经全面数字化，电影制作正在向数字化电影与制作模式发展，传统的模拟广播和电视更是借助数字技术实现了全面的数字化播出。可以说，传统单向传播的时代已经过去，数字化传媒以其"信息虚拟化""传播互动化"特点成为当今信息传播的主流模式，信息传播的格局与大众传媒自身因数字化而发生了巨变。

信息社会的信息传播具有多层次的特点，有线光缆、无线通信、计算机数字技术等的辅助给信息交互过程带来了新形态、新思想的冲击，它们打破了传统大众媒体对于信息来源的垄断，使得信息传播的环境与信息互动的载体都产生了巨变，新的信息技术应用服务项目正在不断涌现。信息社会的信息传播除了具有信息量大、速度快、信息查询方便等优势，还将传统的线性单向传播模式转变为立体式多向互动模式。信息社会的信息传播过程并不是信息发起者通过传统媒介向信息用户进行信息单向传递的过程，而是有效地实现了双向及多向的交流与互动。信息社会里的每个人都可以成为信息源或者信息的发布者，进行自主的信息控制、选择和传播。"网络的互动赋予了用户一种左右信息接近的力量，以及一定的对信息使用结果的控制力量"③。信息社会是一个强调信息互动的社会，通过网络为媒介进行信息交互活动是人们获得愉悦的用户体验的最主要方式。

信息传播数字化借助于互联网的海量信息流，覆盖全球进行信息的多向化、智能化传播，使得信息的传播更加自由，信息发送者与接收者的身份符号逐渐模糊。信息传播数字化打破了传统传播模式的信息传播范围只限于本地区、本国家的束缚，远距离信息传播的模式遍布地球的任何一个角落，地域性因素不再是制约信息流通与互动的阻碍。信息传播数字化使得信息受众从仅能接收信息的被动地位转向主动地位，从而首次掌握了控制信息活动的主动权。"同一个人或组织既可以是信息的接收者，也可以是成为信息的传送者。

---

① 凯利. 技术元素 [M]. 张行舟，余倩，周峰，等译. 北京：电子工业出版社，2012：331.

② 波斯特. 信息方式：后结构主义与社会语境 [M]. 范静哗，译. 北京：商务印书馆，2000：100.

③ FELDMAN. An introduction to digital media[M]. London and New York: ROUTLEDGE, 1997.

在这种分散型的传播巨网里，任何一个网络节点都能够以非线性方式进入网络的经纬之中"[①]。无论是信息的发起者还是接收者，他们都是网络中的节点，促进了信息在网络中的互动应用。信息传播数字化将信息社会的信息传播结构变成网状结构，每个信息节点都可以自由地进行即时信息互动传播（图 6.16）。

图 6.16　数字化信息传播的网状结构

梅罗维茨（Meyrowitz）在《无位置感》一书中指出："媒体是不同类型的社会环境，以种种独特的方式接纳或排除着、团结或区分着信息用户。"数字化传媒使得信息传播速度更快，信息来源更加广泛，信息发布渠道更加多元化，具有很强的引领性与时效性。在信息社会里，数字化传媒和媒体的数字化是相辅相成的活动，二者相互促进与发展。相较于传统的大众信息传播媒体，数字化媒体更加贴近大众的心理特点，因其融合了技术与人文艺术，信息内容可存储、可复制、易检索，还具备了图像、文字、声音并茂的立体化表现的特点，用户进行信息可感知的多样化需求得到了满足。信息主体在时间和空间上已经脱离了之前的情境关系，具有很强的隐匿性特征；信息用户可以从被动接收信息转为主动参与信息传播，每个人能够自由地依据个人意愿在理想的环境中接收信息与传递信息，智慧化的信息并存于信息传播的起始点和结束点。在通过数字化媒体进行信息传播的过程中，信息传播者和受众之间能够进行实时便捷的信息交谈，角色也可以随时转换；这种互动性使得数字化信息传播模式变得多元化，一方面使得信息传播的覆盖面变得更加广泛，另一方面使得定制化、精确化的信息传播应用方式越来越普遍。

2. 信息互动传播理论模式

信息社会所独有的数字化传媒已经成为集信息传播、信息服务、信息交流、文化娱乐为一体的多媒体信息终端，大大降低了人们接触信息与应用信息的门槛，进一步延伸了传播学理论模型的发展。一方面，数字化传媒与传统的信息传播模式具有很多的共同之处，比如拉斯韦尔提出的"5W"模式依然可以适用于数字化传媒模式，即数字化传媒创造了

---

① 李维. 新闻与传播：走向网络空间的时代 [J]. 新闻与传播研究，1997（1）：22-23.

一种任何人在任何时间、任何地点，与任何人进行任何形式的信息交流的模式。另一方面，数字化传媒不仅代表着信息技术水平的提高，更蕴含着信息思维观念的转变之意义。个性化信息传播得到进一步发展，信息传播环境更加开放和自由，信息用户的自主性与信息传播的互动性效果进一步增强。

在运用数字化传媒进行实际的信息传播过程中，用户的兴趣是发现与应用信息的起点。当有了用户的兴趣作为信息传播活动的基础，用户将会主动搜索其感兴趣的信息。如果在搜索过程后的信息结果显示，信息有一定的价值并且得到了用户群体间一定的口碑认同，将会奠定后续信息消费的基础。用户继而采取主动性行动（比如信息购买、信息共享等）进行信息处理及信息再生，以实践信息本身的价值，并最终将信息应用后的反馈进一步传递并分享给用户群体（图 6.17）。在信息社会里，信息的多次流通形成了信息的更迭与循环过程，从而形成了具备群体化、交互化特点的全新信息互动传播理论模式。

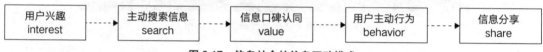

图 6.17　信息社会的信息互动模式

在当今的信息社会，认识信息就发现了力量，占有信息就拥有了权力，整合信息就增强了能力，传播信息就施展了力量，形成信息流就形成了更强的支配力①。数字化传媒是信息社会发展的助推器，它加速了信息用户群体的分化，具备信息用户个人特点的信息互动传播模式终于有了实现的技术土壤。数字化传媒对于信息交互设计而言，是设计师们情感物化的载体，是与用户进行有效的信息交流的媒介。数字化传媒与传统媒体的相互融合，形成"跨媒体、跨文化"融合式传播模式将是未来信息传播发展的大势所趋，其广泛性、多元性的整合特点将进一步明晰，这也将有助于我们从信息传播模式和信息技术发展的基础上把握信息交互设计的普遍规律特点。

6.4.2　信息社会的"品"之变化

信息社会的信息交互设计是一个以信息为媒介，用户的感官体验与用户行为相互影响、相互平衡的过程。信息交互设计的目标就是用理性的设计思维来为用户创造感性的用户体验，信息交互设计产品就是信息社会里信息交互设计的一种实现载体。判断一个产品是信息产品还是物质产品一般是从用途出发，如一个杯子本身是物质产品，但如果把它作为一个原型，分析其材料、工艺、功能与造型信息时，它就成为一个信息产品。杯子还会在成为一个象征意义的符号时，具有信息的意义，比如在软件界面中，杯子的图标也是一种意义的符号。

① 陆小华. 新媒体观：信息化生存时代的思维方式 [M]. 北京：清华大学出版社，2008：24.

作为信息技术产品，硬件是媒介或是载体，软件则提供信息或内容。在这个意义上，杯子将由硬件和软件组成，像 MIT 媒体实验室的"变色杯"，既可以根据杯中物质的温度通过内置的感应器来改变颜色，也可以测试出饮料中糖分、乳糖、酒精的浓度，如果杯中的牛奶变质，它能发出警告。此外，带有射频识别标识的杯子又将变成一个跟踪与发射器，不仅可以提供位置信息，还可以在延伸的网络范围与周边的产品"交流"，这时杯子就是一个信息产品。对这些信息与人的关系的设计和研究就是信息设计。还有一些信息产品就是在线教育、娱乐、通信等行业提供的内容服务，其中网络游戏最受关注。在游戏市场上，游戏产业随着网民的增加已经成为增长最快的行业之一。网络游戏产品提供的是虚拟的故事情节，以及无形的装备、空间、身份等内容，目的是满足玩家的精神体验。借鉴影视编导的方法，对游戏角色、故事情节等的建构，网络游戏已成为数字空间中信息产品的代表。信息产品进入商业领域则成为信息商品，大卫·斯莱西（David Sless）在一篇文章中指出，"我们出售的所有东西不是别的，只是信息"（David Sless，1994）。信息商品是指经过加工后用来交换的再生信息。信息商品同物质商品不同之处在于商品形态和使用价值的差异。信息商品具有可转换、可压缩、可共享、与载体不可分、可传递等物质商品没有的特性，对信息的消费具有公共性和共享性，并且是一种无形的、综合性的消费，信息商品展现了新的信息经济形式。

1. 变化的信息交互设计产品

信息社会的到来，使得产品的范围与程度被重新定义。信息化产品有着功能复合化、智能化和外观的简洁化、便携化的特点，越来越受到人们的欢迎，信息化产品种类越来越多，为用户提供着各种各样的信息服务；信息化产品也正在朝着体积更小、速度更快、功能更强的趋势变革。信息化产品的范围内容涵盖了可触摸的、具有实物形态的信息硬件设备，不可触摸的信息软件，存在于信息网络中的虚拟式信息服务等。信息化产品也不再仅仅是工具，而是成了用户进入社会交互环境和虚拟世界的重要媒介，并且在社会生活中的各个信息活动中充当着越来越重要的角色。

信息社会的信息交互设计产品与以往相比有了许多变化，主要体现在以下几个方面：

首先，产品的智能化程度越来越高。以信息技术为主导的产品创新越来越多，许多传统的产品逐渐融入了新的智能功能，呈现出一定的功能复杂性。单纯的产品造型已经远远不能概括出产品所具备的属性与功能特点，产品软件的功能、界面、交互应用能够自主进行信息的运算、存储甚至传递，从而为用户带来了真正的应用价值，其重要性已经超越了产品硬件。从产品的发展趋势也可以很清晰地体会到，内置软件的多样性信息应用才能够体现出产品自身的功能特点，产品硬件的形态越来越简洁、小巧、易携。

其次，产品的交互性程度越来越高。产品的功能对于用户的帮助作用主要体现在与用户交互的过程中；在日益强调用户的心理需求、用户体验的信息社会里，产品不再仅仅是静态的使用，而是以更多的交互、动态的形式帮助用户实现良好的、人性化的交互体验。交互体验的实现既可以通过产品的硬件材质、色彩、结构实现，也可以通过各种视觉、听觉等软件信息的互动应用来实现。产品交互性程度的提高，会帮助用户体会到产品所具有的可用性与易用性，交互体验将更加整体，从而融入更多的情感色彩。

最后，产品的可感知性程度越来越高。工业社会时期的产品大多是以触觉、视觉等途径来实现功能，信息社会时期的产品由于功能复合化的特点，促进用户通过更多的感官途径来与产品互动，包括视觉感知、听觉感知、嗅觉感知、触觉感知、味觉感知、运动感知等；通过利用用户多感官的感知通道，有效地增强用户对于产品功能的可感知性。人与产品可以拥有更直接、更丰富的互动关系，从而为用户带来了更加广泛的使用体验。

信息社会的信息交互设计产品由于信息技术的驱动，产品的生产成本逐渐降低，产品更新换代的周期越来越短。由于信息技术发展对于信息交互设计的内在驱动影响，产品外形设计的比重将呈降低趋势，信息化产品载体之间的关联性和交互性将成为未来信息交互设计中的主要关注目标。

以智能冰箱产品设计为例。在追求"健康饮食"的时代背景下，冰箱作为人们生活中使用频率相当高的家电设备，除了具备冷藏储存食材的作用，还管理着人们的饮食生活。因此，与人们健康息息相关的智能冰箱逐渐成为交互设计的代表性研究对象。智能冰箱和传统冰箱所能满足的用户需求是有很大不同的：传统的冰箱使用场景主要考虑的是用户存取食材的基本需求，设计师主要从人机工程学和产品外观的角度来进行设计；而当今的消费者对冰箱的需求远不止于冷冻冷藏以延长食物储藏的时间，如何帮助用户获得放心的健康饮食成为消费者关注的重点。智能冰箱的交互设计要素相较传统冰箱也更为复杂，包括用户、冰箱、食材、智能手机应用等（图 6.18），各个要素之间相互联系从而帮助用户完成用户任务，冰箱设计迎来了往高端化、品质化、智能化方面转型的机遇。在智能冰箱交互系统设计中，用户占据交互任务的主导地位，用户通过智能冰箱、手机应用对食材进行储存管理、获取食材信息等相关服务。智能冰箱作为信息的接收者、传递者、反馈者，执行接收的各种指令，感知、处理、反馈来自用户、食材及外部环境所提供的各类信息，保

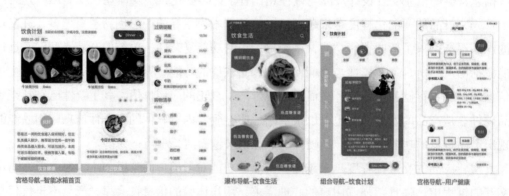

宫格导航-智能冰箱首页　　　　瀑布导航-饮食生活　　　组合导航-饮食计划　　　宫格导航-用户健康

图 6.18　智能冰箱手机端界面导航设计

证交互任务能够顺利完成；手机应用则是实现用户与智能冰箱远程沟通的工具，手机应用接收来自用户、冰箱的需求信息，并给予相关的信息反馈；食材是连接冰箱与用户进行交互任务的关键要素，冰箱帮助用户对食材进行相应的储存管理，食材信息能够被冰箱准确感知并将相关信息反馈给用户，智能冰箱也会通过感知内外部环境的变化自动进行相关调节。

2. 变化的信息交互方式

从工业社会向信息社会的最大转变体现在社会的经济结构从生产型经济转向服务型经济。首先，用户需求的特点开始悄然转变，设计在追求产品功能的同时，越来越强调形式多样化、文化多元化。其次，设计对象开始逐渐转向信息服务，实现这一变化的基础则是信息技术；对于信息服务的关注更加要求个性化的可自定义内容和互动使用体验，并且由此可以衍生出人与产品的新型关系、新的设计内容以及可能产生的全新服务体系等。最后，设计内容从单品的设计转向对整体性系统的设计；在信息社会，设计的内容已经从对物体本身功能性的设计转向对物、人、社会、文化系统中各个要素之间整体关系的设计。

以阅读为例，阅读是大众获取信息的主要方式，在信息社会，人们的阅读方式发生了一些转变，其主要特征为：第一，用户阅读速度变快，信息技术客观上实现了对于信息的高速传播模式，海量的信息形成了强大的信息流亟待用户进行处理；第二，用户阅读媒介多元化，除了传统的书籍、杂志、报纸、电视广播等传统媒介，计算机、智能手机等信息化产品极大地丰富了阅读方式，人们可以在不同场合借助不同的工具自由地享受阅读带来的乐趣；第三，传统的文字阅读方式正在逐渐地演变为"新媒体结合文字"方式，新媒体技术图像、声音、动画、可触摸的结合为用户增加了阅读的乐趣，文字本身具有的抽象性也在阅读过程中日益减少。

概括而言，信息社会为信息交互设计创造了全新的语境，既存在着现实世界的真实性，又内含着网络世界的虚拟性。信息交互设计本质上是一种创造行为，通过归纳与整合用户感知的相关要素引导信息用户构建更新颖合理的信息交互方式。在信息社会，信息交互方式的实现常常存在于用户与信息化产品之间，通过产品界面实现信息输入和输出的信息交互活动。信息社会的信息交互方式特点相比以前也有许多变化。

（1）通过产品本体进行信息交互活动

一般而言，信息交互的对象距离越近，所带来的信息交互效果应该越直接，对于用户而言的学习成本也越低，尤其是对于信息化产品而言，其所有信息内容的呈现和产品功能的实现都依赖于信息输入与输出接口。对于设计师而言，产品上的信息输入输出接口就是信息交互活动的设计对象，设计师应充分利用产品自身的信息输入输出接口作为信息交互活动的界面，从而引导人们利用信息输入和输出的规律来进行信息交互。比如常见的电子手表、计算机、手机等数码信息类产品上的开关、按键、触摸屏幕等。

图 6.19　利用触屏方式来实现信息交互活动

不同的信息输入输出的接口有着不一样的感知特点。产品开关的信息交互功能具有易识别、有效、目的性强的特点，但是功能性受到了很大的制约，并且很多产品的功能无法以简单的 ON 和 OFF 来判断。按键能为用户提供更为直接有效的信息交互选项，对产品用户而言比较不容易发生误操作，但是按键无法迅速地满足高精度的定位要求。触摸屏幕的发明与应用，极大地提高了信息用户体验的满意程度。触摸屏幕的信息显示内容会随着屏幕而改变，进行信息的自由选择和输入输出都比较方便，上手性强。因此当今不少的信息化产品都开始采用触摸屏幕作为产品的交互活动载体（图 6.19）。

触摸屏在技术层面上也存在着一些不足，比如：手指在操作中容易阻挡视线；仅有视觉反馈而触觉反馈不佳容易导致冰冷的触摸屏幕手感反馈不佳；缺乏硬件按钮的支持导致一些快捷功能无法实现；触摸精度有待提升等实际问题。此外，由于当今许多信息化产品的信息交互活动是基于一个数字屏幕平面上展开，触摸屏幕的显示范围是有限的，所以在进行信息输入时也会带给用户操作空间不够的感受。目前的触摸屏产品带给用户的体验还不能够完全满足用户，很容易出现误操作的可能，因此需要对触摸屏技术继续进行完善。随着信息技术的发展，用户对于多感官立体形式感的信息交互活动的需求将越来越强。如何在二维的平面上实现立体形式的交互操作，包括不同视角的渲染效果流畅切换与丰富的视觉效果展现形式等问题，都是信息交互设计及相关的信息技术需要研究的课题。

（2）通过与产品相连的控制设备进行信息交互活动

以游戏手柄、手写板、遥控器、键盘和鼠标等为代表的与产品相连的控制设备的发明，拓展了信息交互方式的应用可能，帮助信息用户更加关注于产品的具体使用体验。以最常见的键盘鼠标为例，键盘是信息用户面对计算机时主要的信息输入工具（图 6.20），尤其是在文字信息输入方面有着其他交互方式无法比拟的精确性与快捷性优势；鼠标的发明则是交互设计史上堪称最伟大的发明之一，是控制图形界面过程中最方便快捷的交互工具。以键盘、鼠标为代表的控制设备顺应了用户的信息输入输出方式上的固有习惯，得到了用户的认可。从用户角度而言，在进行简单的学习从而具备一定的计算机基础后，没有任何计算机使用经

图 6.20　信息用户通过键盘进行信息输入

验的计算机用户都可以很快掌握键盘与鼠标的基本操作与信息交互方式。

通过与产品相连的控制设备进行信息交互活动的不足之处在于，与控制设备连接后产生的空间距离偏差，使得人机交互过程中显得机械感十足而自然感不够，用户体验真实感会有一定不足。此外，如果信息用户长时间反复地使用信息控制设备，也很容易造成"鼠标手""手柄指"等常见的身体不适。

（3）基于人体感知与产品进行多感官信息交互活动

如前文所述，人类的身体机能具备一定普遍性的感知特性，人类基本的感觉包括视觉、听觉、嗅觉、味觉和触觉等。一般而言，人类是通过自身感知来辨识所接触到的外界信息的各类属性，包括声音、材质、动作、重量、气味等内容，形成对于外界信息的综合性认知。

通过研究用户行为并分析信息交互设计的主要特点，多感官设计的概念得以提出并运用。多感官设计是指从人体感官的视觉、听觉、嗅觉、味觉和触觉等角度入手，多方面进行信息用户的感官机能的开发，追求真实自然感觉的、人与物相融合的设计思路[1]。多感官设计将有效地提升信息化产品的可感知性，最终丰富信息交互设计的类型。

通过人体感知与产品进行多感官的信息交互活动会是信息交互设计重要发展趋势。这种方式依赖于现有的动作识别、语音控制、眼动追踪、触觉交互、地理空间跟踪等体感交互技术。体感交互技术通过红外扫描、热感应、声音图像识别分析、图像跟踪算法和空间物理定位等信息技术，帮助信息用户更方便地利用自己的身体语言和动作直接与产品进行多感官的信息交互活动，达到人机合一的最高境界。

以热门的家庭游戏机为例。2019 年 10 月任天堂推出了爆款体感游戏《健身环大冒险》（图 6.21）。该游戏一经发售就十分抢手，即使上市一个月后世界各地仍然一货难求，价格也一度被炒到原价的三四倍。该游戏最大的特点就是趣味丰富的游戏剧情与配件"健身环"（ring-con）相结合，能够让玩家在按照剧情进行娱乐游戏的同时达到居家健身的目的。仅借助一台游戏机，就能居家进行专业训练的健身活动，这在该体感产品发布之前似乎是不敢想象的事情。

健身环直径约 30 厘米，由聚酯纤维、尼龙制成，具有弹性。健身环内设置挤压感测器，能够感测玩家的动作。玩家需要将任天堂 Switch 的控制器 Joy-Con 拆下并分别安装到 Ring-Con 和腿部固定带上，配合游戏中要求的动作来击败怪兽并闯关。《健身环大冒险》游戏以回合制角色扮演的冒险模式为主，此外游戏也包含了健身小游戏和健身锻炼的其他模式，通过游戏策划各种各样的剧情，让用户保持各种各样的姿势来进行健身锻炼，并通过游戏奖励让用户更愿意去行动与保持。通过硬件与软件设计，健身环能够精准检测到用户在使用过程中的肢体状态与行为，更好地保障肢体动作的规范性，以达到居家健身的目的，为广大用户创造了前所未有的游戏体验。

---

[1]　张凌浩. 符号学产品设计方法 [M]. 北京：中国建筑工业出版社，2011：122.

图 6.21 任天堂发布 Switch 新游戏《健身环大冒险》

6.4.3 "品"之设计原则

设计原则是指一系列设计好的要求，用来帮助指引具体设计策略的制定，将贯穿接下来的设计过程，甚至延续到产品发布之后[1]。设计原则不仅有助于选出最好的设计构思，也可以引导完善设计、原型制作、开发和后续的工作[2]。信息技术是决定信息交互设计发展的根本性因素，设计师们在百花齐放的各种最新信息技术的影响下面临很多的选择。笔者认为，无论未来的信息技术如何发展，"为用户提供平衡的信息环境"应是信息社会中的信息交互设计原则，单纯研究信息的呈现形式不再是信息交互设计最为关注的部分。

不同文化、不同民族的信息用户群体拥有截然不同的信息需求和信息目标，对于设计师而言，如何在这些不同点之间找到平衡点是一个巨大的挑战。"平衡"是一个比较抽象的概念，在信息交互设计中的"平衡"含义应体现在以下几个方面：用户的期望与工作的任务之间、设计与技术之间、信息化系统之间、用户与社会之间、不同的用户个体之间、不同的信息领域之间等（图 6.22）。"为用户提供平衡的信息环境"的设计原则对于指导实际的信息交互设计是至关重要的。它意味着，诸如过度地关注新技术的产品融合而忽略具体的用户需求，过度地关注设计过程中某一部分而忽略设计的整体性等实际现象都是不够科学的。

---

[1] SAFFER D. 交互设计指南 [M]. 陈军亮，陈媛嫄，李敏，等译. 北京：机械工业出版社，2010：107.

[2] SAFFER D. 交互设计指南 [M]. 陈军亮，陈媛嫄，李敏，等译. 北京：机械工业出版社，2010：100.

设计师所需要解决的问题不仅包括如何解决用户需求和产品功能之间的矛盾，而且还需要考虑是否能够帮助处于复杂的社会文脉关系中的信息用户实现自身与周围信息环境的平衡。首先，设计师需要对用户的信息需求和信息目标有着全面整体的了解与把握，并不是单纯满足了用户的需求就可以称为好的设计。对于用户需求的分析和研究也需要遵循"平衡"的原则。除了满足用户的需求，更应该通过信息交互设计来创造和引导信息用户了解并掌握新的信息交互方式。其次，"平衡"的原则要求设计师对于用户的行为活动特点与具

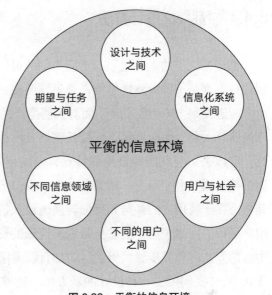

图 6.22　平衡的信息环境

体的信息认知特点有更多的了解。比如，每一个信息用户使用信息化产品的方式与习惯都存在着一定的差异性，与设计师原先的预期或许存在着很大的不同；通过对用户的行为活动以及信息认知特点的分析，设计师们可以更加准确地处理用户和信息化产品之间的平衡关系。最后，"平衡"的设计原则要求信息化产品能够从系统性的角度来为用户的信息目标提供具体支持，并不是仅仅满足完成某一项独立的信息任务。

信息技术的发展是对于自然规律进行科学而理性研究的成果，有着精确性、逻辑性的应用特性，由信息技术基础发展而来的信息交互设计也因此有了很强的目标导向性与融合应用性。信息用户是普通大众，而人类的行为本性有着与信息技术截然相反的模糊性、多样性、随机性等特点。因此，单纯基于对信息活动或任务进行设计已不再符合信息社会的特点，信息社会的信息交互设计必须关注信息用户的感性和信息技术的理性之间固有矛盾的平衡。事实上，对于平衡性的关注常常在实际的信息交互设计的过程中不自觉地被忽视。虽然对于信息技术特点的研究与应用在设计细节中是非常重要的，但唯有以信息用户主体为核心，才可能从"信息平衡"的角度，真正客观而综合地了解信息交互活动的意义，从而创建更多符合信息用户特性的、充分体现平衡特点的信息交互方式。

通过研究"为用户提供平衡的信息环境"设计原则，将有助于对用户所处的信息环境进行整体的把握，了解用户的信息需求与信息目标，实现作为个体的信息用户和作为系统的信息环境更好地相互适应。"为用户提供平衡的信息环境"设计原则将帮助设计师们更加准确把握信息个体和信息环境整体关系的特点，从而得到更好的信息交互设计解决方案。"为用户提供平衡的信息环境"的设计原则的构建将不再局限于理论层面，而是将引导信息社会的具体设计实践过程，导向更多的信息交互设计实践应用成果。

6.4.4 "品"之设计方法

创造是人类的本能之一，不同类别的设计创新需要不同的策略与方法以应对。设计的创造性思维是一种灵感性思维，是思维突变的结果，除了知识积累，更需要多种因素的巧合才能迸发[①]。20世纪初期，面对机器生产的普及、生产方式的更新和新材料的大量使用，著名建筑大师、包豪斯第三任校长密斯凡·德·罗认为，不应使用老的形式去解决新的问题，应该去研究新问题自身的特点，发展出新的形式去解决问题。20世纪80年代末期，唐纳德·诺曼和史蒂芬·德雷帕（Stephen Draper）提出了"以用户为中心"的设计理论，其核心在于将用户的参与和反馈转换为输入进行迭代，以获得更满足用户需求的、更符合用户期待的产品；用户的意见是需求挖掘的资源，如何输入、分析用户的意见是以用户为中心的方法的重要步骤[②]。到了信息时代，创意到创造的距离更是被大大缩短。唐纳德·诺曼认为："我们需要一种设计的新方法，能够将商业与工程的精确与严密和社交、艺术的美学等结合起来。"[③]

米兰理工大学的艾佐·曼奇尼教授指出："设计与社会变革处于一个正常可持续转型的互联世界：这是一种思考和行动方式，需要反思和战略意识，并要求我们审视自身所处的环境，然后决定是否要采取行动改善事物状态及这样做的方法。"[④]交互设计作为当代设计的一种典型代表，所创造的设计价值持续驱动着社会的发展。实际上，"设计驱动创新"是通过以用户体验和产品与用户的情感联络为核心的设计思维来驱动企业创新的一种发展模式。最早关注设计驱动创新的是米兰理工大学的罗伯托·维甘提（Roberto Verganti）教授，他对"市场""技术"与"设计"三种驱动式创新模式做了深入的梳理比较。他提出：设计驱动创新的本质就是在创造商品的过程中，通过"设计思维"的方法论的实践，对商品的内在意义进行颠覆式创新，为企业创造持续的竞争力[⑤]。

信息交互设计是信息技术与人性结合的一种体现，它将使用户与设计的关系更加贴近。人类的设计总是体现了一定时期人们的审美意识、伦理道德、文化与情感等因素，这代表了设计的人化过程。而人类的情感、意识、文化等精神因素，又需要借助一定物质形式来表达，这代表了人类精神的物化[⑥]。信息交互设计的精神内核，实质上是一种强调人性化的设计思路。信息交互设计的主体是人，信息用户和设计者也是人，因此人是信息交互

---

① 占炜，李朔. 设计之"无"：设计的发生逻辑与存在形式阐释 [J]. 艺术百家，2014（3）：255.
② 吴琼. 用户体验设计之辩 [J]. 装饰，2018（10）：32.
③ 诺曼. 设计心理学4：未来设计 [M]. 小柯，译. 北京：中信出版集团，2015：137.
④ MANCINI E. 设计，在人人设计的时代：社会创新设计导论 [M]. 钟芳，马谨，译. 北京：电子工业出版社，2016：1.
⑤ 维甘提. 第三种创新：设计驱动式创新如何缔造新的竞争法则 [M]. 戴莎，译. 北京：中国人民大学出版社，2013：23.
⑥ 刘文沛，应宜伦. 互动广告创意与设计 [M]. 北京：中国轻工业出版社，2007：98.

设计的中心。倘若离开了对于人的需求的反映和满足，信息交互设计便偏离了它的本质。信息交互设计是关于物的人化和人的物化的统一。

在信息社会，若要进行有效的信息传播，必须考虑信息用户的知识水平和认知背景。信息传播的范围越大，实现良好的信息传播效果的难度就越高。随着信息社会的发展，信息交互设计所关注的重点从以计算机为中心，强调功能性、逻辑性转移到以用户为中心，强调整体性、多元素相平衡的设计理念。

从信息用户的主体"人"的层面而言，从被动到主动的信息角色变化，从信息的接收者延伸到以用户为中心的角色转变预示着信息社会对于信息交互设计的方法提出了新的要求。信息交互设计需要从一个更广的范围思考信息交互方式的形式与内容，设计的侧重点也从"强调信息技术的深层应用"重新回到设计的本源，即"为人们创造更合理的生活方式"。

1. 信息交互设计方法的思辨

信息交互设计首先应理解用户心理并满足用户的可用性需求，其次设计结果不仅要实现设计的功能性目标，更应给用户带来设计的易用性，包括愉悦的体验效果、更高的工作效率以及启发性等。信息交互设计是一种通过信息产品和信息服务来构建人与人之间信息交互方式的艺术。从这个角度而言，信息交互设计的目的可以归纳为"对于用户之间双向信息交流的构建"，这意味着在信息的传播过程，传播范围以及因此产生的各种信息反馈在整个信息交互设计的过程中都是非常重要的。

信息社会的信息用户在以往对于传统物质产品的消费与享受的基础上，更加关注于精神层面的体验，愿意付出更多的时间和费用来交换高质量的信息服务所带来的愉悦体验，这一趋势已经在农业、工业、计算机产业、商业、服务业、娱乐业等社会各行业中清晰地得以体现。用户对于网络音乐、书籍、报纸和杂志的需求在不断增长，通过网络大规模进行信息产品的销售已经成为现实。当今的信息交互设计并不仅仅是对于产品的功能、色彩、材料、信息符号进行变换和组合就足够的，而是需要更加深入地研究用户的心理，能够智能化地根据用户需求为用户提供最恰当、最合适的信息服务。用户不仅可以接收信息，而且可以反馈并分享信息，将信息的价值最大化，从而使得设计能够与用户进行良性的沟通，帮助用户充分享受愉悦的用户体验，最终满足用户的精神需求。从这个角度而言，信息交互设计可以视为一种涵盖更多的层面和更有深度的信息交换的能力，其必然被社会、文化等因素深刻地影响。

网络社会的崛起，使得互联网的意义从"信息计算"的技术特征逐步过渡到"信息分享"的体验特征。信息用户对于信息的需求也变得更加众口难调，用户需求根据身处环境的不断变化所展现出的"模糊性与针对性"也成为信息用户自身一大特点。信息社会的到来为信息交互设计的发展提供了巨大的空间，为设计师们提供了更多的创新机会；信息交互设计将参与信息用户生活中的每个方面，而信息化产品之间的关联性和交互性将会成为信息交互设计研究的重中之重。相比于现实社会，虚拟社会对于信息交互设计的需求有着很大的区别：信息与知识有着优先于能量与物质的重要性，信息化、智能化、个性化是信息交互设计发展的大势所趋。信息交互设计的研究是关于参与信息交互活动的个体，以及对于信息传播进程本体的研究，主要体现在两方面：一是用户和信息网络之间的信息交互层面，二是用户和用户群之间的社会交互层面。信息交互设计的目标是通过产品、环境、系统以及服务来确定用户需求的方法，努力使计算机与网络可以满足用户的信息需求，从而创造性地定义、支持、促进人与人、人与环境之间的信息互动[①]。

人类的生活正在越来越多地以信息化产品为媒介进行人际协作与信息交流，从而催生了一种信息社会专属语境下的信息交互活动。在信息技术快速发展的时代里，设计师们必须在日新月异的信息技术变革潮流中找到可以遵循的设计方法；根据用户的特性与需求，创造出适应信息社会特点的信息交互方式，为用户提供舒适、愉快的用户体验。一方面，信息技术的发展是设计方法发展的根本动力，快速演进中的社会文明也对设计方法提出了更新的要求；另一方面，新的设计方法也要与传统的设计理论及方法有一定的传承与关联，这样才可能更加恰当地进行信息交互设计的准确定位。可以说，信息社会里的用户、技术和社会等要素之间存在着天然的复杂性，这决定了与信息交互设计相关的设计活动必然会在一套全新的设计方法的指导下进行。设计师们需要在对用户特点进行深刻研究的基础上尽可能预测设计的后续可能性，从而提供与信息技术相适应、与用户特点相符合的一系列设计解决方案。

2. 信息交互设计的主流方法概述

许多现有的关于信息交互设计的研究观点已经从多个角度探讨了信息交互设计的方法，这些观点与方法论对于信息交互设计的相关研究提供了较为坚实的理论基础，对于信息交互设计的作用和影响是毋庸置疑的。这些方法论观点可谓各有所长，强调从一个最具科学理性的角度出发进行信息交互设计的构建，而设计师在不同的设计项目面前可以灵活选择最合适的方法。

（1）"以用户为中心"的设计方法

"以用户为中心"的设计（user centered design）方法是当今采用最普遍的方法，体现着设计界对于用户体验的关注已经提升到一个新的高度。这种设计方法充分地体现了"以人为本"的设计思想，即用户知道什么最适合自己，设计师的设计任务就是帮助用户实现目标。"以用户为中心"的设计方法主要服务于与用户体验有关的交互活动。信息交互设计作为一门具有代表性的设计交叉学科，其发展必然会涉及更多其他学科的知识，通过整合设计学、信息学、艺术设计学、心理学、传播学、社会学等学科的精华来打造优良的用

---

① 王佳. 信息场的开拓：未来后信息社会交互设计 [M]. 北京：清华大学出版社，2011：124.

户体验。

"以用户为中心"的设计方法的理论来源于工业设计和人类功效学，曾经为贝尔电话设计经典的"500系列电话机"（图 6.23）的工业设计师亨利·德里弗斯（Henry Dreyfuss）于 1955 年在他的《为人设计》（*Designing for People*）一书中首次提出了这种设计方法[①]。从 20 世纪 80 年代开始，人机交互领域的关注重点开始从计算机硬件转向了服务于信息用户的计算机

图 6.23　德里弗斯设计的 500 系列电话机

软件，设计师通过计算机软件来定义完成用户目标的任务和方式，并且十分强调对于用户需求和喜好特点的重视。在这种设计方法的指导下，设计过程的每一个阶段都十分强调融入用户的角色，在调研与了解用户的想法、需求的基础上构思设计概念，在项目的完成阶段利用用户评估来进行设计原型的测试。对于用户群特征、用户与信息化产品的关系、产品功能架构与用户的影响、用户任务模型、用户心理模型等内容的研究，"以用户为中心"的设计方法有着十分明显的优势。可以说，"以用户为中心"的设计方法使得设计师的设计过程一切从用户的特点、需求和目标出发，将优良的用户体验始终视为核心要素并贯穿整个设计的过程，使得设计的最终结果可以和用户体验的目标最大可能地保持一致性。

需要指出的是，"以用户为中心"的设计方法只是信息交互设计里诸多的设计方法之一，它并不是万能的。假如一切设计项目全部以用户体验为核心进行开展，在某些具体的场景中会使设计师的设计视野受到很大的局限，有时反而会限制产品功能的应用空间。

（2）"以活动为中心"的设计方法

"以活动为中心"的设计（activity centered design）方法主要是针对围绕着特定任务的行为。"活动"代表着为完成某一意图的一系列决策和动作，既可以简洁又可以较复杂[②]。"以活动为中心"的设计方法理论来源于 20 世纪初期生成的活动理论，即假定人们是通过具象的思维过程来创建心理框架。在这种设计方法的指引下，用户需求和用户体验并不是最强调的部分，关键在于人们的活动是什么，以及关注以活动为目标所创建的工具。活动和支持活动的工具是"以活动为中心"的设计方法的主要研究对象。

活动是由不同的任务所组成的，是设计过程的中间步骤。著名的设计心理学专家唐纳德·诺曼就提出：必须要重点地了解活动的概念，即通过人类适应可操控工具的过程，理解人类利用一系列工具从事的活动可以更加有助于这些工具的设计[③]。"以活动为中心"的设计方法指引着设计师密切关注对于所创建活动的支持性，尤其是与用户的行为活动有关的交互，因此，此方法非常适合于具有复杂活动特点或针对不同特点的用户群体的产品设

---

① SAFFER D. 交互设计指南 [M]. 陈军亮，陈媛嫄，李敏，等译. 北京：机械工业出版社，2010：29.

② SAFFER D. 交互设计指南 [M]. 陈军亮，陈媛嫄，李敏，等译. 北京：机械工业出版社，2010：30.

③ 王佳. 信息场的开拓：未来后信息社会交互设计 [M]. 北京：清华大学出版社，2011：194.

计，比如以汽车设计为代表的功能性产品。

"以活动为中心"与"以用户为中心"的设计方法相同之处在于，在设计初期阶段，设计师都需要观察并访谈用户，以更好地掌握用户的心理活动及心理需求特点。不同之处在于，"以活动为中心"的设计方法更加强调用户体验之外常常被忽视的某些任务，从而更综合性地给出设计解决方案，最终帮助用户实现超越预先设想的设计结果。

"以活动为中心"的设计方法在具体的实践过程中也面临着许多挑战，比如许多信息活动的完成需要有一定的技能基础，这会给设计师们带来一定的前期学习成本。比如，当需要设计一架非常容易学习和弹奏的小提琴时，设计师们恐怕必须要花费一定的时间来研究当前小提琴的设计原理，才能形成设计的前期基础。此外，"以活动为中心"的设计方法可能引发的另一个风险是设计师很可能过度关注于设计任务本身从而忽视了从全局性角度进行设计思考，这样会带来设计方案和设计预期目标存在一定的偏差。

（3）系统设计方法

系统设计（system design）是解决设计问题的一种强调系统性、理论性的研究方法，概括而言就是设计一个包含了一系列实体相互作用的系统。"系统"的含义是变量的集合以及连接这些变量间的关系 [1]，系统的组成可以包括人、设备和物件，可以非常简单（如功能系统），也可以非常复杂（如政治系统）。控制论（关于反馈的科学）为系统设计方法提供了一系列框架与工具。

系统设计方法是一种十分强调场景、严谨性强的结构化研究方法，系统设计方法最大的优势在于能够以全局性、整体性的视角来研究整个设计项目，相比其他的设计方法而言更多地关注广泛的使用场景以及系统组成要素之间的相互影响。这体现在设计师们运用系统设计方法进行设计时，会首先观察设计整体场景以更好地理解产品或服务所处的环境，而并非单一的设备或对象。可以说，系统设计方法是一种具有很强逻辑性特点的信息交互设计方法 [2]。

系统设计方法和"以用户体验为中心"的设计方法是兼容的。实际上两种方法的核心都是以理解用户的需求和特点为目标，区别只是观察角度不同。系统设计方法重点在观察用户和场景的关系，并且包括用户与设备、自身、群体之间的交互。系统设计方法特别适用于复杂度较高的设计项目，包括众多设计师通过协作并花费一定的时间成本来完成的大型系统项目。对于小型设计项目来说，系统设计方法则可能会显得过于繁琐。

概括而言，在进行具体的信息交互设计过程中，许多设计师在面对设计项目时会结合多种设计方法的优势进行灵活地转换，但也有很多设计师在设计研发时会更加偏爱其中某一种设计方法。实际上，设计方法的选择无所谓对错，重点在于设计方法的应用能否有利于最优的设计目标与设计结果的实现。

① KLIR G. Architecture of systems problem solving[M]. New York: Plenum Press,1985: 74-76.

② SAFFER D. 交互设计指南 [M]. 陈军亮，陈媛嫄，李敏，等译. 北京：机械工业出版社，2010：35.

3. 信息社会的信息交互设计方法更新

在信息社会，信息技术的不断进步与社会文明的深入积累使得人对于信息的接触内容与范围有了极大的拓展，关于用户体验的研究正在快速而全方位地展开。信息交互设计方法必须进行新的探索与尝试，信息技术，设计方法、信息交互方式是一个互相影响、互相促进的循环构成，并持续推进用户体验质量的不断升级。

人的认知过程包含的因素非常多，每个因素的变化以及各因素之间的关系都十分复杂。每个人对于各式各样信息的理解过程不一致，思维方式不一致，解决问题的方式也不一致[①]。虽然每个人的思维方式都截然不同，但就人类思维的本质特点而言，仍具有一定的普遍性，这就是"信息思维"的理论来源。信息思维是一种以信息为核心的思维方式；它关注信息的获取、处理、分析和应用，强调信息的价值以及意义。信息思维反映的是人类对待信息事物的结构、关系以及演化过程中的一种信息认识与思维方式，尤其反映在信息要素与信息对象的组成要素之间的关系。信息思维研究涵盖了信息产品的可用性、易用性、可感知性、情感的接触等诸多方面，并逐渐融入设计方法的发展中。

信息技术水平、市场需求、用户心理等各方面的因素始终处于一种不断变化的状态中，不同的信息用户具有完全不同的信息目标，导致了不同的设计方法的存在。本书尝试提出一个具有普遍意义的信息交互设计方法，那就是"以用户为中心、以文脉为参考"的设计方法（图 6.24）。任何信息活动的发生都会有一定的背景作为平台，与用户相关的各种信息实际上围绕用户形成了一个小型的社会文脉，这也是信息交互设计所必须涉及的范围。"以用户为中心、以文脉为参考"的设计方法不仅仅关注用户的行为活动，更为关注用户的心理活动和

图 6.24　"以用户为中心、以文脉为参考"的设计方法

需求特征，这些都构成了一个以用户为中心的社会文脉关系。每一个信息用户除了受到现实的社会环境的限制，同时也会受到包括政治制度、宗教与习俗、人际关系等社会文脉因素的限制；特别是在信息技术水平高度发达的信息社会，计算机、互联网络和智能工具等信息技术因素也可视作社会文脉的一部分。每一个信息交互活动的发生不仅与用户自身有着很大的关系，同时与社会的文脉关系也有着相当的关联，这些反过来又会影响用户的心理需求和信息交互方式。

"以用户为中心、以文脉为参考"的设计方法主要应用在具体设计项目的前期部分，需要对于与用户主体相关的信息以及所有必要的社会文脉关系（比如用户任务、用户需求、信息目标等）有一个基础性的理解。在这种理解的基础上，设计师才可能获得具有真

---

① 李乐山. 人机界面设计（实践篇）[M]. 北京：科学出版社，2009：89.

正价值并且符合用户需求特点的设计基础，从而完成具体设计实践之前的准备。如果设计师不能够紧密联系用户的需求和目标，那么优秀的信息交互设计几乎是不可能完成的。这种设计方法的提出，目的是明确信息交互设计中信息用户的核心属性，以及所有与信息用户相关的社会文脉因素之间的关联性，从而为明确后续的信息交互设计实践打下较为坚实的基础。

以字节跳动公司推出的"飞书"（lark）信息产品为例，将能够比较客观地证明"以用户为中心，以文脉为参考"的设计方法的合理性与可行性。"飞书"能够帮助用户将电子邮件、日程安排、通讯录、即时通信等集合在"飞书"产品中（图6.25）。无论信息用户采用的是台式计算机、笔记本电脑还是iPhone、iPad等其他智能设备，"飞书"产品都会即时同步用户的智能设备并主动把重要的信息在第一时间推送给用户，满足了信息用户对于社会文脉关系中的角色明确需求，起到了关键的即时信息提示作用。

图 6.25 字节跳动公司推出的"飞书"

"飞书"既实现了信息用户自身与信息社会的紧密联系，同时又实现了用户隐私信息与专属智能产品的信息互动。"飞书"与其他信息产品的不同之处在于，通过整合即时沟通、日历、在线文档、云盘、应用中心等功能于一体，为信息时代的办公用户提供品质卓越的云协作体验，使协作和管理更高效、更愉悦。这对于那些以信息和协作作为工作与生活中的关键内容的部分用户群体是尤为关键的。也许"飞书"只是全新的信息交互方式的一个起点，是全新一代信息化产品到来的缩影。

概括而言，"以用户为中心、以文脉为参考"的设计方法能够将用户自身特点、心理需求以及社会文脉关系、信息活动目标进行很好的结合，体现了信息社会的信息交互设计对于用户心理特点及行为特点的重视，对于信息在用户群体间传播与社会文脉关系间实现平衡的关注。相信这种设计方法应该可以满足信息社会中绝大部分信息用户的典型信息需求，符合他们的日常习惯与生活方式特点，实现更加高效、平衡的信息交互方式。

6.4.5 "品"之设计过程

成功的信息交互设计需要运用一定的规范性和创新性技巧。所谓创新，指的并不是全新的东西，而是结合学科交叉领域的规律特点，对于新的信息技术与传统的信息技术的整合应用。信息交互设计的特点决定了设计师们必须与最新的信息技术保持同步，同时又需要掌握如何融合新兴的信息技术与经典的信息技术的方法，从而减少信息技术在变革过程中与传统技术产生的不兼容。

设计的过程在于发现和创造的结合[①]。为了保证信息交互设计方案的可行性和设计目标的顺利实现，制定明确、可靠、标准化的设计过程是非常必要的。设计过程研究的主要目的就是创造一个可持续、可预测、可把握、具有迭代性的设计过程。通过设计过程的演进，可以把对于用户心理及信息交互活动特点的研究与关联性信息进行收集，转化为既能满足用户需要又能够符合产品使用环境的信息交互产品。规范、合理和有效的信息交互设计过程有助于把握追踪与评价设计每一个阶段的进展，确保良好的用户体验目标的实现。

在信息交互设计的过程中，应该努力贯彻"尝试 - 验证 - 改进"的循环反复设计原则。许多设计的失败，大多因为对于用户需求的了解不够透彻准确，设计师的预想与用户实际的行为习惯和心理存在很大偏差。实际上，信息交互设计所应用的信息技术难度的高低与信息化产品的好坏以及信息用户的实际体验并非成正比，具体应该采用何种信息技术完全取决于信息交互设计本身的需求。因此，在理解和标识用户需求的时候要紧密注意用户的心理特性及行为特征是什么，最需要避免发生的情况是什么，如何提供高质量的用户体验等，从而在循环式的改进、尝试、验证的过程中不断完善信息交互设计。

完善、科学而规范的设计过程有助于信息交互设计的顺利实现。信息交互设计的具体过程可以分为四个阶段：首先是观察阶段，观察阶段的主要任务是收集用户需求的特点并予以梳理和归纳，并初步提出设计的概念模型；其次是从概念设计模型到设计原型的转换阶段，通过将信息技术的相关原理与概念设计模型相结合，在一定的情景中设定出设计原型；再次是信息交互设计的实现阶段，实现阶段里应该避免产品设计实践中偏重技术性的倾向，而是综合客观地把握各种设计元素的相互关系，不断对设计方案进行选择与优化；最后是信息交互设计方案的测试与评估阶段，设计方案的确定需要在评估与重新设计的迭代循环过程中逐步进行修改与完善，从而保证最终的信息交互设计的完成度与最优化结果的实现（图 6.26）。

1. 理解用户需求到设计的概念模型

在信息交互设计过程中，首先需要做的就是观察与理解用户特性，具体的信息目标和信息环境的限制因素等用户需求特点。用户需求是指用户关于目标产品的一种心理概括，

---

① 张凌浩. 符号学产品设计方法 [M]. 北京：中国建筑工业出版社，2011：69.

图 6.26　信息交互设计的设计过程

比如产品应该解决什么问题或者以何种方式工作。用户需求存在着不同的类型，包括功能性与非功能性的区别等。在进行信息化产品设计的开始，就需要考虑用户究竟是谁，信息交互的环境特征，以及关注和理解用户与产品交互时的行为特征、类别和环境限制因素等。如何恰当地选择不同类型的信息交互方式，如何安排信息输入、输出，以及信息反馈的方式和交互功能的实现等问题，都取决于是否能够正确地观察用户、理解用户需求。

　　在设计过程开始之前就必须确立"用户第一"的设计原则，将用户需求放在设计过程中最核心的位置。首先需要考虑的是，究竟是哪些用户将会和信息化产品或系统发生关系，使用的信息环境条件和限制是什么状态的。同时，信息用户在与产品交互时的行为特征如何。通过研究用户的需求特点，理解、梳理并建立用户画像，然后再进一步归纳出具有共性的用户需求特点以作为设计过程的后续基础。

　　在理解并建立用户需求的基础上，设计过程就进入将具体的用户需求转换为能够满足用户需求的概念模型阶段。所谓"概念模型"是建构在用户的目标需求之上，是设计原型的形成基础；也是指能够帮助用户理解构思意图的可视化系统性描述，包括设计草图、交互模型的建立、交互功能及信息环境的分析等构思和信息概念的标示。"设计中最重要的就是开放明确、具体的概念模型，与此相比，其他的各种活动都处于设计的次要地位。"[①]在现有的设计过程中已经有很多设计的概念模型，比如用户模型、交互模型、评价模型、界面模型等，从不同的角度描述了设计概念模型的特点。一般而言，概念模型阶段是一个迭代性的开发和设计的过程，需要不断地经历设计、尝试、验证、重新设计，才可能有较好的设计模型的实现。

　　无论是对于用户需求的分析还是概念模型的设计，都必须对用户需求实现准确的理解，明确知道什么样的设计形式和设计思路能够最有效地支持用户需求的实现。通过深刻观察大多数用户需求样本，理解并提炼用户以及工作环境、行为特性中的共性需求。

　　2. 概念设计到设计原型的形成

　　从概念模型的设计，到分析和计划设计任务直至形成设计原型，需要进行循环的迭代设计过程。在此过程中，首先需要对于概念模型的深入理解，因为它包含了预先的设计意图、交互设计的任务和各种较为具体的设计模型。设计原型也需要体现出设计意图是否实

① PREECE J. Interaction design-beyong HCI[M]. New York: John Wiley Inc, 2002: 119.

现，用户的目标任务是否得到支持。

　　设计原型是在经过初步的系统需求分析后，设计人员利用较短的时间和较低的成本，开发出能满足系统基本要求的可运行的系统。该系统需要让用户试用并提出评价意见，才能得到进一步完善[①]。设计原型充分体现了设计师们的设计构想。高质量的设计原型为后续的设计方案的形成提供了基础。

　　设计原型包含了概念设计和物理设计两个层面。概念设计主要描述及延伸初始的概念模型，比如信息化系统应该主要解决什么问题，以及应以怎样的形式去解决。物理设计主要解决的是设计各元素的细节，包括各种任务设计等较为复杂的功能。在理想的情况下，设计师们会创造多个设计原型来进行实验。在信息交互设计的初始阶段，设计原型可以是较为简单的；但随着进程的延伸，设计原型需要接近于最终方案的复杂度。一般而言，设计原型与设计方案接近度越多，那么信息的真实感和数据的可靠性也就越强[②]。

　　构建设计原型的目的是评估和测试设计师们的设计构思是否能满足和支持实际的用户需求。借助于设计原型，将有助于测试与优化设计构思，搜集实践中的信息和实际的用户体验程度，为进一步的设计方案的形成起到具体指导。一般而言，所有模糊的、不成熟的设计问题都应在设计原型阶段予以淘汰。当设计经过了多轮迭代性的设计原型制作和测试之后，实际的设计方案也将会基本形成。

　　3. 设计方案的选择与优化

　　由于信息化产品要支持的用户行为是多种多样的，所以设计方案的选择需要思考目前的信息技术能够实现怎样的功能，以及采用何种交互设备和交互范式等问题。在不同的设计阶段需要进行针对性的阶段性评测，通过反复评估和修改来形成与完善设计方案。设计方案形成的过程就是根据用户需要或产品的具体功能目标不断进行权衡的过程，权衡的内容包括信息环境、用户与系统、信息技术的功能性与可用性等。选择何种交互类别和交互范式来形成实际的设计方案，不仅是技术层面的选择，同时也体现了设计师的深度思考结果。

　　在设计方案的选择和优化过程中，交互类别和交互范式的选择应以满足用户的实际需要为标准。信息交互方式是人与产品进行信息互动的表现形式，用户体验的评价会受到信息交互活动的有效性、愉悦性、可靠性等实际因素的影响。因此，设计师们应该仔细思考：哪些技术的运用比较适合当前的设计项目？选择哪种交互类别更加适合当前的信息系统？哪种信息交互形式能更加支持用户的功能体验？继而在重复迭代的设计方案的选择与优化中不断地进行平衡。在最终设计方案的选择与优化的过程中，最好能够形成一定的设计规范，而这需要将设计的各个环节以可视化的形式进行表现。

---

① 　罗仕鉴，朱上上. 用户体验与产品创新设计 [M]. 北京：机械工业出版社，2011：44.

② 　林迅. 新媒体艺术 [M]. 上海：上海交通大学出版社，2011：171.

4. 设计方案的测试

信息交互设计方案的测试部分是指"通过主观和客观的方法进行系统化的评价过程，目的是了解信息用户在特定的信息环境中使用信息化产品执行信息任务的情况"[①]。设计测试是要确保信息交互设计方案能够符合用户的需求或达到设计预先确立的目标，纠正之前设计过程中存在的设计误判。如果不进行测试，就不能判断信息交互设计方案是否可用、易用，是否实现了概念模型和设计原型阶段所设定的设计目标。

一般而言，信息用户希望信息产品可靠、高效、安全、易学易用、能带来满意的体验。因此，有趣、引人入胜、富有一定美感和启发性的信息化产品设计会更容易得到用户的欢迎。用户的需求是多种多样的，比如某些需求是针对产品的功能性提出的，某些需求是针对硬件的操控性提出的，某些需求旨在获得更令人满意的用户体验。测试信息交互设计方案是否满足了上述用户的需求，需要借助有效的评估体系分别进行测试才能获得真实的结果。因此，了解设计方案的测试方法是十分必要的，这要求首先要明晰测试的整体目标，其次是明晰测试的步骤。不同测试的规模和方式也有着很大的区别，测试方法一般包括实境调查、眼动仪测试、行为观察、启发式评估等。通过从功能性、可用性等角度对设计方案进行测试，可以帮助形成信息交互设计的最优方案。此外，在信息化产品发布给用户使用之后，设计师们还应该不断地收集用户的反馈数据，进而对信息化产品进行日常的完善与维护，为产品更新升级做好充分的准备。

概括而论，在实际的信息交互设计的过程中，既可以从宏观的角度出发，首先思考具有全局性的交互模式；也可以从微观的角度出发，定义那些相对独立的局部交互原型并进行反复论证和完善。信息交互设计的过程是一个迭代式的循环开发流程，需要通过"需求分析，开发设计，设计测试"反复地进行设计方案的修改和优化，最终创造出受用户欢迎的信息化产品。

6.4.6 "品"之设计评价

1. 信息交互设计评价的研究现状

纵观国内外的设计研究界乃至相关产业领域，已有若干有关设计评价成果及评价体系相继问世，比如基于低碳概念的产品服务创新设计与评估体系、产品生命周期生态评估体系、可持续设计评价标准体系等。但是大部分设计评价体系都是基于物质层面的，针对非物质层面的设计评价体系成果及相关研究仍然较为欠缺。在信息交互设计研究领域，面对非物质层面要素的相关设计评价的研究成果在数量及质量上均与设计产业发展的实际需求

[①] 林迅. 新媒体艺术 [M]. 上海：上海交通大学出版社，2011：165.

存在差距，在具体应用中欠缺足够的普适性或针对性（这也和信息交互设计本体正在快速发展密不可分）。本节将借鉴"可用性评价"（图 6.27）作为研究信息交互设计评价的一般参照物进行现状概述。

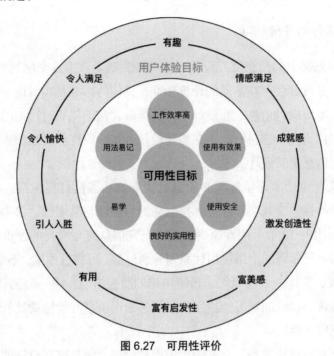

图 6.27　可用性评价

人机交互领域中的可用性评价需要确定的实验空间，评价研究人员在实验室中对用户的行为进行细致观察，并通过用户访谈等方式了解用户的心理、需求等意图。在可用性评价研究过程中，主要的评价手段包括启发式评估、认知建模法（goals，operators，methods，selection rules，GOMS）法、用户调查法、专家评审法、观察法等。在可用性评价的深度测试中需要结合具体的设计项目，比如针对不同网站主页的信息结构进行比较，对交互式产品的界面进行可用性研究等。当设计项目的核心开发阶段完成时，需要对产品设计功能进行可用性评价测试，以修复和解决产品开发阶段出现的漏洞和问题，并提高产品的可用性以及易用性。

21 世纪以来，设计驱动人机交互相关研究更多地由探索可能性转向研究信息交互系统的合理性，信息交互设计评价与可用性评价也因此更紧密地结合。从发展趋势来看，设计人员进行测试与评价已经成为设计流程的必备项之一。早在 20 世纪 80 年代初，国外的一些著名软件公司就意识到了软件可用性的重要性，并在软件可用性方面开始研究和实践：1970 年，IBM 公司投用了可用性测试，微软公司也在 1988 年开始进行可用性测试，从而保证了该产品不仅具有强大的功能和稳定的性能，而且具有被大多数人易于接受的强可用性。可喜的是，可用性测试既加快了许多项目的进展，又显著地减少了非必需的财力物力开支[①]。据报道，在开发新的软件产品时，微软都要向全球成千上万的用户发送样品测试版本，提供更深入的修改意见。国内的小米、华为等大型科技企业也会在产品上市之前采用类似的可用性测试，由此可以看出可用性评价测试的重要性。

2. 信息交互设计的评价标准

是否存在绝对意义上的信息交互设计评价标准？笔者认为这个问题的答案是否定的。因为不同的信息交互设计会存在不同的评价标准，具体的标准是相对而不是绝对的，是动态而不是静态的。本节探讨信息交互设计的评价标准，是期望通过讨论的设计标准作为一般性参照物进行对比研究，这将有助于在构建设计方案阶段更深度地融入评价和迭代，从而不断完善与优化信息交互设计。

首先，信息交互设计的评价标准必须满足预期的功能性目标包括：功能可达性、功能交互性、信息转换性、交互协作性等，持续完善可用性与易用性。参考雅各布·尼尔森（Jacob Nielsen）提出的 10 个可用性原则，对于研究信息交互设计的评价标准有着重要的借鉴意义。雅各布·尼尔森的十条可用性原则分别包括：可视性原则、不要脱离现实环境、用户有自由控制权、整体一致性原则、预防出错的防控措施、第一时间让用户产生感知、灵活高效、容易理解、出现问题时能给用户明确的错误信息并能协助其从问题中恢复、必要的帮助提示与说明文档。

其次，信息交互设计通常是一个复杂而模糊的过程。信息交互设计的特点和面向信息用户的需求在快速变化，决定了信息交互设计的评价标准不应是僵化的。信息交互设计的指标内容也应多样化、动态化，不同的设计对象以及设计目标应考虑使用不同的评价方法，完全普遍适用的评价标准是不存在的。在具体的设计评价过程中可以更多地引入公众参与，以完善设计评价指标内容，从权威性、专业性和公众性为评估标准的科学性提供依据。

最后，信息交互设计的评价标准内容应具有一定的导向性，包括：数据样本是否容易获取，后续量化研究是否能够产出准确结果，评价内容是否能准确地体现信息交互设计方案中的核心问题等。一个层次化的信息交互设计评价标准，是能够将模糊的评价目标进行部分诠释，并以可操作性强的评价手段进行表达的。因此，在研究信息交互设计评价的过程中，可以考虑建立一个相对普适的评价标准体系，并在实践中根据具体情境再做适应性调整，最后进行归纳与分析。

3. 信息交互设计的评价层级

笔者认为，在构建具有指导意义的信息交互设计评价体系时需要有一定的设计原则，包括科学性与系统性融合的原则，实用性与可操作性融合的原则，定性与定量相结合的原

---

① 施奈德曼. 用户界面设计：有效的人机交互策略 [M]. 3 版. 张国印，李健利，等译. 北京：电子工业出版社，2004：83.

则，鼓励大众参与具体评估的原则，动态导向的适应性原则等。在之后的信息交互设计评价细化环节，需要对具体的层级分布进行细致划分：

（1）综合目标层：需要思考信息交互设计的设计总目标为何，这将直接决定信息交互设计评价的整体方向；

（2）评价要素层：需要根据信息交互设计评价的整体属性以及需求细节，分解细化信息交互设计评价的各组成维度，包括经济、环境、社会、文化等诸多要素；

（3）分项指标层：收集与信息交互设计评价要素相关的指标，对分类指标进行一级与二级细化，内容是对分类指标的进一步细化与阐述说明；

（4）信息整合层：依据不同的信息交互设计评价要素的归属关系，建立评价要素与评价指标关系的层次框架，将评价目标、评价要素集、评价指标集整合至综合评价指标体系。

6.5　信息社会与传统社会之对比

6.5.1　社会历史形态的演进

信息及信息活动的演变与人类社会形态的发展紧密相连，许多有识之士已经深刻认识到信息活动在社会历史演进中扮演的重要作用。从原始社会的信息不确定性，到农业社会的信息可视性，再到工业社会的信息可传递性，最后到信息社会的信息可交互性，体现着信息作为一种独立的存在物体有着相对清晰的发展脉络。在不同的社会历史时期里，信息既有着普遍的共性，又有着不一样的时代突出特性。概括而言，人类社会的发展离不开信息的传播与互动，这个过程改变着人类的生活方式，改变着人类感知世界的方式，同样也改变着人类自身。信息本身就是进行社会历史形态研究的一个极好的参考物。同样，信息传播的速度、信息交互方式的具体形式也标志着社会的文明水平状况。从社会历史演进的角度研究信息交互设计，可以帮助我们更客观地理解信息活动及信息交互设计对于社会发展的重要意义。

在当今的信息社会，生产关系的整合与分工都以信息化的方式为基础，新的信息技术手段的大量普及推动着生产领域内的革命，互联网及网络技术成为了新的生产力，信息正是生产方式变革的主要内容[①]。随着科学技术水平的不断提高，人类社会关于知识和信息的生产将永远不会结束，信息社会将不断被注入新的内涵。社会历史形态从农业化、工业化迈向信息化的演进，是一个渐进的、由表及里、由浅入深的发展过程。实际上，信息社会还在不断地完善与发展之中，也许我们当前所见到的只是一个伟大时代的序幕。

进行信息交互设计的研究，研究结果很大程度上取决于研究所遵循的历史线索以及研究的角度与立场。历史的发展轨迹和连续性特点提醒着我们，历史社会形态的发展有着自

① 赵莉，钱维多，崔敬. 互动传播的思维 [M]. 北京：中国轻工业出版社，2007：143.

身所独有的脉络与规律（表 6.3）。起源于 18 世纪的工业革命为人类社会创造了巨大的财富，社会生产力与生产关系也得到极大的推动；20 世纪中叶产生的信息技术革命对人类社会或许将产生更大的影响，而信息化所带来的社会变革才刚刚开始。信息交互设计所能涉及的深度与广度也随着社会的发展不断地拓展。

表 6.3　不同历史社会形态的组成要素对比

组成要素	原始及农业社会	工业社会	信息社会
核心要素	自然物质	物质与能量	信息与知识
科学技术革命	农业革命	工业革命	信息革命
标志性发明	青铜器、铁器工具	蒸汽机、内燃机	计算机、互联网
经济模式	自然资源的采集利用的经济模式	物质产品的生产消耗的经济模式	知识与信息为中心的服务型经济模式
文化特点	区域性文化	全球性文化	多元差异性文化
人的需求特点	生存型需求	物质占有型需求	精神愉悦型需求
信息特点	单向性、封闭性	单向性、开放性	交互性、开放性

6.5.2　人际关系的演进

随着社会生产力水平的提高和人们生活方式的变化，人际交往关系的特点也经历着巨大的转变。

在原始及农业社会时期，人们世世代代生活在固定的区域内，所接触的都是有着血缘关系或地缘关系的"熟人"，社会道德是维系着社会正常运转的重要准则。在工业社会时期，人们逐步远离故乡，走进了城市和工厂并在相对固定的工厂里劳动，在以城市为主的地域里生活，从而形成了相对固定的社会关系和人际关系，维系着社会正常运转的重要准则是契约和法律。

在信息社会时期，频繁变动的工作与生活模式使得传统的社会关系难以固定，人际关系的发展逐渐偏向于简单而明确的工作关系。在现实生活中，人与人之间比较难以形成长期而稳定的关系。在网络虚拟空间中，人与人之间进行深入的信息交流的机会反而更多，尽管他们可能是从未谋面的。信息社会将世界上的每个信息用户都有机会联系在一起。

6.5.3　信息技术水平的演进

信息技术有着独特的发展规律，对于社会形态的发展有着多层次的影响力与渗透力。信息技术的重要性在信息社会语境里体现得尤为明显，社会生产力、生产效率和生产质量有了极大的提高，社会生产过程中对于物质与能量的消耗得到了更高效的利用与节约。从一个更宏观而整体的角度来进行信息技术的解析，可以发现信息技术从来没有停止过演变与发展的脚步，具有极强的交叉性与综合性。信息技术的广泛应用延伸了固有市场，拓展了新兴市场；信息产业的兴起推动了区域经济与全球经济的可持续高速发展状态，全球经济一体化的进程已成为世界公认的经济发展趋势。人们的生活方式、工作方式、交往方式、思维方式因为信息技术的快速发展有了很大的改变，信息技术为人类提供了一种全新的生存方式与生存可能。

信息社会的发展速度之所以远远超过了传统的工业社会，与信息技术迅猛的更新速度有着紧密的联系。在信息社会，从最新的信息技术转化为可应用的生产力的间隔大大地缩短，信息化产品的使用周期有着极快的更替速度。比如，从世界上第一台计算机的问世到第五代人工智能计算机的发明仅仅相隔了几十年的时间，但计算机的计算性能已经提高了百万倍。此外，卫星技术、光纤通信技术、微电子技术等都已相继进入信息技术发展的成熟期，更多地从理论层面转向应用层面，从而为人们的生活带来更多的便利。互联网络的快速普及已经使"地球村"的概念不再仅停留在理论层面。从历史长河的角度来看，信息技术从原始社会的文字及图形载体发展到信息社会的比特载体，可以很明显地发现，社会发展的技术性趋势已经形成，并对社会的进步有着强大的推动作用。

信息技术是一种理性层面对于自然科学成果的总结，通过一种可行性的思路帮助人类从感性层面认识世界、改变世界。信息技术的发展逐渐揭开了客观自然世界的规律与奥秘，社会的生产关系发展从工业社会的机械化、电气化、自动化之基础，升级至信息社会的信息化、网络化、智能化。信息技术的发展也发掘出人类可感知事物与情感需求的潜力，人类固有的感觉与知觉、经验与智慧通过信息技术的广泛应用得以延伸。通过归纳与总结信息技术与社会发展的脉络特点，可以肯定的是，信息技术将继续当前快速更新的发展态势，将更加深入地促进信息社会的多元化深层次发展。

马克·波斯特曾经指出："信息复制、传输、存取的戏剧性变化已经深深地影响了整个社会体制。"[①] 近年来，人机交互技术、设备和手段取得了巨大的提高，以人为本的信息交互设计理念得到了普遍的认同。随着互联网的普及，人们对于计算机的认识正在发生深刻的变化，计算机的主要作用从以数据计算为核心转向了以信息应用为核心。信息社会将每一个信息用户以虚拟化方式结合进入整个信息网系统，这彻底地改变了人们信息交互活动的方式。作为设计师，除了紧密关注信息科学技术的发展趋势和细节，思考信息技术所带来的人文理念和应用方式是更加重要的。设计师们的职责是把最新的信息技术的潜力尽可能巧妙地应用于信息交互设计；有效而合理的信息技术运用，既能反映信息技术的实时发展状态，又能帮助新技术最大限度地发挥它在社会中的作用，从而促进社会的持续进步，

① 波斯特.信息方式：后结构主义与社会语境 [M].范静哗，译.北京：商务印书馆，2000：72.

最终满足信息用户的社会和文化需求。

6.5.4 信息交互设计方式的演进

在任何一个社会形态里，人与人之间都存在着空间上的距离和情感上的交流需要，这决定了社会大众对于信息交互活动的必需性。信息在社会环境中传播的速度和完成度在某种意义上标志着社会文明的发展水平。

在原始及农业社会时期，自从有了文字的出现，人类从真正意义上开始进行信息传播，造纸术与印刷术的出现使得信息传播开始走向大众化。在这一历史时期，信息传播的速度比较缓慢，内容也比较简单。比如中国古代的驿站，实质上只是一种信息传播的渠道载体，虽然在速度上具有一定的优势，但是只能传递比较简单的文字信息与符号信息。

到了工业社会，信息的传播形式开始转向机械化、电子化传播，信息内容也可以通过音频、视频、图像等形式综合呈现。电报、电话、无线电广播、电视的发明，意味着信息的传播速度已经接近于光速，这极大地加快了人类社会发展的步伐。信息可以远距离短时间进行传播，传播范围进一步扩大，传播效率进一步提高。

信息社会时期，信息传播形式变得更加丰富多样，每一个信息用户都可以根据自己的习惯和喜好来灵活选择适合自己的信息交互方式，信息的互动性与主体选择性的特点得到明显增强。快速变革的信息技术促进了传统媒体和新媒体的融合，既推动了信息技术的进一步发展，又实现了信息资源的优化整合。互联网的普及与应用极大地丰富和加强了信息传播的速度与信息内容涵盖范围，信息开始更多以互动、多向的形式服务于人类的信息交互活动，人类真正进入"地球村"时代。与过去相比，信息社会的信息传播形式由"一点对多点"演变成"多点对多点"，每一个信息用户都是信息的采集者和接收者，信息的互动变得更加的频繁，用户进行信息交互参与性的提高使得信息受众趋于"小众化""个性化"。在这种信息交互的模式中，没有绝对的权威，每个人都可以在网络平台上发表言论和观点，任何主流的观点和声音既可能得到广泛的认同，又可能遭到诸多反对意见。信息社会的信息交互方式特点为"处处是边缘，无处是中心"。

信息社会中的信息交互方式非常多元化，既有通过传统大众媒介（如见面交谈、电话、信件）展开的信息交互活动，又有依赖于新兴信息技术（如电子邮件、即时通信、视频电话）的互联网应用。信息交互双方通过以网络为主的信息媒介不断地进行信息的传播与接收，并根据对方的反馈信息随时进行信息的补充与修改。相较于传统的信息交互方式，基于网络的信息交互方式含有一定的时空成本。但最终基本上能达到与面对面交流同等的交流效果，信息交流的数量则大致平等[①]。互联网络的存在为信息交互活动营造了前所未有的

---

① 常昌富，李依倩.大众传播学：影响研究范式 [M].北京：中国社会科学出版社，2000：418.

空间，网络的匿名性、变化性和主动性为人们带来了全新的信息应用可能，无论是从数量还是质量上都扩展了人们的信息交互行为。

信息产业是信息社会知识经济的基础，随着信息科学技术的发展，信息的传播渠道和应用范围会不断扩展，这为信息内容提供了更加丰富的延伸可能和更加广阔的利润空间。哈贝马斯在谈到传统社会中的"信息产生条件"时认为，传统的信息交往过程中存在"系统性扭曲"现象，即信息存在非对称性，信息的沟通是不畅通、不健全的。在信息社会里，借助计算机与互联网的发明与大规模普及，从而形成了与以往社会形态完全不同的信息交互环境。信息获取和传递十分方便，信息生产发达，信息消费也非常普及，信息发送者和接收者之间的信息交流是双向及多向的形式。在信息社会里，信息的互动是信息社会组织的中心，人们可以有选择性地进行信息交互活动，其具有个性化、目标性、双向性和全球化的特点。不论从信息传播的深度、广度和互动程度等任何视角来看，信息社会都远远胜过了过去任何一个社会形态（图 6.28）。

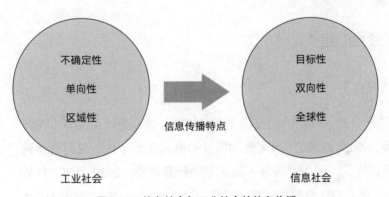

图 6.28　信息社会与工业社会的信息传播

第 7 章

未来社会的信息交互设计

未来社会的"境"

7.1.1 未来社会的起点

1. 后疫情时代

截至 2022 年，新冠疫情的阴霾仍未彻底消散，对人类社会的各方面产生深远的影响，不可能短时间内完全都恢复如前。立足今日，我们所谈论的未来轨迹已被改变，引用克劳斯·施瓦布的研究理论，2020 年初的世界已经成为过去，此后的社会便从后疫情时代（post-pandemic）走向未来[①]。

新冠疫情严重破坏了经济与人们熟悉的生存环境，整个社会多个领域陷入了动荡，人们所习惯的生活日趋瓦解，未来社会的变革与重构趋势已然势不可挡。信息社会发展至今日，全球化和技术进步使得世界连接在一起，人们的信息交流已经可以做到随时随地进行即时传递。新冠疫情加快了相关科技创新步伐，推动信息交互技术变革。各国颁布的社交隔离的相关规定使得科技公司加快对数字活动的技术支持开发，即"万事万物实现远程互联"，大量技术的民用化被提前，这也将对未来社会的办公、娱乐、教育和医疗等各个行业产生重大而深远的影响。

疫情封禁令下，人们被迫改变生活习惯：无法相约线下面谈，线上视频交流成为主流；电影院不能正常营业，转而观看线上流媒体平台……Netflix 在疫情期间能够飞速扩张，也印证了人们的部分生活娱乐重心已经

---

① 施瓦布，马勒雷.后疫情时代：大重构 [M].世界经济论坛北京代表处，译.北京：中信出版社，2020：概述.

向线上转移，所有事物在未来都将逐渐实现"数字化"。可以预见的是在后疫情时代，媒介的变革已经使得信息交互进入下一阶段，演进的趋势使得人们的感知方式在无意识中改变[1]，而未来数字世界的"去中心化"也将成为一种常态。

2. 未来新模式

对未来的向往一直是人类与生俱来的追求，虽然没有人能确切地指出未来社会究竟是什么样子，但笔者认为，信息与知识的创新将是未来社会发展的核心。社会层面的任何进步都属于科学的发展和文化的进步[2]。信息经济模式的可持续发展将启示人们继续开拓新的社会实践领域，进而创造出新的用户需求，培育出全新的消费市场。

即便历经各种波折，世界仍在向前发展，信息技术升级是一把双刃剑，提供方便的同时也扩张了信息资源占有者的权力，人们都追寻更加安全可靠、保护隐私的信息化手段，"信任"成为人们最难给予的情感。Web3.0 是基于 Web1.0 和 Web2.0 所定义的互联网发展的下一阶段，所有人都遵循一系列的开源协议，网络所赋予的权利和资产归开发者与用户所有，是一个"去中心化生态系统网络"。未来社会，对于用户行为及心理需求的深入理解将变得更加重要，此外信息交互设计最好还能够为用户带来巨大的乐趣[3]。

7.1.2　未来社会的变革

1. 语境性变革

社会语境是信息交互设计得以存在与发展的关键因素，从社会、文化、观念层面使得信息交互设计延伸出了更丰富的意义和内涵。未来的信息交互设计也需要对信息用户所处环境进行综合和客观的把握。信息交互方式作为信息交互设计的一种呈现结果，在当今也正处于一种十分复杂的社会语境关系中。在未来社会新的变化下，用户所处的社会文脉整体关系已经不再体现在产品的简单功能实现，而是进一步拓展到了社会、文化、市场、用户心理等更大的关系中，这使得未来的信息交互设计具备了更加丰富的意义。而用户的感知特点是信息交互方式构建的起始，用户情感与创意表达突破了以往对于用户心理认知的基础，使信息交互设计有了更加广阔的空间。信息技术的选择与应用则为信息交互方式的实现提供了可能。信息交互设计方式已经成为一种社会文化的符号性载体，社会语境的关系决定了信息交互设计方式的意义。

新的信息交互设计从根本上改变了人们的生活方式，改变了人与人之间的信息传播模式，引导了人们的精神需求与自身发展。信息技术既是构成信息交互设计的关键要素，是

---

① 麦克卢汉. 理解媒介：论人的延伸 [M]. 何道宽，译. 南京：译林出版社，2011：概述.

② 柳冠中. 设计方法论 [M]. 北京：高等教育出版社，2011：13.

③ 科尔科. 交互设计沉思录 [M]. 方舟，译. 北京：机械工业出版社，2012：概述.

信息交互设计的核心；同时，信息交互设计也促进了信息技术的发展，将单纯的技术转化为信息用户可以共享的财富并引导着人类生活需求和生活方式的不断转变与创新。

概括而言，生产资料的信息化、生产过程的虚拟化、生产者的智能化、生产过程的多样化与全球化将是未来社会的语境性层面最重要的特点，这决定了信息交互设计在未来社会将体现出不断递增的多样性。可以预见的是，未来社会的生产力及生产关系将产生更大的飞跃，丰富而便捷的信息与知识资源的开发将弥补地球物质资源的不足，未来社会将越来越体现出"地球村"的内在含义，新的世界观、思维观、社会伦理与道德规则将会得到建构。

2. 未来社会的构成逻辑

在未来社会，由于空间与时间的界限变得模糊，使得物理状态的城市可以没有边界、空间的限制。城市空间在某种意义上成为流动的空间，随着各种信息的流动而产生变化。人们生活与工作的场所可能不再处于分离的状态，而是以一体化的方式结合起来；现实与虚拟的信息活动场所将会更加普遍。虚拟世界既有基于现实世界的客观物质属性，又不完全平行于现实世界，两个世界紧密联系相互影响。理想状态下，未来的世界如果从功能层面来划分，现实物理世界就是我们肉体存在的依托与保障，虚拟数字世界则承载了人们精神所需的活动，公民能在其中进行社会属性精神属性层面的活动，二者在理想化的未来将成为构成一个人完整自我身份认同必不可缺的环节。

（1）元宇宙的概念

元宇宙 metaverse 一词由 meta 和 verse 构成，verse 取自于 universe，即认知意义上物质的整体，是所有的空间、时间、物质以及其产生的所有事物的统称；除了宇宙释义，在哲学意义上也可称之为"世界万象"。而 meta 这一前缀本意为"超越""更高层次"，中译的"元"在汉语中也有头首、第一的意思。由此我们可以看出 metaverse 被人们期待成为超越既往的新存在。

自 1992 年尼尔·史蒂芬森的小说《雪崩》第一次提出元宇宙概念以来，社会各界对类似讨论就层出不穷，而世界最知名的网络社交平台之一 Facebook 改名为 Meta 这一事件使得元宇宙概念在全球范围内重登热门。Matthew Ball 对元宇宙的描述是"大规模、互操作、实时渲染、3D 虚拟世界网络，能同步容纳无限多的用户，且具备数据的存在感和连续性，包括但不仅限于身份、历史、声望、对象、沟通和支付，等等"。（图 7.1、图 7.2）然而我们不应期待在新事物刚刚出现的时候就给出一个单一的、确凿的定义。各领域技术的探索转型是难以准确预测的，人类社会的突发事件都会对该进程造成巨大影响，比如前文提到的新冠大流行使得人们不得不加速传统的工作与生活模式朝向数字化迁徙。

立足于今日，我们向未来展望元宇宙可以更多地去讨论其逐步实现对人类社会的影响，以及其必然存在的两面性问题。虚拟与现实相互作用，通过社会活动产生价值，元宇宙涵盖的范围也愈加广泛。元宇宙更像是人们对未来计划的一个代号，随时间不断发展，也许我们会给予这一社会形式新的名称，这并不会改变其代表的意义。

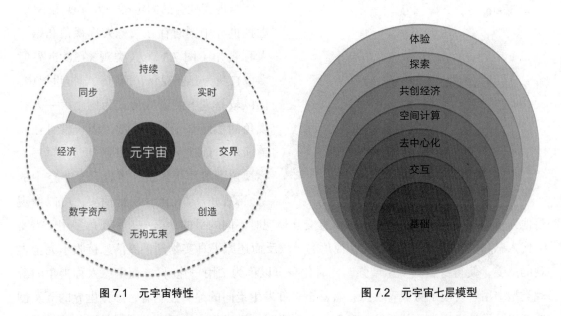

图 7.1　元宇宙特性　　　　　　　　　　图 7.2　元宇宙七层模型

（2）元宇宙的时空尺度

元宇宙作为复合词，指代了人类化身从事政治经济、社会和文化娱乐的三维虚拟世界，是人类社会的虚拟化呈现。世界是人类活动和经验的总和，虚拟世界基于物理世界进行模拟，我们对传统物理世界多描述为由人、地点与事物组成的环境，环境中的所有存在共享尺度一致的时间与空间。与物理世界的整体存在性不同，虚拟世界更加难以用公认理论量化，多个虚拟世界并联在一起形成未来元宇宙形态的可能性是存在的，因此在交互体验拟真化方面时间轴向的一致性会更加值得关注。但究其根本，元宇宙主场仍在虚拟世界中，只是与现实相互作用以及社会化程度高于早期虚拟世界。

空间的描述大小受到多种因素的影响，在人类感知中这一相对概念表现得更加明显，人类通过与环境交互来判定空间的绝对规模是非常主观的，在虚拟空间中的尺度判定更加依赖于人的经验，虚拟空间与物理空间在实际尺度上保证比例合适即可骗过人的感知，也就是说大小的空间概念不足以成为虚拟世界的决定性属性。建立虚拟空间在目前仍然只能呈现出有限的存在边界的世界，但通过小微世界的并联，建立高效的即时传送，这使不同空间之间的连接交互具有重要的研究意义。

（3）元宇宙自我化身与中心论

Avatar 在互联网时代一般作为网络虚拟角色的代名词，可以译为化身、分身，是自然人在虚拟世界的拓展存在，代替人们在虚拟世界与环境、信息进行交互。传统社交平台以及电子游戏中用户可以同时拥有并控制数个化身，这些化身之间通常是割裂的、孤立存在的，其数据收发依靠各服务商提供的信息渠道，无法有效互通。元宇宙代表的技术整合升级带来了一些解决方案：打通网络障壁，将虚拟世界架设在去中心化的 Web3.0 中，利用区块链技术绑定唯一数字孪生体身份，在虚拟世界中替代本体与环境进行交互。

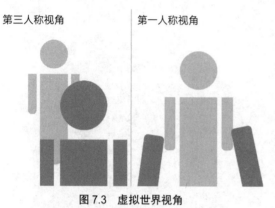

图 7.3　虚拟世界视角

与现实社会的固定第一人称视角不同，虚拟世界中同时存在第一人称视角和第三人称视角（图 7.3）。人类观察 3D 世界时多以自我为参照视角，而进入虚拟世界中，仍以较易理解的游戏形式为例，第一人称视角的参照基于头肩高度，用户本身在无镜面反射前提下无法观测到自己；第三人称视角下参照摄像机位置提升至半空中的"上帝视角"，人化身视野现实，可以像观察他人一样观察自身。这也对应了信息交互呈现时不同的目的：第一人称视角多用于需要强代入感和同步操作的 3D 游戏，视角的受限反而还原了真实物理世界信息接收不完全客观的感受，使得身临其境感增强，此时化身可以称为"用户化身"。而第三人称视角的游戏类型中用户扮演了旁观者、操控者甚至事件发生走向的绝对控制者，虚拟世界的开发创造者以及设计者更多地处于这一参照视角对世界活动进行交互干涉，此时就可称此类型化身为"设计师化身"。

元宇宙未来将实现的并非仅将真实物理世界及交互体验镜像复制入虚拟世界，自由去中心化的存在背景允许用户同时作为世界体验者与世界设计者，中心视角的切换方式对不同情况下的信息交互方式会产生极大的影响。设计师与普通用户的身份趋向模糊，人人设计的新浪潮中，信息交互设计师也许需要更多地考虑技术之外设计的正向引导作用，由方案提供者转为路径提供者，促进设计与其他领域加速深度融合。

7.1.3　未来的智慧城市

1. 智慧城市的阐述与总体概念

智慧城市代表了人类文明的集中体现与综合应用，是当代城市发展的崭新模式，也是城市信息化发展的高级阶段，更是新一代信息技术创新应用与城市经济社会发展深度融合的产物。智慧城市代表着人们对于城市未来发展方向的认知，同时更体现信息技术革命与社会城镇化发展进程的融合。

2008 年 11 月，时任 IBM 首席执行官彭明盛在纽约市外交关系委员会发表演讲，首次提出"智慧地球"的理念，即采用新一代信息技术将物联网与互联网结合起来，以实现人类社会与物理系统的整合。"智慧城市"是"智慧地球"计划在城市中发展与应用的实现路径与目标，通过将信息化与新型城镇化结合起来，建设能够体现生态文明理念的新型城市公共服务体系。"智慧城市"是过去"虚拟城市""数字城市"的延续，既是面向信息社会进行下一代创新的城市形态，也是城市信息化发展到更高阶段的必然产物。智慧城市的建设整合了宏观层（城市整体环境）和微观层（城市居民），对于实现未来城市的可持续发展有内在的创新驱动力。

新一代信息技术工具的兴起使得"智慧城市"逐渐成为现实，人与人、人与世界之间的信息交互方式正进一步革新，城市系统越来越具备"智慧"特征，城市居民们将能更"智慧"地利用信息对外部环境做出更"智慧"的判断与回应。

2. 智慧城市发展现状中的矛盾和冲突

如果说砖石瓦木砌成的楼台与城墙构成了一座城市的工程型基础设施，那么各种类型的信息交互则构成了一座城市的社会性基础设施。古往今来，无数的人与人之间、人与城市之间通过信息互动甚至是信息震荡构筑了各种不同的生活方式，演绎了各种精彩的故事，也最终定义了文化。正因如此，无形的信息与有形的楼台一起，共同构建了一个城市的完整概念。

智慧城市的设计与建设正在取得巨大的进展，但同时仍存在许多不足之处，其水平整体还处于起步与探索阶段。实际上，发展智慧城市的初衷正是为了解决城镇化引发的人口膨胀给城市的承载功能、社会功能、经济功能带来的前所未有的挑战。但在实际的智慧城市建设过程中，由于整体规划设计能力的缺陷以及信息化统筹机制不完善，许多智慧城市项目缺乏定位与功能的严谨论证，存在诸如"信息孤岛""重复建设""数据分散"等问题。从根源上分析，是由于政策在统一协调与部署上的缺乏，社会参与程度不够，市场主导作用发挥不足造成的。具体的表象为，过于强调信息设备、信息技术层面的应用，忽视了如何将信息技术与城市本体的要素特点进行融合性的深度思考。

从智慧城市设计的物质层面而言，以信息科技应用为代表的技术革新直接驱动了智慧城市的发展；信息科技给城市发展带来的巨大的改变与颠覆，所取得的正面影响已经毋庸置疑。但是，如何评价信息科技在社会发展中的综合影响以及整体定位，全社会在一片赞歌声中进入对信息科技盲目崇拜的状态是否理性，如何将信息技术从设计思维层面融入智慧城市的设计，相信这些问题仍然有待大量的案例去实践。面对理想与现实的巨大落差，非常有必要从设计思维的角度进行反思。实际上，智慧城市的设计与建设涉及经济结构、社会文化、生态环境等多个层面，是一个相当复杂的系统，这必然需要多学科的交叉与协作创新的思路。智慧城市的最重要的愿景与目标是造福于城市居民，通过信息化、交互化、数字化的产品与服务带来智慧化的生活方式。

目前国内外对于智慧城市的研究多聚焦于信息技术与城市公共配套设施设备应用等层面，将社会文化、以人为本的发展理念等进行结合的交叉性研究还远远不足，尤其缺乏从社会公众的物质需求、心理需求等角度出发，对如何定位、发展智慧城市建设进行理性层面的探讨。可以说，目前的智慧城市设计与建设总体上还处在以信息技术研发与实践为绝对主导的功能设计层面，市民对于城市体验的质量、感受之间的落差急需要从信息交互设计的角度进行弥补与探索。

3. "自下而上" ——信息交互设计助力智慧城市的必需性

如果说顶层设计在智慧城市建设中起着基础性的重要作用，那么信息交互设计将直接指引着未来智慧城市的发展方向。笔者认为，设计智慧城市需要一套自己的逻辑与方法，从重要性排序，应该是"以人为本的设计""系统性的设计""可持续设计"；这三个设计方向是一种现代化设计思想的体现，均与信息交互设计紧密相关。

作为一种以用户为中心，整合与协同各创新要素，搭建开放创新、共同创新的设计理念与创新方式，信息交互设计将直接决定智慧城市是否能实现合情、合理、可持续的发展。在技术应用层面，信息交互设计同快速发展中的信息技术密切相关，其本身也处于不断变化与发展的过程中，以适应全新的社会环境；这一方面是由于各种新的信息技术的应用实现了功能性目标，另一方面是注重以用户体验为核心，以满足用户需求为非功能性目标。但更重要的是，信息交互设计非常注重研究用户群体的信息交流方式与情感表达。信息交互设计与人自身的感知有着紧密的联系，高质量的用户体验所带来的感官、情感和文化价值，将和设计过程本身一起构成整体的用户价值。

从设计学角度来看，基于社会大众参与模式的群体智慧将成为建设智慧城市的重要一环，并将不同的城市特色显著地区别出来。在设计（而非技术）的驱动下，智慧城市的人文性与文化性将更加得到凸显，具备人文魅力的公共空间、公共服务、智能产品将成为现实。信息交互设计将促进城市发展中传统文化与现代文化、本土文化与外来文化的交叉与融合，城市文化变得丰富多元，城市居民的体验指数也会得到显著提升。

信息交互设计的主体是人，人始终是信息交互设计的中心；倘若离开了对人需求的反映和满足，信息交互设计便偏离了它的本质。不同于顶层设计的"高大上"，信息交互设计更加"接地气"，它关注并探索合理的设计方案以解决城市居民的实际需求。因此，从用户需求出发、自下而上的信息交互设计将是建设智慧城市的必需。

7.2 〉 未来社会的"人"

7.2.1 "人"概念的新讨论

1. "虚拟人"与"自然人"

人类与机器的相处历史最早可以追溯至第一次工业革命时期，历经工业时代和信息时代，人与机器在这一过程中相互适应、协同进化。随着机器人和人工智能的飞速发展，人类将进入前所未有的新阶段，有关人类与机器人以及更多智能体的关系的讨论也越发激烈，从假设的哲学层面问题变成亟待解决的现实问题。2017 年沙特阿拉伯王国正式向机器人索菲娅（由香港 Hanston Robotics 公司开发的人工智能和人形机器人）授予了公民身份（图 7.4）。这是首次对自然人以外的智能生命的身份认可，也进一步推动了对"人"的概念以及身份的讨论。

图 7.4　机器人索菲娅

以往我们承认的智能生命仅限于人类本身，而在未来社会，这一概念必然随科技进步而拓展。在以元宇宙为代表的虚拟社会，基于自然人的虚拟化身被广泛应用，其身份与权利也与自然人绑定，分立于真实世界和虚拟世界的本体与化身可以被称为"孪生体"，信息在孪生体之间流动，信息交互障碍显著变小。然而存在的环境与形式不同使得自然本体必然会有物理的消亡，但在另一虚拟世界的数字孪生体仍可继续存在，此时如果这一化身于虚拟社会中保持公民身份，那么作为逝者的思维克隆人便可以继续存续在广义人类社会中，继续进行信息的接收与产出。Titter 曾推出过 LivesOn 账号托管服务，这项服务是使用人工智能引擎分析已逝用户的历史消息，包括兴趣领域以及常用语法习惯等，在已逝用户的账号模仿用户的风格发布消息参与信息交互。这款应用为如何界定"虚拟人"与"自然人"联系的可能性做出了第一步探索。

一个平台承载的信息量是有限，而未来的人们极有可能将生活重心放在以元宇宙为例的虚拟社会，在元宇宙的蓝图描绘中，人作为核心要素，其认知和意识的同步性尤为重要，生命信息化的洪流不可阻挡，未来社会的信息交互方式同样需要随之变革更新。

2. 重新讨论生命

全世界哲学家花了几千年的时间来讨论人类是否拥有自由意志，却始终没有达成共识。那么未来人造的意识会觉得自己拥有自由意志吗？

我们通常认为智能的生命，也就是人类才拥有意识，这也是人类引以为豪的一点。而智能如何定义，不同学科与流派都会给出不同的解释；较为唯物的说法中，智能指完成复杂目标的能力，而意识作为智能体的主观体验即为信息[1]。随着数字及思维克隆技术的发展，人类智慧实现永续正具备理论上的可能性。思维克隆人是利用思维软件并通过其进行更新的思维文件集合，而思维软件是与人类大脑功能相同的复制品。思维克隆人通过思维、

---

① 泰格马克. 生命 3.0：人工智能时代，人类的进化与重生 [M]. 汪婕舒，译. 杭州：浙江教育出版社，2018：74，343.

回忆、感觉、信仰、态度、喜好以及价值观被创造出来①。未来的信息技术将具备复制和创造最高层次的能力：情感和观点，即网络意识（cyberconsciousness）。唯物主义者相信经验性来源，即意识可以从存储在大脑神经元的化学状态，或计算机芯片的电压状态中的信息之间的无数联结模式中出现，那么人一直以为自己独有的意识也许将在未来被技术复刻出来。

从过去到今日的很长时间以来，人类通常把自我价值建立在"人类例外主义"（human exceptionalism）之上。人类例外主义就是标榜人类是地球上最为聪明的存在，因此有着独特而优越的超凡地位。人工智能的崛起以及未来新人类的认定将迫使自然人重新审视自己的角色。

7.2.2　未来社会"人"角色的重构

信息交互设计可以视为将人性化设计理念在社会历史形态中的一种具体的细化和深入。信息交互设计满足了人的生理和心理的需求、功能需求和用户体验。在信息社会，人们的信息需求已经从较低层次的功能需求转向了较高层次的精神需求和用户体验需求，设计的人性化、差异化成为人们进行设计评价的价值取向。信息交互设计的最高层次是用户与信息化产品以及信息交互方式的情感交流，人的生物属性和社会属性得到进一步的延伸；这些特点在未来社会中将得到更充分的体现。

1. 后人类时代

随着历史演进与技术爆炸，人类对科技天然产生了畏惧和质疑，从 20 世纪起层出不穷的反乌托邦作品就形成了数个流派，一部分人类意识到了科技不一定就会将人类带入完美的未来，反而很有可能会把人引入绝境。近年来网络革新、虚拟现实技术迭代，特别是人工智能对传统社会生产方式的巨大改变，让人类对掌握在少数人手里的科技再次产生了怀疑与不信任。人类既依赖于人造生命带来的便捷，又忧虑他们会取代人类的存在，人类从来没有像现在这样对人造生命感到恐慌。

自然人在未来社会犹如往返于真实世界与虚拟世界之间的"候鸟"，也有可能成为迁居虚拟社会的侨民。虚拟社会一旦进入人们的生活就会在短时间内改变人们的生活习惯，正如触屏智能手机取代老式按键手机，人类会自然地选择更易于传播交流信息的交互形式，信息传达与感知的维度也进一步被打开。智能工具在各种技术融合发展下更加人性化、现代化，工具媒介的学习成本大幅降低，再加上人工智能算法的不断升级优化，始终困扰着人类的信息壁垒被击破。后人类文化其实是反乌托邦和赛博朋克的一种延续，是人类对

---

① 罗斯布拉特. 虚拟人：人类新物种 [M]. 郭雪，译. 杭州：浙江人民出版社，2021：概述.

科技的一种自我否定；是人类依赖科技的强大，却又担忧科技对人类的反噬，从而产生的一种社会矛盾。无论承认与否，今天人类已经事实上悄然进入了"后人类时代"，无论后人类以何种形式出现，最终都会导向人类对自我的道德性的反思。

在未来社会，信息交互设计的真正挑战将来自如何最终了解用户那些未被满足过和未明述过的需求，帮助用户建立自我形象与社会地位[①]。从一个更为广义的设计史观而言，未来社会的人类生活方式的创新不仅在于开发出新的信息技术及工具，更在于合理利用信息技术从人类视野和能力的维度带来的观察与认识世界的新方法，进而提出新的思维观念和设计理论[②]。

2. 对于传统人类身份的反思

（1）人类中心主义与非人类中心主义

生态危机和环境问题是全球性人类命运议题，人们已经深刻地认识到若想在地球上存续下去就必须考虑如何与自然和谐地相处，也不得不重新定位人与自然之间的关系。在讨论人与自然的关系时始终脱离不了主客体的关系伦理关系、价值主体等问题，人类中心主义和非人类中心主义围绕着人的定位展开讨论。未来社会人类应将自己置于何种地位？这种观念变化会对人与环境的交互产生怎样的影响？这些问题亟须得到系统的思考与探索。

人类中心主义起源甚早，传统的人类中心主义认为"人类才是大自然的中心"，即人可以掌控自然、开发自然，使人类的主观需求得到满足。这种认知将自然视为满足人类需求的手段和工具，以短期的眼前利益为衡量标准。人类在扩张生活范围的历史中曾将开山填海、毁林为田等主观改造自然的手段记录成为赞歌榜样，鼓励更多人向自然索取。当人类种群还处于早期社会阶段时，这种行为对于整体环境的影响还不足以令大环境出现明显破坏。进入工业社会，人类通过技术革命扩展了对环境产生影响的交互工具，生产力的飞速进步哺育了更多人类，随之带来的破坏力也呈几何倍数增长，人们需要向自然索取更多。这种模式逐渐使环境走向难以自我修复的困境。

随着人类社会发展到新阶段，多数人的基本生存问题得以解决，学术研究领域得以孕育出生态伦理学萌芽，如我们熟知的美国著名自然主义学者和哲学家梭罗撰写的《瓦尔登湖》等作品，引发了人们对自我行为的反思以及生态伦理的讨论，催生了现代人类中心主义。与传统人类主义不同，现代人类中心主义虽然也从人类的主观意愿出发，但有一个理性讨论的前提标准：是否符合人类存续的长远利益。从另外的视角而言，传统和现代的人类中心主义归根结底还是将人类目的放在首位，评价人与自然关系的根本标准取决于人类受益与否，本质上仍然是人高于自然的高傲视角。

20 世纪以来，人类社会技术革命愈发强劲，大破坏伴随着大变革影响着人类的生活，

① 诺曼. 设计心理学 3：情感设计 [M]. 欧秋杏，译. 北京：中信出版社，2012：81.
② 柳冠中. 设计方法论 [M]. 北京：高等教育出版社，2011：13.

自然生态矛盾越发突出，更多人加入了讨论，思考是否是人类傲慢的人类中心主义使一切变得更糟糕。非人类中心主义学说开始逐渐成形，各个流派从不同角度对人类中心主义进行了批判。以施韦兹为代表的生物中心论学派秉承着"敬畏生命"的理论宗旨，认为生命无等级之分，万物平等。而生态中心论者认为人类与自然万物是为一个共同体，应该用共同体的整体利益来衡量人的行为价值，大自然内在价值的实现才是人类自我的实现。

（2）传统人类的固有角色转变

时至今日，人类中心主义与非人类中心主义仍在不断激烈的争辩与融合，然而二者的最终目标是一致的，即保护人类生存的自然，维系整个生态系统的平衡。因此无论我们以何种理论来对未来进行指导，都应先摒弃传统的"智人优越感"，勇于反思过去的愚昧和无知，因为不论是否将人类置于主体地位，人都无法脱离自然独立存在。

人类的属性是值得辩证讨论的，人类既具有自然性，也有社会性，人类中心主义过于强调人类的社会性，非人类中心主义为驳斥前者而强调人的自然性，二者均仅强调人的一方面属性因而难以真正解决现有问题。人的智能使得人拥有主动交互改造环境的能力，未来也应利用人类的能动性探索自然规律，克制无止境的索求，不滥用技术工具和手段。如同马克思主义理论所说，人与自然的关系就是人与人之间的关系，人类社会集合体之间的关系诸如发达国家地区与欠发达国家地区的利益协调等很大程度上影响着未来社会人类与环境之间角色定位的确立。

过去的工业社会带来了诸多对于环境的毁灭性破坏等问题。由于人类肆意地对大自然进行开发，对于环境的保护性措施未能及时到位，资本主义社会所带来的铺张浪费的生活方式导致了深层的人类社会生态危机。这一问题在信息社会也未能得到妥善的解决。因此，作为设计师而言，必须以清醒的头脑、客观的角度对于当今社会中存在的种种现象及问题展开更加严谨深刻的批判式设计。

在未来社会，信息交互设计将更能反映出人与外部社会更和谐的一致性发展关系，进而创造出更适合用户需求的生活方式。设计师将从"为他人设计"转变为"协同他人设计"，人的角色将发生巨大的变化，这个转变过程将需要全新的信息交互设计语言并充分发挥其创造性。这也意味着到了未来社会，对于用户行为及心理需求的深入理解将变得更加重要。此外信息交互设计最好还能够为用户带来巨大的乐趣。设计师们将在信息交互设计的过程中加强对于用户感官和心理层面的刺激，从用户的感知价值出发理解用户感知的本能面貌，从而增强用户与信息化产品的互动感受与情感体验，把握好信息交互设计方式的构建与创造。

（3）从 interaction 到 intra-action

人类中心主义与非人类中心主义都经历过从唯一主体到多个主体的辩证，主客体关系理论的不断革新与解构也催生出了更加针对未来的后人类主义思潮大讨论。人们设计出机器人以及人工智能等辅助人类社会继续发展，同时也担忧这些技术对人类身份构成威胁。

过去人的定位对应自然而建立，现在直至未来则对应机器、智能人工造物等建立新定位。正如齐泽克所说，未来的人类中心主义批判绝不能简单地导向"机器中心主义"。进入信息时代，我们需要重新思索设计的核心问题，思考设计创意的新方式。如《非物质社会》所言，"许多后现代的设计，重心已经不再是一种有形的物质产品，而越来越多地转移到一套抽象的关系，其中最基本的是人与机器的对话关系。在智能产品中，传统产品的形式与功能在语言中合并为一体，使产品的范围从一种可见的有形的东西，延伸到无形的人与机器的语言对话中"[①]。

后人类主体也许不再是有界限的实体存在，而是由各种关系构成的。交互（interaction）一词更多地体现两个及以上的有界实体之间的外部性互动，也就是预先建立一个场景，然后相互参与行动。Intra-action 则是来自巴拉德的一个新的术语，用来取代 interaction，intra-action 不是单独个体或个人要行使的固有属性，而是内部性的驱动力量，存在物在系统中不断的交换和衍射，其作用和影响也无法精准分割。人与人、人与物、人与自然、人与机器等之间的互动首先产生内部性的互动，继而在此关系和内部性中产生交互的能动性。我们未来很长一段时间都会陷入哈拉维提出的"混杂状态"，即难以区分内部机体与外部界面、主体与自我本体、有机体与机械体，人类身体与人类智慧结晶形成的电子精神主体结合步进"后人类时代"。

未来信息交互设计将不再针对绝对的外部性，人类及周围的各种事物都是互相包含、互为表里的。设计师应当着眼于抵制自我客体化，关注人的内部性自我体验，设计师不能不加警惕地依赖外部人造物给予服务，而是利用大数据与人工智能等外部性分析手段探索人类的内在限制，发掘更深层次的内部性需求，推动人类持续的自我超越。在信息层面，信息的表达虽然有着自身的规律，而起决定作用的是人的认知模式，在了解人的感知基础上，未来信息设计的实践理应涉及大量信息的组织与表达，以及新技术支撑下的网络空间的构筑。

3. 以可持续发展为核心的设计价值观更新

（1）可持续发展思潮探源与沿革

可持续发展理论指的是既满足当代人的需要，又不危害后代人满足其需要的能力的发展。可持续发展理论经历了相当长的历史过程才形成。20 世纪五六十年代，人们在经济增长、城市化扩张、人口爆炸、资源紧缺等环境压力下，对"增长 = 发展"的模式产生了怀疑并展开讨论。1962 年，美国女生物学家莱切尔·卡逊（Rachel Carson）发表了环境科普著作《寂静的春天》，描绘了一幅由农药污染造成的可怕景象，呐喊人们将会失去"春光明媚的春天"，作品立刻在世界范围内引爆人类关于发展观念的大争论。可持续发展的思想是人类社会发展的必然产物，它体现了对人类自身进步与所处自然环境关系的

---

① 第亚尼. 非物质社会：后工业世界的设计、文化与技术 [M]. 滕守尧，译. 成都：四川人民出版社，1998：7.

反思。

人们逐步认识到过去的破坏式发展道路是不可持续的、不可取的。今后唯一可供人类选择的道路就是走可持续发展之路。人类的这一次集体反思是意义深刻的，反思所得的结论也具有划时代的意义。可持续发展的思想能在全世界不同经济水平和不同文化背景的国家和地区得到普遍认同的根本原因是触目惊心的现状。可持续发展是发展中国家和发达国家都可以协商争取实现的目标，尽管参与的各国侧重点有所不同，但都不约而同地强调了要在经济发展的同时注重保护自然。因此"可持续发展"思想的自发形成是人类在 20 世纪思考自身的前途、未来之命运以及赖以生存的环境最为深刻的一次警醒。

可持续发展的内涵包括共同发展、协调发展、公平发展、高效发展、多维发展等，其内容也涵盖了经济可持续、生态可持续和社会可持续等各种发展方面。当社会历史形态进入未来社会后，人类将会更加理性地思考并选择更合适的人类与自然界共存方式；秉承与重视和谐生态原则，更加克制对于自然环境资源的随意性开发，更加专注于人类社会的可持续性发展。概括而言，未来社会将代表着一个生存全球化、交往信息化、工具现代化、科技智能化、思维共振、成果共享的崭新时代[①]。

（2）未来社会人人皆创客

在信息时代里，每一个人都可能成为创客，通过实践与协作来表达个性化的创意，将"创意"延伸至"创新、创造"。创客运动的兴起是一场因为生产工具和思维方式的演进，而使得人与技术之间的关系发生了深刻的变化。生产技能和生产资料正在越来越个人化，个性化需求产品的生产越来越常见。

"创客"的理念来源于英文单词"maker"，是指一群由于兴趣与爱好，努力尝试将各种创意转变为现实的人。创客们往往具有相当的技能以及丰富的知识储备量，勇于实践与分享，热爱创新与创造；由于相近的爱好与不同的特长，当创客们聚集并进行协作时，往往能爆发出巨大的创新活力。《连线》杂志前主编克里斯·安德森（Chris Anderson）在《创客：新工业革命》中，将创客描述为：首先，他们使用数字工具，在屏幕上设计，越来越多地用桌面制造机器、制造产品；其次，他们是互联网一代，所以本能地通过网络分享成果，通过互联网文化与合作引入制造过程，他们联手创造着 DIY 的未来，其规模之大前所未见[②]。TechShop 的首席执行官马克·海奇（Mark Hatch）在《创客运动宣言》一书中认为，创客运动的核心是更好地获取工具、获取知识和构建人人参与的开放分配系统。

"创客"的兴起可能预示着传统的设计模式与流程开始发生变革，大规模批量化的传统制造业将开始向个性化、内容化定制的设计方向发展。克里斯·安德森在《创客：新工业革命》一书中写道，创客运动有可能成为新工业革命的推动力[③]。创客们善于利用数字化

---

① 王效杰，占炜.工业设计：趋势与策略 [M].北京：中国轻工业出版社，2009：3.
② 安德森.创客：新工业革命 [M].萧潇，译，北京：中信出版社，2012：27.
③ 安德森.创客：新工业革命 [M].萧潇，译，北京：中信出版社，2012：43.

快速制造工具，并通过使用互联网组织用户参与设计中，再加上现代化的物流配送系统，创客们可以从世界上每一个角落收集他们需要的材料，并将个性化的成品直接送达到产品面向的消费者手中，这与传统的大工业生产的模式完全不同。虽然《创客：新工业革命》一书中描绘的"创客生态圈"距离现实还有一段距离，但是数字制造和开源的优势已逐渐在这一生态链中充分体现出来：开源、共享、用户参与设计、数字交换、快速成型、资源聚合，往往能够发掘出新的应用场景，推出革新性的产品。

创客的核心价值就是强调将想法变成现实的过程。创客运动的兴起体现的是时代的发展对于大众创新的肯定与鼓励，创客的本质是以人为本的社会创新。创客们将科技探索融入设计创新，通过知识分享、讨论创意、跨界协作实践来探索设计原型，并借助开源硬件、互联网的辅助将创意转化为真实的、可商业化的产品。创客运动的延伸将开拓出更广的领域、更高的层次、更深的应用、更新的智能。创客的兴盛，折射出设计的趋势正在从传统艺术学领域的"创意属性"，逐渐转向与科技融合的"技术属性"，并将演进至与人本主义理念融合、形成更广泛大众参与的"人文属性"。

（3）面向未来的协同设计

把握设计的未来需要人们从关注产品转移到关注使用产品的人。在人的这个层面，有很多难以量化和推导的因素。当我们把人放到社会层面时，将会遇到更多人际沟通与交流的问题。人们对元宇宙愿景的展望也体现了对平等、高效、多维发展的渴望。在过去，受设计决策影响最大的用户本身很少或根本没有参与设计过程，而协同设计就是对既往设计权力不平衡的挑战，利用赋予包容性的召集来分享知识和权力。

协同设计是以设计为主导，运用创造性和参与性方法的过程，是有一套模式和原则可以与不同的人以不同的方式应用，协同设计师们共同做出决策，而不仅仅是提出建议（图 7.5）。

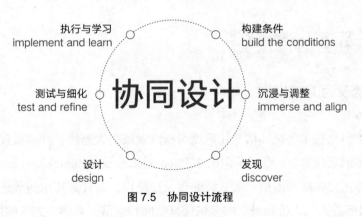

图 7.5　协同设计流程

未来社会的协同设计中，过去拍板的权力所有者需要在研究、决策、设计、交付和评估各个方面分享权力，设计师将作为协同设计的倡议者利用专业知识向参与进来的"新人设计师"提供帮助，在建立信任关系的过程中统合产出，从"设计专家"转型为"指导教练"。未来交互模式下的协同设计可以提供更多通过视觉、动作和口语的直接交流方法，使得参与不再是单向传递信息，而是所有人都是团队协同生产的工作伙伴（图 7.6）。

　　未来的信息交互设计应该更多地基于人本位的内核思考，设计决定权力流向大众，设计权力的行使也应为大众。设计师的设计方式包括自上而下的设计、以人为本的设计、与人共同设计或者社群引导共同设计（图 7.7）。

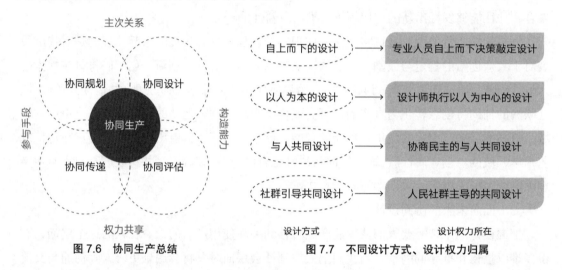

图 7.6　协同生产总结　　　　　图 7.7　不同设计方式、设计权力归属

　　信息交互设计是建立在信息交流的基础上的，以信息产品输出解决社会生活中的事情。由信息经济、思维创意以及文化因素等构成的附加值将在未来社会的信息化产品价值中占据主要比重。由于知识、创意等具有共创性和共享性，未来社会中的工作与休闲娱乐的界限将变得更加模糊。人们可以充分自主地选择个性化的生活方式，即"自我取向、自由选择、自我设计、自我调节的创造性的、个性化的生活方式"，这意味着生活方式将朝着多样化趋势发展。未来社会为人类的全面性发展提供了更多可能。

7.3　未来社会的"技"

7.3.1　多模态交互方式发展

　　未来社会的信息技术将延续信息化广度与深度发展的大趋势，计算机技术、通信技术和消费产品技术的互相融合，形成所谓的 3C（computer，communication，consumer）局面。多通道、多媒体用户界面和虚拟现实系统的普及性应用，云计算技术与普适计算技术更加深入地结合，最终进入"人机和谐"的多维信息空间和"基于自然方式"的最高交互形式。一些新的专业术语的产生，如电视计算机（teleputer）、计算机电视（comvision）也许预示着融合时代的到来已经不再遥远。作为设计师而言，各种信息技术的限制正被大幅度减弱；尤其是当物联网、普适计算逐渐广泛应用的时候，唯一的局限将仅仅是设计师们的想象力。

近几年逐步走向大规模应用的物联网可以看作是未来普适计算的初期实践，智能计算设备将不只依赖传统的命令行以及图形界面进行人机交互，而是采用更自然、低学习成本的方式与用户交互，我们可以称这种界面为"自然用户界面"（natural user interface，NUI）（图 7.8）。NUI 的"自然"是相对传统图形用户界面而言的，它实际上是不可见的，并且随着用户不断学习越来越复杂的交互而保持虚拟状态。"自然"指的是用户体验中的一个目标——在与技术交互时，交互自然而然地出现，而不是界面本身是自然的。

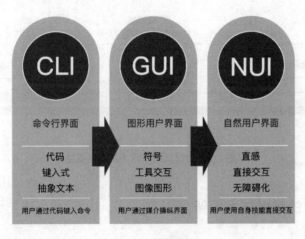

图 7.8　界面演进

"模态"（modality）具有相当广泛的定义，在这里我们解释为信息的来源或者说形式，它们可以是感知器官，例如人类的视觉、听觉、触觉、味觉和嗅觉等模态。不同的传感设备，如红外设备、光敏设备、声呐设备等；信息传播的媒介如语言、文字、图像和视频等也可以包括在内。这些复杂的模态在未来通过对人工智能机器的训练都可以被其处理和模拟。

很多人已经体验过的 4D 电影就是很好的例子。观众借助 3D 眼镜观看着立体逼真的视觉画面，与此同时座椅周围的小环境配合视觉画面模拟雨雾风气味等自然感知，震动摇晃为观众带来身临其境的感官体验。5D 娱乐可以看作是 4D 电影的未来升级，会更大程度地模拟场景体验，未来的智能座舱很有可能成为其主要实现场所，体验将变得更加整体化和易沉浸。而越发活跃在大众面前的"3R"（AR/VR/MR）也不再是生僻的领域，Oculus quest2、Pico Neo 3 已经大规模发售，而扩展现实（extended reality，XR）作为 3R 的升级综合体，更加易于成为融入元宇宙类型的虚拟社会的接口，多模态交互在未来将可以通过 HCI/BCI 等途径基于上述设备实现除视觉模态之外的新发展（图 7.9）。

未来的元宇宙的概念将着力于在虚拟数字空间中复刻甚至进化出一个真实世界。现如今的脑机接口主要应用在真实世界中，利用人脑和外部环境的编解码关系，解读来自人脑的神经信号，再去控制计算机和外部设备。脑机接口（brain computer interface，BCI）能给元宇宙提供重要模块：人的认知和意识（cognition and perception）。相较于其他的生理信号和行为学数据，神经信号是最不可被替代、最核心的人的特征；这个意识有可能是最真实快速的控制指令，也可能是人的身份信号。未来的元宇宙大概率会将 BCI 中的刺激信号迁移到 VR/AR/MR 的平台之上，使信号刺激从屏幕扩展到便携身体装备上，这将使沉浸体验的质量和设备的便携性大幅提高。

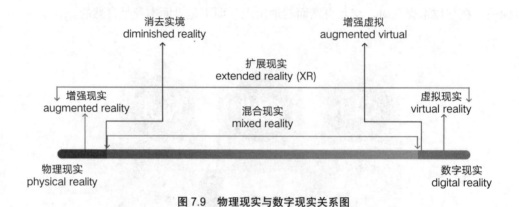

图 7.9　物理现实与数字现实关系图

7.3.2　未来社会的信息技术更新

1. Web3.0

以太坊联合创始人及波卡创建者盖文·伍德（Gavin Wood）在 2014 年发表了《去中心化应用：Web3.0 是什么样子》一文，首次系统阐述了 Web3.0 的概念。他将 Web3.0 笼统地描述为基于区块链技术搭建的"去中心化生态系统网络"，此系统会包含一系列开源协议，能够为应用程序的开发者提供构建模块，而基于区块链技术构建的 Web3.0 平台和应用程序资产归开发者和用户共同所有（图 7.10、图 7.11）。

（1）区块链与非同质化代币（NFT）

网络上每天都在记录着大量数据信息，目前的技术模式下，数据由一个个中心化的平台记账并存储；区块链模式下，一个区块相当于一个账页，区块链相当于一个首尾相连的大账本，每个人均有机会参与记账过程。区块链上的区块环环相扣，每个区块都将对应一长串函数密码，如果修改某个区块内容，那么后续区块内容就不再匹配，导致信息篡改作废，这让信息在网络上的完整性、真实性大幅提高。相比传统方式，区块链可以实现某个体系在没有中心机构管理的情况下自动运行。

图 7.10　Web3.0 益处

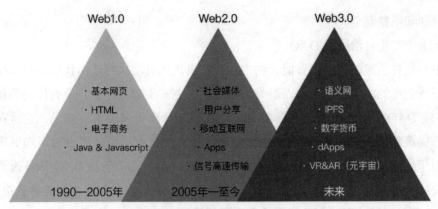

图 7.11　Web1.0—3.0 进程

在区块链技术领域，每一个区块都包含了前一个区块的加密散列、相应时间的戳记以及交易资料，这样的设计使得区块内容具有难以篡改的特性。用区块链技术所串联相接的分布式账本能让两方有效记录交易，并且永久可查验此交易。目前区块链技术最大的应用方向是数字货币，例如比特币，其支付的本质是"将账户 A 中减少的货币金额增加到账户 B 中"。如果人们共有一本账簿，记录所有账户至今为止的所有交易行为，那么针对任何一个账户，每个人都可以计算出它当前拥有的实际金额数量。而区块链正是用于实现这个目的的公共账簿，其保存全部的交易记录。在比特币体系中，比特币的地址相当于账户，比特币的数量相当于金额。

区块链在元宇宙的经济系统应用中提供了主要保障，实现现实世界与虚拟世界的经济互通，建立起真正的虚拟经济体系。而基于区块链的 NFT 技术，是元宇宙经济发展的新兴技术基础，可以在元宇宙中帮助虚拟数字经济进行确权，使元宇宙世界中的社会经济统一、稳定。NFT 是区块链技术的一种新应用，是发行在区块链上的差异性数字资产。确保数字资产的不可复制可以保障元宇宙内经济系统不会产生通货膨胀，以确保元宇宙社区的稳定运行。凭借区块链技术，元宇宙参与者可以根据在元宇宙的贡献度（时间、金钱、内容创造）等获得等值奖励。NFT 作为依附于区块链的资产，与区块链结合的技术无须再次调试，每个 NFT 之间均拥有稀缺度和价值的明显区别，可标记所有权，因此在元宇宙中可以扮演关键资产的角色。

（2）去中心化身份（DID）

数字身份是区块链催生的另一种技术凭证，它可以看作 Web3.0 最重要的功能。每个人都有权拥有自己的数字身份。去中心化身份有助于保护隐私，使个人数据更加安全。数字身份证使得个人只能有一个可验证的身份，因为每个身份证明都必须链接到唯一的凭据，如同出生证明。至于客户端和服务器之间交互中涉及的其他所有内容（硬件和软件），这些东西可以直接绑定到属于个人或组织的唯一 ID。一些文献指出，Web3.0 下人们的身份识别方式将会发生很大的不同，DID 使用户可以通过一个可验证的数字身份去证明自己的身份，并通过这个身份访问各种应用。这样用户既可以完全拥有身份主权，还可以更好地保证隐私和信息安全。

（3）去中心化自治组织 DAO

去中心化自治组织，指由智能合约中的计算机代码自动执行或由代币持有者投票决定执行组织或企业的决策。理论上以最为去中心化的方式实现目标，且没有任何集权或权力层次结构。DAO 是通过区块链和智能合约来实现部分流程和决策自动化，它旨在减少人力投入，提高组织的自动化和协作能力。DAO 相关的代币，可以代表对不同事项的投票权（类似于股票），也适合不同的用例（组织花费、奖励用户等）。DAO 具备投票能力和与之相关的激励机制；它打破了传统组织的等级制度，确保在参与者之间能达成决策共识。部分 DAO 还针对某些事项向非代币持有者开放投票。

（4）星际文件系统（IPFS）取代超文本传输协议（HTTP）

IPFS 已经出现，旨在超越 HTTP，为未来的所有人创造更好的网络体验。当今的网络更依赖骨干网连接下的数据分发，这将会造成发展中国家由于拥有基站数量较少而难以体验足够好的连接。信息交互的发展向来朝着高效开放进步，纵观一路走来的历程，无不是在尽可能地消除信息屏障。

信息内容分发的效率很大程度上决定了用户获得信息的满意程度。内容分发网络（CDN）是构建在现有网络基础之上的智能虚拟网络，依靠部署在各地的边缘服务器，通过中心平台的负载均衡、内容分发、调度等功能模块，使用户就近获取所需内容，降低网络拥塞，提高用户访问响应速度和命中率。CDN 的关键技术主要有内容存储和分发技术。IPFS 协议天生是一个 CDN，因此可以高效地分发大量数据，试想当未来的网络延迟被压低至极限，用户在元宇宙等理想化的虚拟社会的生活体验才能更加真实。

（5）人工智能

人工智能经常被认为是模仿人类思维意识相关的认知功能的计算机技术，用来进行机器学习和解决问题。人工智能实则是计算机科学的一个分支，其工作内容就是感知环境并采取行动，最大限度地提高处理成功率。人工智能还能够从人类过去的经验中总结学习，做出相对最合理的决策，并快速回应反馈。人工智能的愿景就是通过构建各种具有象征意义的推理或推理的计算机程序来理解"智能"。

人工智能的核心问题包括建构能够跟人类似的推理、知识、规划、学习、交流、感知、移物、使用工具和操控机械的能力等。目前弱人工智能已经有了初步的成果，已经能够在一些影像识别、语言分析、棋类游戏等特定方面的能力超越人类的水平，但达到具备与人类的处理能力、思考能力相同的统合性强人工智能还需要很长时间。未来社会的人工智能应用领域将更加广泛，例如感知能力、认知能力、内容创造以及预测决断等方面的应用。

7.4 　未来社会的"品"

7.4.1 　人机共生的未来愿景

在当前的信息交互设计研究过程中，视觉信息、听觉信息已经能够相对成熟地实现灵活自如地应用与保存。但是人类天然具备着五种感官特质，这意味着信息用户的情感表达受到了很大的限制，在感知层面上与理想的信息交互设计目标还有着很大的距离。因此，通过触觉、味觉和嗅觉功能的多重感知层面的融合进行自然式信息交互还有很大的发展与应用空间，这也将会是信息交互设计在未来社会发展的重点。

人脑交互的研究内容主要包括心灵控制技术（mind control）与脑内虚拟现实。心灵控制技术主要是借助脑电波侦测技术来建立大脑与机器的信息互动，机器可以检测出大脑的想法从而预测和控制下一步行动。心灵控制技术常见于科幻电影或者游戏领域，比如电子游戏《星际争霸》里面的神族暗黑执政官（protoss dark archon）的心灵控制能力可以让他自由控制敌方单位，与此类似的案例还有很多。脑内虚拟现实技术是一项刚刚起步、具有深远的潜在前景的新技术。脑内虚拟现实是当今不少优秀的科幻电影中所描述的一种终极体验模式，即利用计算机模拟出多种人体器官所具有的感知功能，让人沉浸在虚拟世界中。这种情况下的信息交互活动发生在人脑与各个器官的感知功能之间，电子脉冲或者传感器将不同的知觉通过大脑传递给人体，从而形成奇幻色彩的逼真体验。这种情况下人们不需要借助物理实体的基础就能在大脑内与之发生互动，所带来的亦幻亦真、前所未有的临场体验也是信息交互设计追求的终极目标。经典科幻电影《黑客帝国》中所描述的"Matrix"就是一个巨大的网络，系统分配给人类不同的角色，身体上插满了各种线圈以接受系统的感官刺激信号。人类依靠感官刺激信号，从而生活在一个完全虚拟的计算机幻境中。虽然这幅场景在当前的技术条件下并不可能实现，但在未知的未来社会，电影所描述的场景将拥有成为现实的技术可能。

在未来社会，预计以"人脑交互"为代表的自然交互方式会与传统人机交互方式更加紧密地结合，走向自然共生的关系。未来社会中最理想的信息交互方式理应是不同信息交互方式的巧妙结合，用户可以在不同的环境下自由地选择最喜欢、最习惯的信息交互方式完成信息交互活动。

7.4.2 　智能汽车座舱的信息交互设计

随着电动化、智能化、网联化进程的加速，以及 5G、人工智能、大数据、云计算等技术的升级催生的产业变革，汽车的产品概念相较以往都发生了较大的改变。汽车已经开始从单一的交通工具角色逐渐朝向城市智能交通的移动终端角色转变。汽车智能座舱作为汽车用户和车辆交通工具进行接触的基础媒介，势必逐步成为汽车行业产品智能化的研究对象，这一变化将对未来人们的出行方式和移动生活体验带来巨大影响。

传统的汽车座舱是由方向盘、汽车中控以及座椅等主要部件构成的机械零件综合体，其功能和交互方式都相对单一。如今的汽车座舱不再是冰冷枯燥的移动空间，特别是伴随着新能源汽车产业的兴起，专门研究无人驾驶、人工智能、大数据和云计算等技术的互联网科技公司的加入，汽车座舱在实现科技化和智能化发展的同时也更具有"温度"。信息交互设计水平的升级配合先进的信息交互技术深度应用于智能汽车座舱设计，人、车和环境三者之间的交互更为融洽和谐。

1. 汽车智能座舱的概念与发展历程

（1）汽车智能座舱的概念

汽车智能座舱主要源自座舱内饰设计和人机交互方式的融合创新，是汽车产业电动化、网联化、智能化发展过程中的新兴概念。它旨在从用户的出行方式、驾驶与乘坐体验，以及不同环境下的应用场景等角度出发，构建一套全新的人机交互体系，在满足汽车传统座舱内的安全性、舒适性和可操作性功能需求的同时，拓展其功能性、场景性和趣味性，从而满足新时代不同消费人群的需求。

对于汽车的智能座舱，目前尚没有一致的标准化定义，业内主要存在两种不同的定义方法：第一种是从技术层面出发，将智能座舱定义为"L4—L5阶段"的智能服务系统，从终端消费者的需求以及应用场景出发，智能座舱能主动洞察和理解用户需求，并根据用户的需求执行命令或是提供参考建议。在此无人驾驶阶段的智能座舱概念中，乘客无须对汽车下达指令或进行任何操作即可在智能座舱内实现自由舒适的出行体验。另一种则是从设计层面出发，将智能座舱定义为智能化的移动空间。例如英国皇家艺术学院就将交通工具设计（transportation design）专业更名为智能移动设计（intelligent mobility design）专业，部分说明传统汽车座舱的概念正逐渐被"智能移动空间"这一新兴概念所取代。也许，未来的汽车产品将彻底告别传统出行工具的角色，而是在满足移动功能基础上成为一种全新的产品，无论是造型、功能、乘坐方式和交互体验都将打破以往人们对汽车的固有认知。设计智能汽车座舱的核心目标是实现座舱与人、道路以及环境的智能交互，相比传统的驾驶座舱，智能汽车座舱将更加智能化和模块化，成为未来智慧城市移动工具和生活空间的有机融合。

（2）汽车智能座舱的发展历程

根据汽车自动驾驶程度分级，汽车智能座舱的发展过程可大致分为三个阶段：智能人车共驾系统、智能移动助理、智能移动空间。

汽车智能座舱的第一个阶段：智能人车共驾系统阶段，即对应自动驾驶的L2、L3级。这一阶段汽车能通过驾驶环境对方向盘和加减速中的多项操作来提供驾驶支援，驾驶员根据系统请求提供适当响应。这也是目前许多车企所处的阶段，例如特斯拉、蔚来汽车、小鹏汽车等，汽车座舱的内饰设计更趋近于简约化，用触控屏幕取代机械按钮，并加入语音控制功能来减轻驾驶员的驾驶负担。

汽车智能座舱的第二个阶段：这一阶段对应 L4 级高度自动化驾驶阶段，由无人驾驶系统完成所有驾驶操作，驾驶员不一定需要对所有的系统请求做出应答指令。在这个阶段，智能汽车可以通过生物识别技术、人机交互技术的应用，使车辆的环境感知、决策和控制能力逐渐增强，在实现自动驾驶的同时为用户提供情景化的服务。

汽车智能座舱的第三个阶段：这一阶段已经达到了完全自动化阶段，由无人驾驶系统在任何道路和环境的条件下完成所有的驾驶操作，用户无须接管汽车驾驶。此时的汽车智能座舱成了完全智能化的移动空间，内饰的布局和乘坐方式可以根据用户需求或不同的情景模式进行调整，"人 - 车 - 网络 - 环境"达到高度协同，交互方式也从"人 - 车交互"拓展到"车 - 车交互""车 - 环境交互"。

2. 汽车智能座舱的信息交互设计创新

目前，智能座舱的发展正处于智能人车共驾系统和移动助理的初级阶段。自 2019 年以来，通用汽车、谷歌等企业陆续推迟了高级别自动驾驶功能的商业落地时间，仍然停留在"路试"或"商业化试运营"阶段。智能汽车的自动驾驶技术的实际落地仍然面临众多技术监管瓶颈，包括安全等级要求的 AI 芯片、固态激光雷达的量产和降本、高精地图和高精定位、监管法规配套升级等，完全自动驾驶技术的成熟和大规模应用仍然存在一段相当的距离。预计从目前至未来相当长一段时间内，自动驾驶汽车将始终处于 L2.5—L4 之间的发展阶段。

即使离实现完全 L5 级别的自动驾驶技术的成熟还有很长一段路，各大主机厂对汽车智能座舱设计的探索从未停止，在不同时间、不同地点和不同规模的车展上，都能看见各厂商在新能源汽车智能座舱设计方面的创新进步。以 2021 年上海国际汽车博览会为例，此次汽车博览会以"拥抱变化"（Embracing Change）为主题，主要展示新能源汽车的内外造型、技术和智能交互体验。在硬件方面，座舱内部的实体按键被简化，大屏化、多屏化趋势显著；在软件方面，语音、气味等多感官交互技术被广泛应用，人脸识别技术和手势识别技术也处于研究阶段，智能座舱所能实现的功能趋于多样化、个性化。

（1）汽车智能座舱内部的信息交互设计

进入 21 世纪以来，以智能手机为代表的新一代数码产品从硬件按钮变为触摸屏幕点击来进行信息交互，普通用户群体的交互习惯也随之发生了变化，汽车智能座舱内部的触屏显示界面也迎来巨变。越来越多车企为了适应用户的操作习惯，逐步取消实体按键，将控制面板整合进多媒体大屏之中[①]。比如，特斯拉 Model 3 车型的整个中控台上没有任何物

---

① 王兴宝，雷琴辉，梅林海，等.汽车语音交互技术发展趋势综述 [J]. 汽车文摘，2021（2）：9-15.

图 7.12　特斯拉 Model 3 内饰

图 7.13　高合 Hiphi X 内饰

理按键（图 7.12），仅在方向盘上保留了两个球状物理按键来调节座椅和方向盘的角度。前部座舱空间巨大，并且特斯拉没有对该部分进行太多利用，内饰显得简约宽敞。大屏幕操控也使得许多复杂操纵指令变得浅显易懂。

除了大屏化，智能座舱的内饰设计中还出现诸如"多联屏""多通道显示"的趋势。方向盘、车窗和座椅都加入了屏幕。智能汽车系统本身数据、车内外信息交互数据及用户状态数据快速增长，使得显示信息的数量快速上升。目前，在车内需要显示的信息已经远远超过了驾驶本身的信息。许多娱乐、资讯、社交等讯息进入了汽车内部。基于前方路况的自然显示、辅助驾驶显示、车内多屏显示、车内外信息显示、移动设备与汽车的整合显示等，都会成为多维度显示的内容。以"高合 Hiphi X"为例（图 7.13），其中控台由数块矩形屏幕组成，即便是后排也能操纵前排座椅后方的显示屏，系统还搭载了电影、视频甚至唱歌等娱乐软件。显然，这样的设计方案旨在打造一个移动的娱乐空间，智能座舱的设计语言也在不断地更新。

如今的智能语音识别技术已经达到了比较成熟的阶段：反应速度较快，识别率也较高，抗干扰性也比较好。不足之处在于当前智能座舱的语音交互功能在情感化、多轮对话、智能唤醒等方面仍有待提高。今后，汽车智能座舱的语音交互系统预计能够更加准确地识别用户的日常用语，甚至识别方言，更加轻松地和用户进行多轮对话，在用户想要打断对话的情况下能够转变话题或者终止当前对话，用户也可以单独对语音唤醒词进行自定义。

（2）汽车智能座舱外部的信息交互设计

汽车智能座舱作为一个智能体，不仅仅会和车内的用户产生交互，还会和车外的周边交通个体产生交互，例如车外的行人、其他智能汽车、交通基础设施等。智能驾驶汽车作为交流主体和周边的人通过多种形式互动并建立情感交互关系，当行人即将穿过街道时，需要明确知晓智能汽车的下一步行为。例如"高合 Hiphi X"的前后车灯（图 7.14），由许多细小的 LED 灯组成，在不同场景下通过编程可以实现不同的动画效果。例如提醒后方车辆注意避让、在斑马线前显示"您先请"的字样，提示过往行人先行通过，抑或是生成卡通表情，与好奇的小朋友进行情感互动。

图 7.14　高合 Hiphi X 前后车灯设计

在未来社会的高技术语境下，智能汽车作为用户与家庭、城市公共交通等所构成的智能交通系统组织的重要一员，将更深程度地参与城市智能交通系统服务并发挥更重要的作用。未来的智能汽车相关设计瞄准的将不仅是单一的汽车产品，而是人、交通工具、基础设施、城市环境等所构成的一个整体的跨交通工具的无缝出行交通系统；未来智能汽车的设计焦点也会逐渐转变为多学科、多领域的系统设计。机械、车辆工程、工业设计、交通运输工程、信息科学与工程、城市规划等不同专业领域的设计人员将会共同参与出行系统的设计中。

3. 汽车智能座舱的发展趋势展望

不同的汽车制造企业对智能座舱的具体定位虽然不尽相同，但总体来看，前瞻科技、人工智能仍是汽车智能座舱相关设计的先决条件。目前，汽车智能座舱的发展仍然处于初级阶段，具有广阔的发展前景。随着信息交互技术的快速进步，未来的汽车智能座舱将在继续不断优化现有功能，如语音交互功能、导航功能的同时，还会呈现功能的多模态化、空间布局合理化和交互人性化等趋势，具体主要表现在多模态融合的交互方式、更合理的空间布局和智能化的情感交互设计等三个方面。

（1）多模态交互设计

多通道融合交互是将人的多个感官通道（视觉、听觉、嗅觉、触觉、味觉、躯体感觉等）融合在一起，与产品或系统产生交互行为，使得人们可以全方位地感知、操作和体验产品，进而形成对产品的全面认知和情感体验。多模态的融合，可以降低驾驶员的认知负荷，提高驾驶的安全性。例如日本本田 Honda Xcelerator 推出了专属的数字气味设计，该设计方案可以灵活推测用户性格和心情状态，并结合当时的驾驶场景，在车内释放不同的气味，利用嗅觉通道为用户创造有趣的新体验。当汽车智能座舱监测到乘客在驾驶过程中出现注意力不集中的时刻，还会释放刺激性气味提醒司机乘客注意安全。

除了语音交互和嗅觉交互，手势交互尚需要解决驾驶场景适用性问题。作为一种在自动驾驶情境下较为自然的交互方式之一，手势交互可以让用户脱离实体设备的束缚，为用户提供更大范围、可以模糊操作的交互方式，能够有效减少驾驶员分心情况的发生。目前，手势交互虽然在实验室环境中可以实现 90% 以上的正确识别率，但是在实际驾驶场景的成功率不高，难以达到量产应用的水平。这是因为手势交互需要解决手势识别过程中对系统的识别要求，以及汽车驾驶场景的复杂性等问题，特别是目前机器视觉系统对汽车振动场景的不适应。另外，随着技术和材料的创新，包括语音、手势和嗅觉等多模态交互方式已经可以触及。例如 BMW Interaction EASE 概念座舱（图 7.15），能充分利用视线追踪系统、人工智能、全景平视显示系统和智能玻璃等科技，打造出一种沉浸式体验环境。行驶过程中，车辆会用视线追踪功能浏览车辆及用户周围的环境，当乘客发现感兴趣的建筑或风景，人工智能便会监测乘客的视线，并判断是否针对该目标为乘客提供信息选项。座椅采用 3D 立体编织设计，有嵌入的智能材料，让用户触摸座椅表面来完成各种手势操作，材料附带的灯光效果在乘客上车时表演迎宾动画。

图 7.15 BMW Interaction EASE 概念座舱

（2）更合理的空间布局设计

目前，智能汽车座舱的设计逻辑依旧处于"做加法"的阶段，表现为智能汽车内的显示屏数量增多，显示面积扩大明显，但是显示屏过多会带来诸如"设计过剩"等弊端。比如多个显示屏显示相同的信息，会产生信息冗余。除了要考虑显示屏的布局，未来智能座舱也要考虑到用户更加细微的需求。随着电动平台的开放，传统的"2+2"布局也会被更宽敞、更自由、更加个性化的布局所取代。例如：意柯那 Icona Nucleus 无人驾驶概念车（图 7.16），包含 6 个可灵活调节的座椅，能够组成一个中央沙发，乘坐其中仿若置身五星级酒店的奢华起

图 7.16 意柯那 Icona Nucleus 无人驾驶概念车内饰

居室。

　　（3）智能化的情感交互设计

　　未来的智能汽车将能够借助人工智能技术实现本体的理解和思考，最终实现人与汽车的智能情感交互过程。人工智能技术赋能汽车智能座舱强大的感知和认知能力将是实现人车智能情感交互效果的前提。随着自动驾驶技术的不断成熟，智能汽车将不仅只是回应人们指令的工具，而要能够和用户进行更主动的交流协作，并能够胜任某些复杂工作，以更安全、便捷、高效的方式帮助用户完成驾驶任务。在理解和思考的基础上，满足人们的情感需求，智能化的情感交互设计使智能汽车从一台机器变成一个有生命、有情感的伙伴。

　　以蔚来汽车座舱里的人工智能 NOMI（图 7.17）为例，在 Google 发布的机器学习开源框架 TensorFlow 的帮助下，蔚来公司推出的 NOMI 智能机器人能够完成多轮语音对话和针对不同情景模式下表现不同表情，真正实现"有礼貌、会倾听、会思考、知冷暖"，能为用户带来丰富而多元的情感交互体验。有理由相信，随着人工智能技术、风格迁移技术、人机伦理研究水平的不断深入，智能汽车的智能情感交互设计将发生更大的进步。

图 7.17　蔚来 NOMI 智能机器人

7.4.3　信息交互设计的未来属性

　　由于信息技术的快速发展和社会传统观念意识的剧烈变化，信息交互设计的风格也发生着迅速的改变。各式各样的信息的无休止式循环流动，是信息交互设计有所发展的基础条件[①]。在未来社会，各种信息化产品将更加智能化和普及，一方面使得人与人之间的关系联系得更加紧密；另一方面，信息用户的个性化特征和符合人类情感需求的多层次信息空间也将会在信息交互设计中得到更多的体现。信息交互设计将社会语境的力量、信息用户的智慧、信息技术的辅助三者融合在一起，真正地服务于信息交互设计的实现，更好地满足信息用户的需求和引导未来设计的发展。

　　未来的信息交互设计的重点和发展方向将实现战略性的转移，非物质化的服务型设计模式将成为绝对主流，重点在于如何打造更加合乎情理并符合用户需求特点的信息交互方式。信息交互设计将真正地体现出"以人为本"。设计师们一方面需要对于信息用户本身进行更深入的用户研究，更有效地对用户的心理进行思考；另一方面需要将信息技术的长处及优势与信息用户的需求更好地结合起来，进一步优化环境与产品、用户与系统之间的

---

① 孟威.网络互动：意义诠释与规则探讨 [D].北京：中国社会科学院研究生院，2002.

交互，从而使信息交互设计有更好的发展空间。

　　无论未来社会的信息交互设计朝着工艺化、科学化或是科技化发展，真正值得关注的是能有什么选择可以应对这些不同的发展趋势。信息交互设计应该从用户心理角度出发，切合用户情绪、用户行为的要求。除了应有的功能性，信息交互设计方式应该更多地从情绪与心理层面满足未来的信息用户 ①。

　　在未来社会，信息交互设计将从信息技术、人文艺术、商业模式这三个层面进行深度的结合与设计创新，有着非常广阔的发展前景。未来正在一步步地走近，而设计师们的任务就是进行信息交互设计创新和各种信息资源的整合，使得信息交互设计更加人性化，真正造福于全人类。

---

① 莫格里奇. 关键设计报告：改变过去影响未来的交互设计法则 [M]. 许玉玲，译. 北京：中信出版社，2011：409.

第 8 章

总结与展望

8.1 研究成果总结

　　社会历史形态随着时间的推移，按照固有的社会发展规律发生了重大的发展。社会的生产关系，从原始及农业社会时期依靠自然资源的采集与生产模式，发展到工业社会时期的大规模机械化生产模式，再到信息社会时期通过数字化、网络化进行信息与知识的生产模式，发生了巨大的变化。同样，社会文化、用户需求、经济结构等诸多社会要素也在持续更新。伴随社会演进，信息交互设计对社会的发展表现出越来越强的渗透力和影响力。信息交互设计在满足人类生活的需求与渴望的同时，也越来越多地与客观的自然界、人类本能进行协调，推动提升着信息活动的数量与质量。计算机与互联网作为当今信息科学技术的产物，早已超越了单纯的信息工具之意义，其作为联系人类与社会的媒介，将人类与社会的关系变得更加紧密。相对于传统设计而言，信息交互设计可视为对于传统设计方法和设计理念的延伸，但本质上依然是对于如何实现人类更合理的生存方式的设计层面的思考。

　　本书的研究成果主要体现在以下几个方面：

　　（1）在跨学科交叉的基础上，使信息交互设计的概念在设计学领域中获得了新的认识与拓展

　　设计是融合艺术、用户心理、认知科学、信息技术为一体的综合产物，人类的设计发展史实质上是一部社会科学技术的进步和演变史。在设计的发展历程中，信息技术的发展起到了重要的推动作用。信息技术的每一次变革都引发了设计的创新，促进着人类的社会文明不断向更高的层次迈进。无线电、广播电视、计算机、互联网等信息技术的推陈出新，使得信息交

互设计的深度与广度层面上有了极大的延伸，信息交互设计自身也得到了长足的发展。设计对于信息技术成果的融合与应用是设计发展过程中的一个鲜明特征，信息技术的进步集中反映在设计的每次变革中。

就本质而言，设计是一项探索如何合情合理地实现预期目标的创造活动。信息交互设计作为一项具有融合了艺术与科技的创造性设计实践活动，其主要目的是设计和提供能够满足用户实际需求的信息化产品及信息服务，从而促进每个社会时期的人类进行信息交互活动或创造新的信息应用可能，这是通过数字、物理、虚拟等技术方式综合实现的。信息交互设计通过信息工具、信息语境、信息服务等因素的融合构建并促进人与人之间的信息关系；信息交互设计的有效性、易用性、合理性，信息交互设计与用户行为的匹配性、信息交互设计与环境的适应性等因素都成为其研究目标。信息交互设计在当今的信息社会以突飞猛进的姿态发展着，设计方法越来越新，表达形式更加丰富，设计手段更加多元。随着智能计算技术和网络通信技术水平的进一步提高，信息交互设计的发展与应用前景将更为广阔。

本书对于信息交互设计尝试进行客观的描述，将其定义为一项具备动态性、复杂性、高度学科交叉性的设计科学，并且特别强调了其作为一门设计学科在社会、文化、用户、技术层面上所带来的巨大影响。它不但包括了信息的内容和表现形式，而且包括了信息的交互形式和功能覆盖范围；不但包括了用户对信息的感知方式，而且包括了用户的情感体验；不但包括了对信息交互活动的空间进行设计，而且包括了对信息交互所涉及的各个对象进行设计。对信息交互设计展开研究，既要有常见的工具论和对象化的探讨，也要有对于信息用户主体存在的反思；既要有对于信息社会保持宏观角度的理性分析，又必须对具体个案进行微观角度的感性研究。

（2）基于信息交互设计理论的发展，提出应重视社会语境关系、用户感知因素和信息技术应用对于信息交互设计的重要影响

信息交互设计的功能和影响正在日益拓展，它的社会意义和文化意义在人们的工作与生活中日益凸显。信息交互设计的进步与发展，尤其是信息交互方式的更新与突破，一方面是由于各种新的信息技术与信息设备的发明而实现了功能性目标；另一方面是注重以用户体验为代表的非功能性目标，高质量的用户体验和社会语境关系与用户的影响以及用户自身的感知特点有着紧密的联系。从社会语境关系、用户感知因素和信息技术应用这三个维度整体地进行信息交互设计的研究，将具有全面性、综合性、系统性的优点。

信息交互设计需要对信息用户所处环境进行准确客观的把握。信息交互方式作为信息交互设计的一种呈现结果，在当今处于一种十分复杂的社会语境关系中。在这种新的变化下，用户所处的社会文脉整体关系已经不再体现在产品的简单功能实现，而是进一步拓展到了社会、文化、市场、用户心理等更大的关系中，这使得信息交互设计具备了更加丰富的意义。信息技术的选择与应用则为信息交互设计的具体实现提供了可能。

信息交互设计是由信息技术基础支撑下的人类文明在当代体现的器物之一。信息交互设计从根本上改变了人们的生活方式，改变了人与人之间的信息传播模式，引导了人们的精神需求。信息技术是构成信息交互设计的关键要素，信息交互设计也促进了信息技术的发展，将单纯的技术转化为信息用户可以共享的财富并引导着人类生活需求和生活方式的不断转变与创新。

（3）提出了较为系统的信息交互设计四维理论模型，并以社会历史演进为逻辑予以梳理与归纳

本书结合信息交互设计的自身特点以及传统产品设计理论与方法研究的精华，创新性提出了"境 - 人 - 技 - 品"的信息交互设计四维理论模型，较为系统地概括了信息交互设计的各种要素及其相互关系。本书着重分析其在各个历史社会形态内系统性转换的过程，从而形成了跨学科、多层面、立体化的信息交互设计演进理论体系。本书重点对于信息交互设计的不断发展与社会历史形态演进之间的转化性关系进行了深刻剖析，认为信息交互设计具有历史性、社会性、应用性的本质特点。

如信息交互设计四维理论模型所示，本书将信息交互设计的研究目标定位于洞察"境 - 人 - 技 - 品"的整体关系，协调四个组成因素之间的系统转换过程，继而总结归纳出信息交互设计的发展规律与本质特点，导向探讨如何创造更加多元合理的信息交互方式以及更加愉悦的信息化产品用户体验。对于信息交互设计系统模型的内在组成元素的关系必须从多层次多角度加以理解，包括人与境（各自的角色与情感互动）、人与品（功能的实现与人的感知）、境与品（产品使用时间以及地点）、技与品（相互作用及影响）、境与技（社会与技术有着几乎同步的发展进程）等多重结构及互动关系的研究。信息交互设计四维理论模型的构建目的在于明确如何优化信息用户与信息环境、信息技术和信息交互产品之间的关系，使得设计之后的信息交互设计产品能够支持和扩展信息用户的行为，创造更新颖、更合理的信息交互方式。

本书的理论贡献体现在从社会历史演进角度对信息交互设计进行了深入的研究，比较全面地梳理与归纳了信息交互设计的历史发展演进之线索，将信息交互设计这一现代设计概念与传统的科学知识体系联系起来，并以此为基础对于未来的信息交互设计发展趋势做出了一定程度的预测，从而将信息交互设计的过去、今天与未来较为清晰地进行了理论呈现。

总而言之，从"境 - 人 - 技 - 品"信息交互设计四维理论模型出发的信息交互设计研究，不仅是基于社会历史形态发展特点与规律的学术性思考，更是在多维化、系统化的研究思路下实现的信息交互设计方式理论创新。通过对信息交互设计的发展演进过程的梳理与归纳，本书也为信息交互设计的未来发展揭示了可能的发展方向，认为信息交互设计将成为未来社会发展历程中最具前瞻性与典型性的设计分支。相信本书的研究将为面向未来的设计学研究实现更深层次的多元化拓展带来若干启示。

8.2 后续研究展望

尽管信息交互设计的演进研究理论观点已经基本形成，但并不能就此认为信息交互设计演进的相关研究已经发展成熟与完善。事实上，在研究信息交互设计的演进理论问题的过程中，同时又不断发现新的问题，这需要在后续研究过程中予以继续深化。

首先是信息交互设计理论研究中的复杂性问题。虽然笔者已经认识到信息交互设计的历史社会背景是一个庞大的体系，并且每一个信息用户的认知特点、行为习惯、心理需求特点是迥异的，因而提出了"境 - 人 - 技 - 品"四维度的信息交互设计四维理论模型。但是，信息交互设计的复杂性问题研究仍未完成，四维模型的构建所考虑到的因素仍然存在广度和深度相对欠缺的实际问题。如何更加准确而深刻地认识信息交互设计研究的复杂性根源，如何建立更科学、更有效、更适合信息交互设计的复杂性范式，需要在后续研究中继续深入。

其次是信息交互设计研究中的设计案例选择问题。信息交互设计中具有典型性并且亟待研究的设计案例浩如烟海，许多既具有共同性又有差异性的信息交互设计案例可以更加丰富而准确地印证信息交互设计研究观点。囿于篇幅和笔者研究能力，本书理论立足点主要通过信息交互设计的理论分析并以四维理论模型为依托，系统梳理与归纳各个社会历史时期信息交互设计表现出来的普遍特点及一般规律。在后续研究过程中，仍需要结合更多典型的信息交互设计案例进行深度的原理分析与比较研究，将定性研究与定量研究方法进行更深入的结合。

最后是信息交互设计理论研究成果与设计实践的转换问题。笔者聚焦探讨关于信息交互设计演进理论成果，目的是有助于启示面向未来的信息交互设计实务。如何将所得的设计理论成果在设计实践中进行传承、发扬与创新，如何将设计理论与设计实践联系得更加紧密，使设计理论研究成果能够体现出更多的实践应用价值与意义，将是后续研究的重中之重。

后　记

　　本书是笔者在博士论文基础上进行更新完善的著作版。截至2023年夏，博士论文《信息交互设计方式的历史演进研究》在国内某知名数字文献数据库下载次数已近万次，这也从侧面说明了信息交互设计在信息时代下具有极高的关注度。不同于大多数信息交互设计领域的学术观点，笔者认为：信息交互设计是一门既年轻又古老的设计领域，且仍然在快速向前发展着。在人工智能、元宇宙、区块链、ChatGPT 等纷至沓来的时空语境下，对信息交互设计进行基础理论研究是十分必要的，建构相关的理论框架和应用路径可谓迫在眉睫。

　　回望疫情三年，线上举办各种设计论坛和设计讲座成为常态，信息交互设计领域关于"交互艺术""交互技术""交互思维""交互工程"的讨论层出不穷，确实扩大了信息交互设计的研究边界，但研究热度尚未转化成足够的研究成熟度。部分研究成果缺少基本的研究逻辑与章法，许多理论观点与设计实践存在脱节现象。面对信息交互设计这个"庞然大物"，本书尝试从"认识论"，而非"方法论"的研究视角探讨信息交互设计，将有助于对信息交互设计进行系统性的探讨，亦相信有利于信息交互设计研究视野的扩展。虽然由于研究难度、自身学识与精力所限，本书仅可视为一个阶段研究任务的某种总结，但仍期望为信息交互设计的理论建设与实践发展创新作抛砖引玉。

　　在本书即将付梓之际，首先要最诚挚地感谢我的博士研究生导师方兴教授。自 2004 年受教于方兴教授，至今已二十年，正是方老师助我开启了学习设计、研究设计、探索设计的一扇大门。如果没有方老师的大力教导与支持，我不可能在设计这条路上取得任何成绩。本书是这段难忘的求学旅程的见证物，凝聚着方老师的心血与期望。

要衷心感谢我的博士后合作导师付志勇教授。博士毕业之际，我有幸得到了付老师的邀请，在美丽的清华园进行了两年多的博士后研究工作。在付老师的严格要求与悉心指导下，我受益匪浅，学术能力与研究素养得到了长足进步。在此一并感谢清华大学美术学院的各位老师与博士后同仁们对我的关心与帮助。

感谢武汉理工大学人文社会科学学部主任潘长学教授，艺术与设计学院吕杰锋教授、王双全教授、张黔教授、徐进波教授、汤军教授的指导和宝贵建议！感谢我的研究生靳雨欣、马一鸣、史志远、吕梦珂协助我完成了大量的资料整理工作！感谢清华大学出版社各位老师为本书的顺利出版所做出的努力。

最后，我想将这本书献给我的父母和妻儿，求学之路并非一帆风顺，是你们一直鼓励我、支持我。在此，向你们深表感谢！

郑杨硕

2023 年 8 月 31 日于武昌南湖